Turbinen und Pumpen

Theorie und Praxis

Von

Dr.-Ing. F. Lawaczeck

Mit 208 Abbildungen im Text

Berlin

Verlag von Julius Springer

1932

ISBN 978-3-642-50492-1   ISBN 978-3-642-50802-8 (eBook)
DOI 10.1007/978-3-642-50802-8

Vorwort.

Die in diesem Buche behandelten Fortschritte sind fast vollzählig der Firma Weise Söhne in Halle a. d. Saale zu verdanken.

Zu Beginn 1912 wurden bereits bei dieser Firma Versuche begonnen, Propeller als Pumpenräder zu benutzen, um die Schnelläufigkeit zu steigern. Seit April 1912 als Oberingenieur bei Weise Söhne tätig, setzte ich diese Versuche fort, die bei Schaufeln ohne „Überdeckung" zwar kleine Druckhöhen bei großer Drehzahl, aber einen sehr schlechten Wirkungsgrad ergaben. Man benötigte damals zunächst Pumpen mit nicht allzu kleinen Druckhöhen, etwa 4—6 m bei 3000 Uml./min und bei Förderleistungen von 1000—10000 l/min. So entstand der Typ nach Abb. 182, dessen Schaufeln sich erheblich überdecken mußten, falls gute Wirkungsgrade erreicht werden sollten. Dieser Typ, mit 1-PS-Motor bei $n = 3000$ Mol/min gekuppelt, wurde zuerst in größerer Zahl für das Trockenhalten der Schützengräben an der Front geliefert.

Die Pumpen waren unmittelbar an den Motorschild aufgeflanscht und auf einem Traggestell montiert.

Größere Pumpen der Art wurden als Ausgleichpumpen für U-Boote, die Minen zu legen hatten, entwickelt. Es folgten dann die hydraulisch betriebenen Leck- und Lenzpumpen für die kleinen Kreuzer Elbing und Pillau nach Abb. 189 und die tragbare, für alle Schiffe der kaiserlichen Marine vorgesehene Lenzpumpe nach Abb. 187. Inzwischen entwickelte sich die theoretische Erkenntnis des Zusammenhangs gemäß Abb. 62. So ergab sich schließlich für die Myriapumpe auch zwangsläufig die Spiralform der Abb. 184 und 185.

Einstufige Pumpen ohne Leitapparat wurden damals nur bis zu einem mittleren Druck von höchstens 45 m Förderhöhe gebaut. Höher zu gehen wagte man nicht wegen der gefürchteten Turbulenz, die namentlich dann auftrat, wenn die Schaufeln am Austritt radial gestellt waren. Diese Turbulenzerscheinung konnte geklärt und beseitigt werden (s. S. 152ff.).

Durch die Erkenntnis, daß die übliche Spiralgehäuseform (Abb. 144) die Ursache der Turbulenz und also für höheren Druck ungeeignet sei, konnten wir den Anwendungsbereich der einstufigen Pumpe weit über den damals üblichen hinausführen, wozu indessen noch erst das Rätsel des Achsialschubes gelöst werden mußte (s. S. 167ff.).

Mit der kleinsten einstufigen Pumpe, der Hauswasserpumpe Mikra, erreichten wir dank der Berücksichtigung des Korioliseffektes eine Förderhöhe bis gegen 40 m, ohne 1 PS Kraftbedarf zu überschreiten.

Besonders interessant gestalteten sich die Versuche mit Viskopumpen, die ich im Jahre 1916 bei Weise Söhne durchführen ließ. Als sich während des Krieges zeigte, daß die großen Kugelstützlager zur Aufnahme des Propellerschubes bei den U-Bootkreuzern sich allzu rasch abnutzten, weil die Kugeln das mit der Drehung um ihre eigene Achse verbundene Gleiten nicht vertrugen, konstruierten wir ein Viskolager, das die Stützkugeln im Betrieb voll entlastete. Die Versuchslager waren für einen Axialschub von 100000 kg gebaut.

Leider konnten die Versuche nicht zu Ende geführt werden. Wenn jemand die Zähigkeit aufbringt, die der Vollendung noch entgegenstehenden Schwierigkeiten zu überwinden, könnten Viskostützlager und Viskostopfbüchsen sehr brauchbare Maschinenelemente werden, deren Herstellung eine Fabrik wohl beschäftigen könnte.

Bei den Entwicklungsarbeiten für die Myriapumpe erkannte ich, daß die Gesetze, die für den Aufbau der Schnelläuferpumpenschaufel maßgebend waren, auch für Turbinenschnelläufer gelten müßten. So kam ich dazu, mich mit dem Turbinenbau zu beschäftigen, als die Neumeyer Turbinenfabrik AG. Freimann bei München auf Professor Riebensahms und meinen Rat gegründet worden war. Als beratender Ingenieur der Neumeyer AG. empfahl ich für das zu errichtende Kraftwerk Lilla Edet den Einbau eines Myriarades. Bei den Vorarbeiten für Lilla Edet hatte sich nämlich herausgestellt, daß keine auf dem Markt befindliche Turbine genügte. Anstatt der Einheiten von 10000 PS, die die Königlich Schwedische Wasserfalldirektion verlangen mußte, um die große Wassermenge in dem verhältnismäßig engen Bett erfassen zu können, boten die Firmen Größen von höchstens 6000 PS an. Es fand sich keine Firma in der ganzen Welt, die darüber hinausgehen wollte, wenigstens nicht bei Anwendung einer Einradturbine. Eine Doppelturbine aber mußte viel teurer werden und schlechteren Wirkungsgrad abgeben. Professor Kaplan und ich dagegen erklärten unabhängig voneinander, daß von der technischen Seite kein Grund zu jener Beschränkung vorliege, und daß mit Sicherheit 10000 PS erreicht werden könnten. Kaplan fand eine schwedische Firma, die das Wagnis für ihn übernahm. Ich fand keine, mußte vielmehr die Garantieen und das Wagnis persönlich übernehmen. Denn die mir nahestehende Neumeyer Turbinen AG., die inzwischen in den Besitz der Gutehoffnungshütte übergegangen war, lehnte es ab, meine Turbine in so großer Abmessung zu bauen. Es war ein Durchmesser des Laufrades von 6 m nötig, womit die Turbine zu der Zeit bei weitem die größte der Welt war. Eine Turbine allein kostete etwa 400000 schwedische Kronen = 450000 Goldmark!

So schloß denn die Königlich Schwedische Wasserfalldirektion mit mir im Jahre 1922 persönlich einen Vertrag, demzufolge die Verantwortung für das Erreichen des garantierten Wirkungsgrades und der Leistung auf meine Schultern gelegt wurde. Als maximalen Wirkungsgrad hatte ich für die erste Turbine 87 % garantiert, diesen Wert aber mit dem Auftrag auf die zweite Turbine auf 89 % erhöht. Erreicht wurden 92,5 % (s. das Prüfungsergebnis Abb. 97, S. 111, wie auch Abb. 19, S. 28).

Anstatt der 6000 PS, die die Weltfirmen willens waren zu garantieren, garantierte ich 10000 PS; erreicht wurden nahezu 12000 PS. Das heißt: die Schluckfähigkeit wurde auf das Doppelte des damals üblichen gesteigert.

Die Lawaczeck-Turbinen sind von der Aktiengesellschaft Finshyttan in Finshyttan (Schweden) gebaut worden.

Eine Beschreibung des Kraftwerkes Lilla Edet findet sich im Bd. 72 (1928) der Zeitschrift des Vereins deutscher Ingenieure in Nr. 39 und 51, verfaßt von Oberbaudirektor A. Ekwall und Dipl.-Ing. H. Munding, Stockholm. Der Entwicklungsgang der Gestaltung des Kraftwerkes Lilla Edet ist ausführlich in der lesenswerten Abhandlung Nr. 2, die Prüfungsergebnisse und Beschreibung sind in Abhandlung Nr. 13 der Technischen Mitteilungen der Königlichen Wasserfalldirektion Stockholm dargestellt.

Mit dem Gelingen der Lilla-Edet-Turbinen war die Bahn frei geworden für die Turbinenart, die man heute Propellerturbine nennt. Dem tatkräftigen Mut der Königlichen schwedischen Wasserfalldirektion ist dieser Fortschritt zu danken.

Die erste Nachfolge fand die Propellergroßturbine Lilla Edets im Kachletwerk der Rhein-Main-Donau-AG. Dieses Großkraftwerk in der Donau war mit Francis-Rädern geplant, deren Umlaufzahl durch ein Stirnradvorgelege übersetzt werden sollte. Wohl infolge meines Eingreifens nahm man davon Abstand und führte genügend schnell laufende Propellerturbinen (nicht meiner Konstruktion) aus.

Die erste auf mich zurückgehende Propellerturbine ist von der Neumeyer Turbinenfabrik AG. im Mainkraftwerk Viereth eingebaut.

Pöcking, Oberbayern, September 1932.

Dr.-Ing. Lawaczeck.

Inhaltsverzeichnis.

Erster Teil

Turbinen.

1. Ausfluß aus einem Gefäß.

Die verfügbare Energie eines Wasserfalles ist durch die in der Zeiteinheit vorhandene Wassermenge Q cbm/sec und die Fallhöhe H, den Spiegelunterschied von Oberwasser und Unterwasser gegeben; sie ist bei dem spezifischen Gewicht des Wassers $\gamma = 1000$ kg/cbm in Meterkilogramm/Sekunden: $N^{\mathrm{mkg/sec}} = \gamma^{\mathrm{kg/cbm}} \cdot Q^{\mathrm{cbm/sec}} \cdot H^{\mathrm{m}}$. Für die Gewichtseinheit, also für jedes die Turbine durchfließende Kilogramm Wasser, wird $N = H$, und dann bezeichnet H ebenfalls eine Energie in mkg/sec. Es ist 1 Pferdestärke $= 1$ PS $= 75$ mkg/sec, während

$$1 \text{ Kilowatt} = 1 \text{ kW} = \frac{1000}{9 \cdot 81} = \sim 100 \text{ mkg/sec bedeutet.} \quad \text{Es ist also}$$

1 PS $= \dfrac{75 \cdot 9{,}81}{1000} = 0{,}736$ kW. Der Begriff Pferdestärke ist auf der Gewichtseinheit, Kilowatt auf der Masseneinheit aufgebaut. Drückt man Q in cbm/sec aus, so ist $N = \sim 10\,Q \cdot H \cdot$ Kilowatt. Das heißt 1 cbm/sec von einer Höhe $H = 1$ m fallend, stellt eine Energie von ~ 10 kW dar. Der Fehler ist etwa 2 %. Genau sind es nur 9,81 kW.

Diese zur Verfügung stehende Energie H gilt es in einer geeigneten Form dem Laufrad darzubieten, damit dieses sie dem Wasser entziehen und durch die Welle ableiten kann.

Bei einem jeden Ausfluß kann man die Neigung des Wassers zur Bildung eines Strudels beobachten. Erleichtert man dem Wasser durch seitliche Zuführung zu der Ausflußöffnung die Strudelbildung, so wird der Strudel leicht sehr heftig, die Energie des Dralls[1] sehr groß. Man kann sich vorstellen, daß ein Kreuz aus Platten

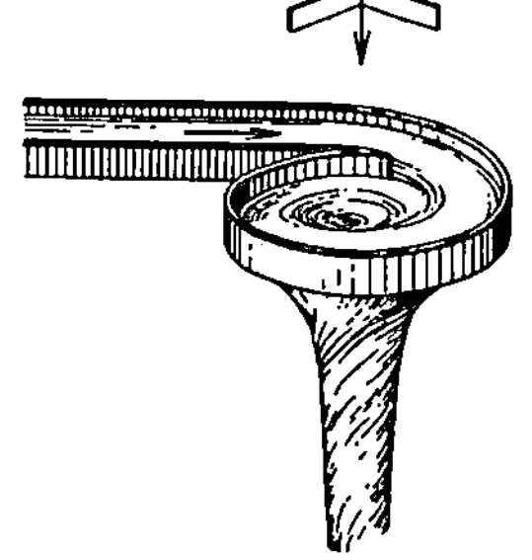

Abb. 1. Einfachste Turbine.

an einer Welle konaxial zur Strudelachse in den Strudel getaucht, den Drall verspüren und in Umdrehungen geraten wird, fähig, Arbeit zu leisten (Abb. 1).

Eine solche Vorrichtung ist eine Turbine. Die durch das Plattenkreuz, das Laufrad, abgeleitete Energie macht sich dem Strudel gegenüber als Widerstand geltend und bremst den Wirbel ab.

---

[1] Siehe A. Föppl: Vorlesungen über technische Mechanik **4**, 6. Leipzig: B. G. Teubner 1909.

Die Abb. 2 zeigt, wie auf einfachste Weise der Strudel hervorzurufen ist, nämlich durch ein Spiralgehäuse, in dessen Mitte der Abfluß vorgesehen ist.

Die Aufgabe des Turbinenbauers muß sein: Erstens den Wirbel möglichst gleichartig zu erzeugen und so, daß er alle Energie, die im Gefälle zur Verfügung steht, in einer Form aufnimmt, wie sie das Laufrad braucht. Zweitens ein Laufrad zu bauen, das die Energie dem Wasserwirbel möglichst vollkommen zu entziehen fähig ist.

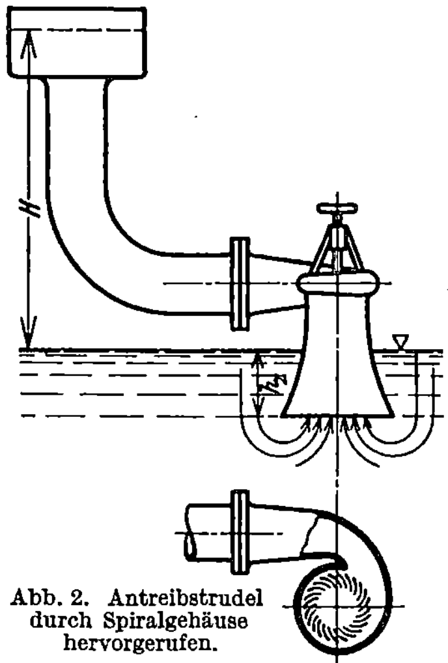

Abb. 2. Antreibstrudel durch Spiralgehäuse hervorgerufen.

Nur, wenn es gelingt, den Strudel richtig auszubilden, wird die Lösung der zweiten Aufgabe, die Konstruktion eines Laufrades, gelingen, das fast alle Energie dem Wasser entzieht und durch die Welle als Nutzarbeit ableitet. Nur dann wird beim Ausfluß aus der Turbine im Wasser nur noch gerade die Energie enthalten sein, die nötig ist, das Wasser aus dem Bereich der Turbine zu schaffen. Nur dann wird der Nutzeffekt ein hoher sein. So beginnen wir mit der Betrachtung des Strudels.

Strudel.

Welches sind die Eigenschaften des Strudels? Welcher Art sind die Kräfte, die ihn erzeugen, und wie ist der Verlauf der einzelnen Wasserteilchen?

Kraft (P) ist das Produkt aus Masse (m) und Beschleunigung (p), und Beschleunigung ist die Geschwindigkeitsänderung in der Zeiteinheit. Diese Festsetzung ergibt die Formel: $P = m \cdot \dfrac{dc}{dt}$, anders geschrieben $P\,dt = m\,dc = d(m \cdot c)$. Unter $P\,dt$ können wir uns nichts vorstellen. Multiplizieren wir jedoch beide Seiten der Gleichung mit einer Strecke r und mit einer Winkelgeschwindigkeit ω, also insgesamt mit einer Geschwindigkeit $r\omega$, so erhalten wir

$$Pr \cdot \omega\,dt = r \cdot \omega\,d\,(mc) = \omega\,d\,(m \cdot r \cdot c). \tag{1}$$

$\omega\,dt$ ist ein Winkel, und zwar derjenige, der von dem Fahrstrahl r in der Zeit dt beschrieben wird, wenn dieser Fahrstrahl r sich mit der Winkelgeschwindigkeit ω bewegt. Der Ausdruck $Pr \cdot \omega\,dt$ stellt also offenbar eine Arbeit dar, die von einem Moment $P \cdot r$ geleistet wurde. r ist dabei der Fahrstrahl, der Hebelarm der Kraft P. Diese Kraft P ist die senkrecht zum Fahrstrahl stehende Komponente der Gesamtkraft, also nicht diese Gesamtkraft selbst. Wenn wir annehmen, der Massenpunkt m, auf den die Kraft P wirkt, sei ein Wasserteilchen des Strudels, so können wir die Gleichung (1) auf jedes Wasserteilchen im Strudel anwenden, ferner können wir aussagen, daß innerhalb des Strudels bis zum Fremdkörper Laufrad keine Abfuhr von Arbeit aus irgendeinem der Wasserteilchen stattfinden kann. Es muß also die Arbeitsleistung, die durch die erste Seite der Gleichung (1) ausgedrückt ist, gleich Null sein: $Pr\omega dt = 0$. Das kann nur eintreten, wenn das Moment Pr selber gleich Null ist. Das Moment $P \cdot r$ kann bei Vorhandensein einer Kraft aber nur Null werden — und Kräfte müssen wir doch als vorhanden annehmen, da wir Beschleunigungen im Strudel bemerken —, wenn die Komponente senkrecht zum Fahrstrahl $= 0$ wird, womit gesagt ist, daß die Resultierende aller Kräfte durch den Mittelpunkt der Bewegung geht. Das Moment Pr wird Null, wenn die Richtung der Gesamtkraft P' mit dem Fahrstrahl zusammenfällt, die Resultierende aller Einzelkräfte also ständig durch den Mittelpunkt der Bewegung geht. Diese Kraft P' ist die Resultierende von allen Kräften und Ergänzungskräften, die auf ein jedes Wasserteilchen wirken.

Eine solche Bewegung nennt man Zentralbewegung. Die Bewegung der Himmelskörper ist eine Zentralbewegung, und unser Strudel ebenfalls, wenn wir ihn aus lauter selbständigen Einzelpunkten bestehend denken.

Bei der außerordentlich leichten Verschiebbarkeit von Wassertröpfchen gegeneinander dürfen, ja müssen wir sie als Einzelwesen auffassen. Denn die Oberflächenkräfte, Viskosität und Adhäsion sind vernachlässigbar klein gegenüber den die Bewegung aller Massenteilchen hervorrufenden Kräften, vor allem der Schwerkraft.

Wir betrachten nunmehr die andere Seite der Gleichung (1), nämlich $\omega \cdot d\,(m \cdot r \cdot c)$. Solange kein Energieentzug stattfindet, ist ebenfalls $\omega \cdot d\,(mrc) = 0$, also $d(mrc) = 0$, woraus folgt, daß

$$m \cdot r \cdot c = \text{konst} \qquad (2)$$

sei, was auch geschrieben werden kann: $m(r_1 c_1 - r_2 c_2) = 0$.

Bei dieser Schreibweise betrachtet man den Verlauf zwischen zwei bestimmten Grenzen, die durch die Indizes 1 und 2 gekennzeichnet sind.

In Worten ausgedrückt, besagt die Formel:

Solange dem Massenpunkt keine Energie entzogen wird, muß das Produkt aus seiner Geschwindigkeit und dem vom Zentrum auf die Geschwindigkeitsrichtung gefällten Lot oder das Produkt aus dem Fahrstrahl und der senkrecht zu ihm stehenden Geschwindigkeitskomponente c_u unveränderlich bleiben. Je mehr sich also der Massenpunkt dem Zentrum seiner Bewegung nähert, desto größer wird seine Geschwindigkeit. Im Mittelpunkt würde c_u, die Geschwindigkeit, unendlich groß werden. Der Massenpunkt bewegt sich also so, daß sein Fahrstrahl immer gleiche Flächen in der gleichen Zeit

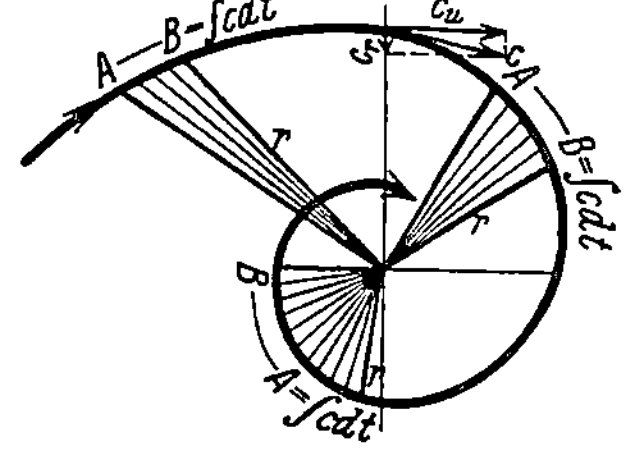

Abb. 3.
Flächensatz der Zentralbewegung.

beschreibt, siehe Abb. 3, einerlei in welcher Entfernung vom Mittelpunkt er sich befindet. Das Produkt mrc_u nennt man das statische Moment der Bewegungsgröße oder einfacher nach Föppl „Drall". Für einen jeden Wirbel ist der Drall eine Konstante, die wir Wirbelkonstante nennen.

Wenn die resultierende Kraft P immer nach dem Mittelpunkt gerichtet ist, so wird die in den Fahrstrahl fallende Komponente $P_r = P = m \cdot \dfrac{d c_r}{d t}$. Auf die gleiche Art wie vorhin ergibt sich für die radiale Komponente c_r der Massenpunktsgeschwindigkeit das Bewegungsgesetz: $c_r \cdot r = $ konst. Der Winkel zwischen der Geschwindigkeitsrichtung von c und dem Fahrstrahl r sei $(90^0 - \alpha)$, Abb. 4, dann ist $\sin \alpha = \dfrac{c_r}{c} = $ konst, weil beide Geschwindigkeiten genau nach dem gleichen Gesetz sich ändern.

Es ist ferner: $\operatorname{tg} \alpha = \dfrac{c_r}{c_u}$.

Es folgt für die Bahnlinie eines jeden Massenpunktes unseres Strudels, daß sie eine logarithmische Spirale sei, denn der Neigungswinkel der Bahnlinie gegenüber dem Fahrstrahl bleibt bei dieser Kurve stets derselbe.

Abb. 4. $r \cdot c_u = $ konst.

Wir können den Drall durch die tangentiale Komponente c_u messen, dann ist der Fahrstrahl r zugleich das auf c_u vom Mittelpunkt aus gefällte Lot. Die frühere Wirbelkonstante ist dementsprechend mit $\cos \alpha$ zu multiplizieren.

Die Bewegung eines jeden Wassertropfens im Strudel ist demnach durch die einfachen Gleichungen

$$r \cdot c_u = \text{konst} \quad \text{und} \quad r \cdot c_r = \text{konst}$$

vollständig beschrieben.

Nach diesen Darlegungen wird also ein Strudel immer dann entstehen, wenn man einem der einer Bodenöffnung zufließenden Wasserteilchen eine Tangentialkomponente verleiht, etwa indem man eine Leitfläche an irgendeiner Stelle eintaucht. Es werden dann allmählich sich sämtliche Wasserteilchen auf Bahnlinien einstellen, die logarithmische Spiralen sind, also überall den gleichen Winkel gegen den Fahrstrahl bilden, wie ihn die eingetauchte Fläche vorschreibt, weil nur dann kein gegenseitiger Energieaustausch stattfindet. Nach der Mitte zu wird sich die Umlaufgeschwindigkeit der Wasserteilchen erhöhen nach dem Gesetz der Formel. Die Konstante des Strudels ist gegeben durch die Tangentialgeschwindigkeit c_{u_0} mit der das Wasser in den Strudel eintritt, und durch die Entfernung r_0 dieses Punktes vom Strudelmittelpunkt.

Der Energieinhalt für jedes Teilchen ist gleichbleibend, solange kein Fremdkörper Energie abführt. Wenn also irgendwo die Geschwindigkeit wächst, wird die entsprechende kinetische Energie nur auf Kosten der potentiellen gewachsen sein können.

Ausfluß.

Wenn bei der Anordnung der Abb. 2 das Laufrad aus dem Rohrsystem herausgeholt wird, wird das Wasser einen bestimmten Strudel in dem nun vom Laufrad freien Raum ausbilden, und das Wasser wird aus dem Saugrohr mit entsprechender nach obigem berechenbarer Strudelbildung austreten. Den Ingenieur interessiert sehr, wieviel Wasser in der Zeiteinheit durch die gegebenen Querschnitte hindurchgebracht werden kann. Wir müssen also diesen sekundlichen Wasserdurchfluß zu berechnen versuchen.

Bevor wir jedoch an diese Rechnung herangehen, wollen wir den einfachsten Fall des Wasserausflusses betrachten, Abb. 5.

Ein zunächst zylindrisches, dann sich konisch erweiterndes Rohr führt das Wasser vom Oberwasser ins Unterwasser. Der Austrittsquerschnitt mit dem Durchmesser D_a liegt um h_z unter dem Unterwasserspiegel. Der Austrittsquerschnitt liegt also um $H + h_z$ unter dem Oberwasserspiegel. Da in dem Ausflußquerschnitt der Gegendruck h_z herrscht, ist es gleichgültig, wie groß h_z ist. Einerlei, wie tief die Tauchtiefe h_z, der Ausfluß wird sich immer so verhalten, als wenn der Austrittsquerschnitt gerade im Unterwasserspiegel läge.

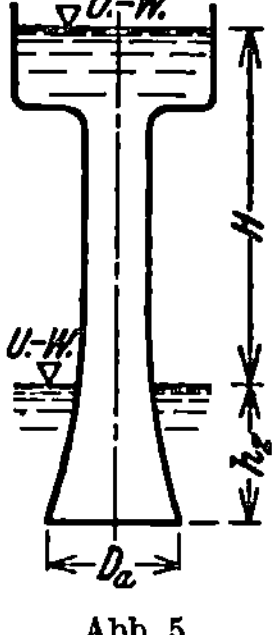
Abb. 5.

Das Wasser fließt, ohne andere Widerstände als die Reibung zu finden, vom Oberwasser zum Unterwasser. Die Reibungshöhe, die es verbraucht, sei ϱH. Dann muß bei Austritt ins Unterwasser der Rest von H, $(1 - \varrho)H$ in Gestalt kinetischer Energie vorhanden sein; jedes Tröpfchen, das bis zum Unterwasserspiegel kommt, ist die Höhe H durchfallen und muß folglich die ganz bestimmte Geschwindigkeit c erhalten haben, die sich aus $c = \sqrt{2gH(1 - \varrho)}$ berechnet.

Ist kein Strudel am Austritt vorhanden, und wir setzen das voraus, so können wir bei Kenntnis des Austrittquerschnittes F_a die in jeder Sekunde abfließende Wassermenge ohne weiteres angeben zu $Q = F_a\sqrt{2gH(1 - \varrho)}$, weil dann die Richtung eines jeden austretenden Wasserstrahles eindeutig bestimmt und bekannt ist, da deren Geschwindigkeit vertikal abwärts senkrecht zum horizontalen Austrittquerschnitt stehen muß.

Wir erkennen, da lediglich der Austrittquerschnitt in der Formel vorkommt, daß dieselbe Formel also auch gelten würde, wenn ein wunderliches Rohr, wie Abb. 6 andeutet, den Ausfluß vermittelte. Nur würde die Reibung ϱH unter Umständen merklich verschieden werden. Die ihr entsprechende Energieabfuhr, der ihr entsprechende Energieverlust ist das einzige, das für die sekundliche Durchflußmenge von Bedeutung ist.

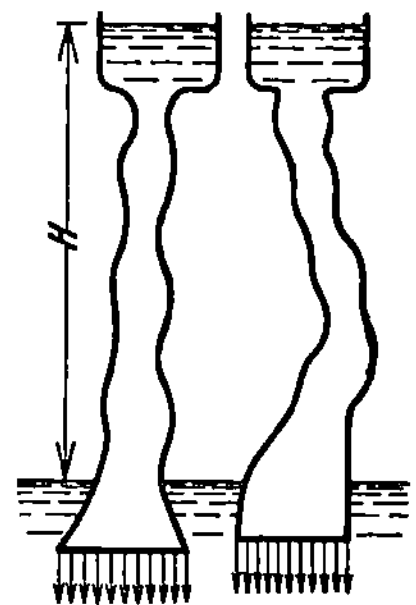
Abb. 6. Der Ausflußquerschnitt bestimmt die sekundliche Durchflußmenge.

Im Falle ein Strudel nicht vorliegt, wird also die Durchflußmenge bei gegebener Fallhöhe und gegebenem Austrittquerschnitt nicht geändert werden können. Irgendwelche Querschnittsänderungen in dem Rohr zwischen Ober- und Unterwasser können auf den Wasserdurchfluß nur insoweit einen Einfluß haben, als die Reibungsverlusthöhe

sich ändert. Wesentliche Änderungen der sekundlichen Durchflußmenge sind nur durch die Veränderung des Austrittquerschnittes
möglich.

Der Austrittquerschnitt bedingt also die Durchflußmenge und
damit die Geschwindigkeit in jedem Querschnitt, solange die Wassersäule nicht abreißt. Die Geschwindigkeit bedingt im Verein mit der
Höhenlage des betrachteten Querschnitts den hydraulischen Druck.

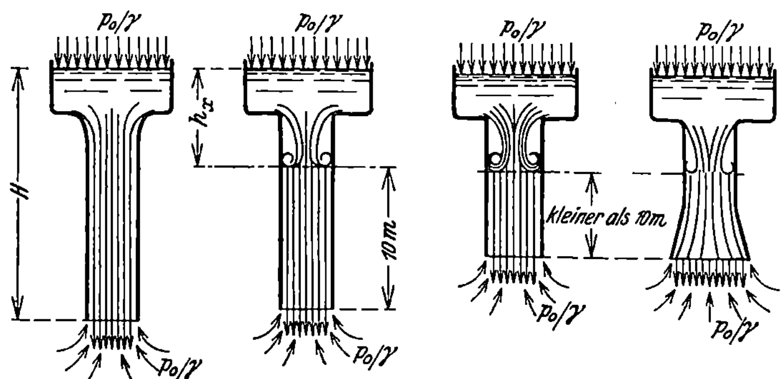

Abb. 7. Scharfe Kanten und zu große Geschwindigkeit bedingen Abreißen der Wassersäule.

Sobald der hydraulische Druck auf den absoluten Nullpunkt herabgeht,
reißt die Wassersäule ab. Dort bildet sich alsdann eine neue Wasseroberfläche, auf der der Druck Null liegt.

Der hydraulische Druck $\dfrac{p}{\gamma}$ in irgendeinem Querschnitt ist gleich
dem statischen $\dfrac{p_0}{\gamma} + h_x$, vermindert um die Geschwindigkeitshöhe, also

$$\frac{p}{\gamma} = \frac{p_0}{\gamma} + h_x - \frac{c_x{}^2}{2g} \,. \tag{3}$$

Es ist

$$c_x = c_a \frac{F_a}{F_x}; \qquad \frac{c_x{}^2}{2g} = \frac{c_a{}^2}{2g} \frac{F_a{}^2}{F_x{}^2} \tag{4}$$

$\dfrac{p}{\gamma}$ wird zu Null, wenn

$$\frac{p_0}{\gamma} + h_x - \frac{c_x{}^2}{2g} = 0 \,. \tag{5}$$

wird.

Für den Fall eines zylindrischen Fallrohres ist $F_a = F_x$ und
$\dfrac{c_x{}^2}{2g} = \dfrac{c_a{}^2}{2g} = H$. Also tritt Abreißen ein, wenn $H = \dfrac{p_0}{\gamma} + h_x$ geworden
ist. $\dfrac{p_0}{\gamma}$ ist der Atmosphärendruck in Wassersäule gemessen also gleich
10 m. Es tritt beim zylindrischen Rohr also Abreißen ein in einer
Höhe von 10 m über dem Ausguß, Abb. 7. Sofern das Fallrohr kürzer ist
als 10 m, kann auch schon Abreißen eintreten, dann etwa, wenn durch
zu scharfe Kanten im Rohransatz eine Kontraktion entsteht, und
dadurch die Geschwindigkeit vergrößert wird. Ist der Austrittquerschnitt vergrößert, so tritt das Abreißen entsprechend der im betrachteten Querschnitt dann größeren Geschwindigkeit bei kürzerem Rohr
auf. Bildet sich eine neue Wasseroberfläche, so wird der statische
Druck auf die Ausgußöffnung erheblich vermindert, nämlich um h_x.

Es wird also die Austrittsgeschwindigkeit ebenfalls erheblich verringert und damit die Durchflußmenge. Ein großer Teil der Fallhöhe wird beim Auftreffen auf den neu gebildeten Spiegel zerstört. Man muß sich also sehr vor solchem Abreißen hüten.

Wir denken uns nun in einem geradlinigen Rohr, das sich nach Art der Saugrohre erweitert (Abb. 8), ein Turbinenlaufrad eingesetzt, das den Durchfluß abbremst. Indem es durch den Wasserstrahl gedreht wird — wie, wollen wir auf sich beruhen lassen —, entzieht es dem Wasserstrahl Energie, die wir durch die Wasserhöhe H_A messen. H_A ist das jedem Kilogramm durchfließenden Wassers entzogene Arbeitsvermögen, das ist die Energie, die durch die Bremse abgenommen wird, die z. B. ein Stromerzeuger sein kann.

Dieses Laufrad soll weiterhin so ausgebildet sein, daß das Wasser nach seinem Durchfluß durch das Laufrad keine Rotationskomponente mehr hat. Dann übt die abgebremste Energie H_A genau die gleiche Wirkung auf den Wasserdurchfluß aus wie die Reibung. Von der ursprünglichen Energie H kann sich im Austritt in kinetische nur umwandeln, was noch vorhanden ist, nämlich $H - \varrho H - H_A$.

Es wird also die Austrittsgeschwindigkeit

$$c_a = \sqrt{2g\,(H - \varrho H - H_A)}\,. \tag{6}$$

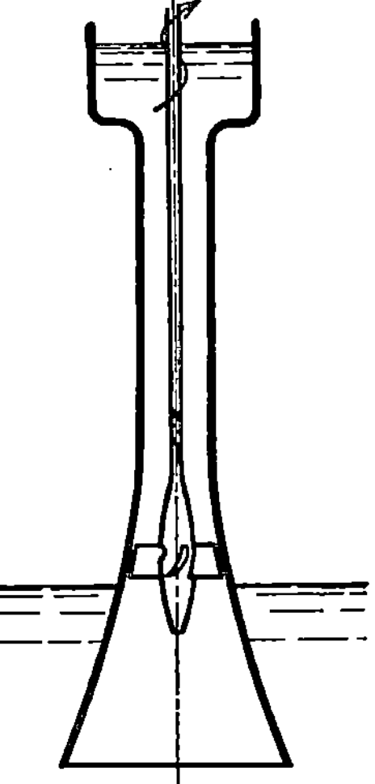

Abb. 8. Energieentzug durchs Laufrad mindert die Druckhöhe, die auf dem Austrittquerschnitt lastet, und also die Durchflußmenge.

Des guten Ingenieurs Streben muß sein, soviel wie möglich von der zur Verfügung stehenden Energie, von der Fallhöhe H an die Turbine zu überführen und dem Wasser zu entziehen. Das H_A soll möglichst gleich H werden. Es wird also c_a sehr klein werden. Soll dennoch eine große Wassermenge von der Turbine verarbeitet werden, so muß der Austrittquerschnitt F_a groß gemacht werden. Bestenfalls dann nämlich, wenn die Geschwindigkeit im Austrittquerschnitt überall gleich groß ist und keine Wirbel auftreten, wird

$$Q = F_a \cdot c_a = F_a \sqrt{2g\,[H - \varrho H - H_A]}\,. \tag{7}$$

Nun gibt es keine Turbinen mit gerader Rohrachse, wie sie Abb. 8 zeigt. Durch die Krümmer und die Saugrohrerweiterung entstehen weitere Verluste, die wir unter δH zusammenfassen wollen. Dadurch wird Q weiter verringert auf

$$Q = F_a \sqrt{2g\,[H - \varrho H - \delta H - H_A]} \tag{8}$$

Eine ganz geringe Strudelbildung wird sofort die Ausflußmenge ganz erheblich verringern. Nun ist es aber so, daß gewöhnlich bei kleinen Gefällhöhen gerade sehr große Wassermengen vorliegen, woraus dem Ingenieur die Aufgabe erwächst, trotz der kleinen Fallhöhe und trotz des hohen Wirkungsgrades, den er garantieren muß, eine tunlichst große Wassermenge durch seine Turbine zu bringen. Wir sehen schon jetzt aus obiger Formel, daß man bei gegebenem Austrittquerschnitt die Wassermenge nennenswert nur steigern kann auf Kosten von H_A, also auf Kosten der Nutzleistung, des Wirkungsgrades, daß aber ein Verzicht auf nur wenige Prozent Wirkungsgrad oder eine geringe Verbesserung von ϱ, wie sie sich durch Vergrößerung des hydraulischen Radius mit der Vergrößerung der Durchmesser ergibt, eine ganz erhebliche Vermehrung der Schluckmenge zur Folge hat. Denn, war bei Abwesenheit eines Strudels im Austritt und bei einem Wirkungsgrad von 93% und einem Austrittverlust von 3% die Wassermenge Q hindurchgegangen, so würde bei 90% Wirkungsgrad die für das Durchtreiben der Wassermenge noch zur Verfügung bleibende Energie auf das Doppelte, nämlich 6% der Fallhöhe gewachsen sein und die Wassermenge demzufolge auf das $\sqrt{2}$fache, d. h. um 40%, gesteigert sein, wenn die übrigen Verluste konstant bleiben.

Wenn vor dem Laufrad kein Strudel auftritt und auch hinter ihm nicht, so kann sich das Laufrad nicht drehen. Man kann zwar das Wasser ohne Drall zuführen, dann wird, falls die Schaufeln schräg stehen, ein Drall im Austritt des Laufrades und damit ein Drehen des Laufrades auftreten, d. h., das Wasser wird nach dem Austritt aus dem Laufrad somit einen Strudel bilden müssen.

Nur dann kann das Wasser ohne Drall aus dem Laufrad austreten, wenn ein zum Antrieb des Laufrades ausgenutzter Drall vor dem Eintritt des Wassers in das Laufrad vorhanden war. Wenn dieser Eingangsdrall, zu dessen Hervorrufen ein Leitapparat anzuordnen ist, vom Laufrad vollständig aufgezehrt wird, tritt das Wasser mit dem geringst möglichen Energieinhalt ohne Drall aus. Das ist der vom Turbinenbauer zu erstrebende Zustand, der jedoch bei bestimmter Fallhöhe nur für einen bestimmten Belastungszustand jeweils erreichbar ist. Bei anderen Belastungszuständen ist bei Austritt des Wassers aus dem Laufrad ein Drall noch vorhanden oder wird wieder, eben durch das Laufrad, neu hervorgerufen.

Ist nun auch die Austrittfläche von einem Strudel durchsetzt, so hat zwar jedes austretende Wasserteilchen eine andere Geschwindigkeitsrichtung, die Geschwindigkeit selbst aber muß für alle Teilchen die gleiche sein, nämlich $c = \sqrt{2g\,[H - \varrho H - \delta H - H_A]}$. Trotz der also bekannten Geschwindigkeit c aller Teilchen ist die austretende Wassermenge unbekannt, weil man die Richtung der Geschwindigkeit und damit die maßgebende Größe der Austrittfläche nicht kennt.

Um zu untersuchen, wie groß die Durchfluß-Wassermenge sich einstellt, wenn ein Strudel im Austrittquerschnitt sich bildet, ordnen wir einen klar übersehbaren Strudel an zwischen zwei parallelen Platten, die seitlich durch eine Spirale begrenzt sind, die längs einer Stromlinie liegt, also keinen Zwang auf die Bahnlinie ausübend gedacht werden soll, gemäß Abb. 9 unter Wasser an. Die untere Platte enthält eine kreisrunde Austrittöffnung, deren Mittelpunkt in der Strudelachse liegt.

Das Wasser tritt tangential an einem Radius r_0 in die Spirale ein, mit einer Geschwindigkeit $c_{u_0} = \dfrac{Q}{F_0}$. Der Strudel hat also die Konstante $c_{u_0} r_0$. Damit ist sein Verlauf bestimmt.

Indem sich die Massenpunkte weiter in ihren Horizontalebenen bewegen, kann der Drall keine Änderung mehr erleiden, es muß sich die weitere Bewegung so ausbilden, daß $c_u \cdot r = c_{u_0} r_0$ bleibt.

Je weiter sich ein Massenpunkt nach innen begibt, desto größer muß seine tangentiale Geschwindigkeit c_u, seine Umlaufgeschwindigkeit, werden. Außer c_u hat er nun noch eine nach dem Mittelpunkt gerichtete Geschwindigkeit c_r, und über dem Austrittquerschnitt kommt noch die Geschwindigkeit c_z vertikal abwärts hinzu. In diesem Austrittquerschnitt ist also seine absolute Geschwindigkeit $c = \sqrt{c_u^2 + c_r^2 + c_z^2}$.

An der Stelle, an der c_z sich plötzlich einstellt, muß sich wohl auch die Strudelkonstante plötzlich ändern.

Wenn ein Massenpunkt soweit nach dem Innern des Strudels vorgedrungen ist, daß gemäß dem Gesetz $c_u \cdot r =$ konst, $c_u = c$ geworden ist, so muß sowohl seine radiale Komponente wie seine axiale Komponente Null geworden sein, er muß nunmehr dauernd auf einem Zylinder des Radius r_i, der offenbar allein durch die Strudelkonstante gegeben ist, herumlaufen. Es bildet sich hier eine freie Oberfläche aus. Es steht dem Massenpunkt keine potentielle Energie, keine Druckkraft mehr zur Verfügung, die ihn nach irgendeiner Richtung beschleunigen könnte.

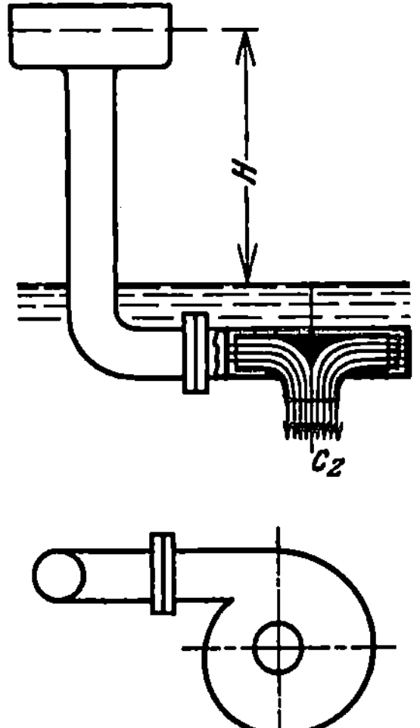

Abb. 9. Krümmerverluste mindern ebenfalls den Druck auf den Austrittsquerschnitt.

In diesem durch r_i begrenzten Zylinder kann kein Wasser eintreten, da $c_r = 0$ und $c_z = 0$.

Würde man also den Durchmesser des Austrittquerschnittes $2r_a$ kleiner als $2r_i$ machen, so würde trotz der Fallhöhe H kein Wasser austreten, wenn einmal der Beharrungszustand erreicht ist.

Bei dem Übertritt des Strudels über die Austrittöffnung bildet sich auf Kosten der Strudelkonstante ein c_z aus, das nach innen abnimmt. Ebenso muß c_r nach Innen abnehmen, da es auf dem Grenzzylinder ja Null sein muß.

Es ergeben sich somit folgende Gleichungen zur Bestimmung der sekundlichen Austrittsmenge:

$$c = \sqrt{c_u{}^2 + c_r{}^2 + c_z{}^2} = \sqrt{2g\,[H - \varrho H - H_A]}$$

$$c_u r = \frac{Q}{F_0}\, r_0 = \text{konst}$$

$$c_r \cdot r = \text{konst}$$

$$dQ = 2\pi r\, dr \cdot c_z$$

Diese Gleichung bietet der Integration Schwierigkeiten, weil die
Unbekannten r und Q nicht leicht so geordnet werden können, daß r
auf der einen, Q auf der anderen allein vorkommt. Die Ausbildung des
Strudels ist durch die Durchtrittswassermenge selbst gegeben, und diese
wiederum ist vom Strudel abhängig. Wir begnügen uns damit, den
Verlauf abzuschätzen, da die zahlenmäßige Berechnung keinen Wert
hat. Die Änderung der Geschwindigkeitskomponenten gibt etwa den
Verlauf, wie er in Abb. 10 gezeigt ist.

Erhöht man die Geschwindigkeit c_{u_0} durch Verringerung des
zugehörigen Querschnittes, so wird die Strudelkonstante erhöht. Da-

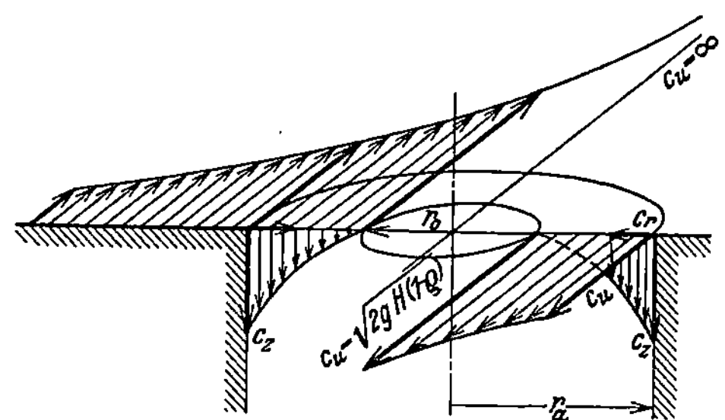

Abb. 10. Schema der Geschwindigkeitsverteilung im Austrittstrudel.

mit vergrößert sich der innere Kreiszylinder, in den das Wasser nicht
eintreten kann. Macht man die Konstante so groß, daß an dem Radius r_a
eine Umlaufgeschwindigkeit $c_u = \sqrt{2g\ [H - \varrho H - \delta H - H_A]}$ erreicht
wird, dann wird c_r zu Null werden müssen, weil keine Energie
für diese Geschwindigkeit mehr zur Verfügung steht, und der Strudel
bleibt in Rotation, ohne nach dem Inneren weiter fortschreiten zu
können; zwar wird jetzt die Durchtrittswassermenge zu Null, aber
der Wasserring hat ja einen kinetischen Energievorrat bekommen, während er sich ausbildete, da ja alle seine Teilchen von dem Oberwasserspiegel heruntergefallen sind. Die Zentrifugalkraft dieses rotierenden
Wasserringes hält der Wassersäule H im Eintrittsquerschnitt der Spirale
das Gleichgewicht und verschließt weiterem Wasser den Zutritt, bis durch
die Reibung die Drehwucht des Wasserringes abgenommen hat. Dann
kann Frischwasser zu dem Wasserring hinzutreten und dessen Drehwucht wieder auf das frühere Maß bringen. Wenn die Drehwucht des
Ringes abnimmt durch Verlangsamung, so zieht sich der innere Zylinder
auf einen kleineren Radius als r_a zusammen, weil die Geschwindigkeit
an r_a kleiner als

$$c_u = \sqrt{2g[H - \varrho H - \delta H - H_A]}$$

geworden ist und nunmehr von H her Druckkräfte zur Ausbildung
von c_z und $c_r > 0$ zur Verfügung stehen. Indem also innen verbrauch-
tes Wasser abgestoßen wird, tritt außen eine gleiche Menge frisches
dazu, und der Vergrößerung der Drehwucht entsprechend vergrößert

sich der Hohlzylinder innen wieder auf das frühere Maß. In der Tat können wir also lediglich durch Einstellen des Strudels die Durchflußwassermenge bis auf Null herabdrücken, ohne das Rohr abschließen zu müssen.

Für den Turbinenbauer ergibt sich aus dem Bisherigen die Erkenntnis, daß der Austrittsquerschnitt die maßgebende Größe ist für die Durchtrittswassermenge, für die Schluckfähigkeit der Turbine. Alle innerhalb der Turbine auftretenden Geschwindigkeiten werden von der im Austrittsquerschnitt sich einstellenden abgeleitet. Sie sind unmittelbar gegeben durch das Verhältnis des betrachteten Querschnittes zum Austrittsquerschnitt.

Es werden heutzutage Wirkungsgrade von 90% verlangt. Deshalb darf man nicht mehr als höchstens 5% der Fallhöhe dazu verwenden, um das Wasser aus der Turbine abzuleiten, d. h. man setzt

$$H\,(1-\varrho) - H_A \leqq 0{,}05\,H = \frac{c_a{}^2}{2g}\,,$$

woraus

$$c_a \leqq \sqrt{2g \cdot 0{,}05\,H}$$

und

$$F_a = \frac{Q}{c_a}\,.$$

Da das Wasser namentlich bei großen Querschnitten durchaus nicht gleichmäßig ausfließt, muß man den Querschnitt größer machen. Das ist wichtig, weil die Verlusthöhe mit der größeren Geschwindigkeit im Quadrate wächst, also durchaus nicht gleich ist dem Quadrat der mittleren Geschwindigkeit.

Weiter ergibt sich aus der bisherigen Betrachtung, daß man Sorge tragen muß, daß die Kontinuität gewahrt bleibt, daß nicht Abreißen der Wassersäule eintritt; daß man also sich Rechenschaft gibt über den Druck, der an jeder Stelle herrscht, und daß man die Übergänge von einem zum anderen Querschnitt allmählich durchführt. Dies gilt ganz besonders von dem Teil, der vom Laufradaustritt zum Saugrohraustritt, zum maßgebenden Austrittquerschnitt führt. In dieser Strecke wird kinetische Energie in potentielle übergeführt, große Geschwindigkeit zur kleineren im Austritt ermäßigt. Dem widersetzen sich sehr gerne die einzelnen Massenteilchen, die sich durchaus als ungebundene Individuen fühlen und die einmal gewonnene Geschwindigkeit nicht gerne wieder abgeben. Damit die Geschwindigkeit sich verringert, ist notwendig, daß das Wasser die zur Verfügung gestellten Querschnitte voll ausfüllt. Solcher Querschnittserweiterung folgt das Wasser nur dann, wenn sein Weg mit der Achse des Rohres keinen größeren Winkel als etwa 8° bildet. Im allgemeinen gehe man nicht ohne Not über 5° hinaus.

2. Die Hauptarbeitsgleichung.

Wollen wir durch einen Drall, wie es vorhin beschrieben wurde, nun ein Laufrad an einer Welle umtreiben lassen, so interessiert uns in erster Linie die Bewegung der Massenteilchen in Ebenen senkrecht zur Welle. Nur die in solche Ebene fallenden Momente ergeben ein Drehmoment bezüglich der Welle und können folglich Arbeit leisten, Energie an das sich drehende Laufrad, den Fremdkörper, abgeben. Die anderen Komponenten, die in Ebenen parallel der Welle liegen, können keine Wirkung auf das Laufrad ausüben, sie geben keine Energie auf das Laufrad ab. Die Änderungen, die in diesen Ebenen parallel der Welle auftreten, Beschleunigungen und Verzögerungen, erfolgen also immer so, daß der Energieinhalt des Wasserteilchens durch die Teilbewegung in diesen Ebenen sich nicht ändert. Ändert sich diese Teilgeschwindigkeit, so ändert sich entsprechend der Druck so, daß die Summe der Energiewerte konstant bleibt. Die Energieänderung des Massenteilchens wird also immer nur durch die Änderung der Verhältnisse in den Ebenen senkrecht zur Welle hervorgerufen und **zur Betrachtung des Energieaustausches zwischen Wasser und Rad genügt immer die Betrachtung der Veränderungen in der Drehebene.**

Wir betrachten im folgenden den Vorgang der Abb. 1 immer von oben, so daß sich die Welle als Punkt in der Papierebene projiziert, von der Geschwindigkeit c nur die Komponente c_u in der Drehebene sichtbar liegt, und denken uns, falls eine axiale Geschwindigkeit vorliegt, den Massenpunkt immer wieder in die Papierebene verschoben.

Wir wollen nunmehr uns klarmachen, wie im einzelnen der Austausch von Energie zwischen dem Wasser und dem Laufrad erfolgt, um ihn berechnen zu können.

Die Energie des Wirbels wird gemessen an seinem Drall, das ist dem statischen Moment der Bewegungsgröße $m c_u r$, das wir Wirbelkonstante genannt haben. In einer Horizontalebene Abb. 11 sei durch den davorliegenden Leitapparat ein Wirbel erzeugt, der einen bestimmten Drall besitze, eine bestimmte Wirbelkonstante.

Das Laufrad hat die Aufgabe, Energie dem Wasser zu entziehen, das tut es auf alle Fälle, einerlei, wie schlecht es gebaut ist, sofern es nur umläuft.

Dann wird in einer Ebene hinter dem Laufrad eine andere Wirbelkonstante auftreten müssen, und zwar eine kleinere.

Die entzogene Energie muß gleich sein dem Unterschied im Energieinhalt des Wirbels vor und hinter dem Laufrad.

Die Energie des Wirbels wird durch seinen Drall gemessen. Beim Eintritt hatte der Wirbel den Drall $m \cdot r_1 c_{u_1}$, nach dem Austritt $m r_2 c_{u_2}$. Wenn eine Energie entzogen wurde, so muß diese der Differenz dieser beiden Wirbelkonstanten proportional sein, also proportional

$$m c_{u_1} r_1 - m c_{u_2} r_2 = \text{konst}_1 - \text{konst}_2 = \frac{1}{g}(c_{u_1} r_1 - c_{u_2} r_2), \qquad (9)$$

da für die Gewichtseinheit 1 kg die Masse $m = \dfrac{1}{g}$ ist.

Da der Massenpunkt eines Wirbels beim Fortschreiten nach innen oder außen in der Horizontalebene seinen Drall nicht ändert, so ist es an und für sich gleichgültig, an welchem Radius r die tangentiale Geschwindigkeit c_u festgestellt wird, denn es bleibt ja das Produkt $c_u \cdot r$ eine Konstante, solange Energie nicht entzogen wird.

Der Drall ist von der Dimension eines Drehmomentes. Die Differenz im Drall der beiden Wirbel ist also ebenfalls ein Drehmoment. Eine Arbeit er

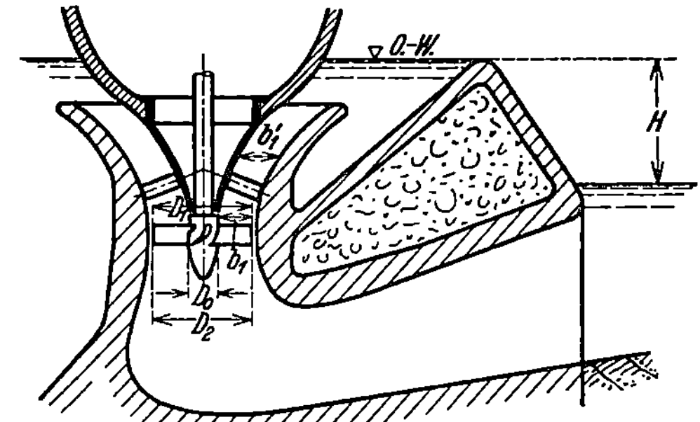

Abb. 11. Unterschied im Drall vor und hinter dem Laufrad ergibt den Energieentzug durch die Welle.

hält man erst durch Multiplikation mit einem Winkelweg. Die Arbeit, die durch die gleiche Abnahme des Dralls, durch das gleiche Drehmoment, geleistet wird, kann somit sehr verschieden ausfallen, je nach der Winkelgeschwindigkeit, mit der das aus der Dralldifferenz geborene Drehmoment auf das Laufrad drückend umläuft. Arbeit wird nur geleistet, wenn die Schaufel, die das Drehmoment empfängt, sich bewegt; nur dann wird die Konstante des Eingangswirbels sich umformen zu der Konstante des Wirbels im Ausgang; anderenfalls etwa bei festgehaltenem Laufrad erfährt der Drall keine Änderung; vor und hinter dem Laufrad bleibt derselbe Drall vorhanden; vorausgesetzt, daß die potentielle Energie keine Änderung erfuhr durch Querschnittsänderung oder Winkeländerung.

Der Energieentzug ist für die Gewichtseinheit durchfließenden Wassers bei der Winkelgeschwindigkeit des Laufrades ω

$$m_d \omega = \omega(c_{u_1} r_1 - c_{u_2} r_2)\frac{1}{g} = (c_{u_1} r_1 \omega - c_{u_2} r_2 \omega)\frac{1}{g} = \frac{c_{u_1} u_1}{g} - \frac{c_{u_2} u_2}{g}, \qquad (10)$$

er ist andererseits $= H_A$ jener Energie, die jedem Kilogramm Wasser beim Durchgang durch das Laufrad der Turbine entzogen wird.

Damit haben wir die Hauptgleichung der Turbinen- und Pumpentheorie:

$$(c_{u_1} r_1 - c_{u_2} r_2)\frac{\omega}{g} = \frac{c_{u_1} \cdot u_1}{g} - \frac{c_{u_2} u_2}{g} = H_A. \qquad (11)$$

Dem Sinne nach ist diese Gleichung von Euler bereits im Jahre 1754 aufgestellt. Wesentliches hat die Theorie seit der Zeit bis auf den heutigen Tag nichts mehr hinzufügen können.

Die Wassersäulenhöhe H_A ist das, was vom Laufrad an Energie aus dem Wasser herausgeholt wird, also das Gefälle H vermindert um die Verluste, die beim Durchgang durch die Turbine auf dem Wege vom Ober- zum Unterwasser entstehen, und vermindert um die kinetische Energie, die am Austritt noch vorhanden ist. Es ist also

$$H_A = H - \varrho H - \delta H - \frac{c_a^2}{2g} \,. \tag{12}$$

Von diesem H_A sind zu bestreiten:

1. Stoßverluste im und am Laufrad;
2. Umsetzungsverluste innerhalb des Laufrades, aber nicht die Strömungsverluste, die durch die axiale Geschwindigkeitskomponenten entstehen;
3. die Radreibungsarbeit;
4. Lager- und Stopfbüchsenreibung;
5. die Nutzarbeit.

Die Verluste 1 bis 4 fassen wir zusammen in $\Sigma \lambda H$ und nennen $\dfrac{H_A - \Sigma \lambda H}{H} = \eta_m$ den mechanischen Nutzeffekt, während wir

$$\frac{H - \varrho H - \delta H - \dfrac{c_a^2}{2g}}{H} = \eta_h \tag{13}$$

den hydraulischen Nutzeffekt heißen. Es ist also der Gesamtnutzeffekt

$$\eta = \eta_m \cdot \eta_h \,. \tag{14}$$

Die Hauptarbeitsgleichung (10) besagt unzweideutig, daß man eine bestimmte Fallhöhe mit jeder beliebig großen Winkelgeschwindigkeit ausnutzen kann, wenn man nur die Dralldifferenz entsprechend klein gestalten kann.

Wenn dem Drall seine gesamte Energie entzogen werden soll, muß der Drall beim Austritt aus dem Laufrad Null werden, d. h. es muß die tangentiale Komponente c_u im Wirbel Null werden. Es mag dann noch eine radiale Bewegung des Wassers und eine axiale übrigbleiben, die Strudelenergie hat mit $c_u = 0$ aufgehört zu sein. Das ist also die Aufgabe des Laufrades, die anfängliche Tangentialkomponente c_u des Strudels zu vernichten. Da sie an einem bewegten Widerstand vernichtet wird, muß sich in diesem bewegten Widerstand, also dem Laufrad, die gesamte Energie wiederfinden, soweit sie nicht durch Wärme abgeführt wurde, ganz gleichgültig, ob stoßfrei oder durch Stoß die Energieübertragung erfolgte.

Für den Fall, daß $c_{u_2} = 0$, also die Tangentialkomponente c_{u_1} vollständig aufgebraucht wird, geht die Gleichung 11 über in

$$\frac{c_{u_1} u_1}{g} = H_A \,. \tag{15}$$

Der Arbeitsentzug entsteht also dadurch, daß die Schaufel die Rotations- bzw. Tangentialkomponente c_{u_1} des Strudels abbremst, mehr oder weniger. Die Schaufel stellt sich der Tangentialkomponente des Strudels in den Weg und erfährt dadurch einen Druck, der das Rad einerseits im Umlauf hält und andererseits die Tangentialkomponente auf dem Weg vom Eintreten des Wassers bis zum Austritt verringert. Man kann auch sagen, die Schaufelkrümmung lenkt das Wasser derart ab, daß sich die Tangentialkomponente verringert, während der Ablenkdruck, den die Schaufel erfährt, den Widerstand, der an der Welle wirkt, überwindet.

Wenn die Ablenkung bis zu $c_{u_2} = 0$ geht, ist hinter dem Laufrad, im Austritt also, der Wirbel erloschen. Ging die Ablenkung nicht so weit, so muß hinter dem Laufrad noch ein Wirbel im gleichen Sinne wie vor dem Laufrad mit umlaufen, aber mit entsprechend dem Arbeitsentzug vermindertem Energieinhalt. Bei festgehaltenem Laufrad wird der Wirbel gegenläufig.

Es kann auch ein solch gegenläufiger Wirbel im Betrieb auftreten. Das Drehmoment, das das Laufrad antreibt, setzt sich dann zusammen aus zwei Teilen, erstens aus dem Impuls, den der aus dem Leitrad kommende Strahl auf das Laufrad ausübt, das ist $c_{u_1} \cdot r_1$, und zweitens aus dem Rückstoßmoment des schräg aus dem Laufrad ausströmenden $c_{u_2} \cdot r_2$. Da das Drehmoment dann insgesamt also groß ist, nämlich $c_{u_1} r_1$ plus $c_{u_2} r_2$, kann die Winkelgeschwindigkeit, bei der das Gefälle aufgezehrt ist, gemäß der Hauptarbeitsgleichung nur klein werden.

Die Teilchen, die das Laufrad verlassen haben, können ihren Energieinhalt nicht mehr ändern, sofern Beharrungszustand eingetreten ist. Sämtliche Teilchen gehören folglich einem einzigen Wirbel mit gleicher Konstante an. Wenn folglich einem einzigen Massenteilchen beim Durchgang durch das Laufrad die Tangentialkomponente nicht vollständig genommen wurde, müssen auch sämtliche anderen mit $c_{u_2} > 0$ das Laufrad verlassen, sofern ihnen Zeit zum vollständigen gegenseitigen Ausgleich gelassen wurde. Besitzt ein Wasserteilchen hinter dem Laufrad noch eine c_u-Komponente, so besitzen sämtliche übrigen Teilchen ebenfalls eine solche gleichgeartete Komponente, deren Größe sich aus dem Gesetz $c_u r =$ konst berechnen läßt. Und: wenn ein Teilchen nach dem Austritt $c_{u_2} = 0$ aufweist, müssen alle Teilchen ohne Rotationskomponente sein, sobald etwaige Verschiedenheiten im Energieentzug der einzelnen Wasserfäden sich ausgeglichen haben.

Diese Überlegungen besagen, daß sich in demselben Wirbelraum nur ein Wirbel ausbilden kann, daß entweder ein mit dem Eingangswirbel gleichläufiger am Austritt sich einstellt oder ein gegenläufiger oder gar keiner. Daß aber nicht etwa in dem einen Teil, etwa bis zum halben Radius von der Mitte aus, ein gegenläufiger und außen ein mitlaufender Wirbel auftreten kann. Diese Feststellung ist nicht unwichtig.

Man kann sich denken, daß das Laufrad am ehesten seiner Aufgabe, dem Eingangswirbel die Energie zu entziehen, gerecht wird, wenn die Schaufeln an ihrem Anfang, dort, wo das Wasser auf die bewegte

Schaufel auftrifft, so gebildet sind, daß sie den Strudel, den das Leitrad gebildet hat, in keiner Weise stören, so daß das Wasser ohne Stoß, ohne Geschwindigkeitsänderung in irgendeiner Richtung zu erleiden, auf die bewegte Schaufel aufläuft, alsdann aber allmählich durch die Schaufel in eine solche Richtung gedrängt wird, daß es beim Ablaufen von der Schaufel keine tangentiale Geschwindigkeit mehr besitzt. Die Schaufel lenkt den auftreffenden Strahl in die radiale Richtung um, c_{u_2} wird Null. Der Ablenkungsdruck, den die Schaufel erfährt, ist es dann, der mit dem Drehen der Turbinenwelle die Arbeit leistet.

Absolutbahn.

Wir wollen einmal die Bahn aufzeichnen, die ein mit c ankommender Massenpunkt durchläuft, der sich auf einem mit der Geschwindigkeit u m/sec umlaufenden Zylinder mit der axialen Geschwindigkeit c_z nach unten bewegt (s. Abb. 12). Mit dieser Bahn muß die Schaufel im Anfang übereinstimmen, wenn das Wasser stoßfrei auf sie übertreten soll.

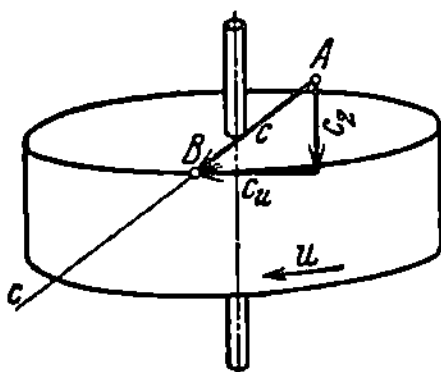

Abb. 12. Absolutbahn.

So zeichnen wir mit dieser Bahn die Schaufel ein, die den Massenpunkt stoßfrei aufnimmt. Wir denken uns um den sich drehenden Zylinder der Abb. 12 einen festen Zylinder gelegt, der den sich drehenden überall berührt, und in diesem feststehenden Zylinder eine gerade Bahnfurche B—C, in der wir einen Bleistift mit der Geschwindigkeit c führen. Dieser Bleistift zeichnet alsdann auf dem sich drehenden Zylinder die Relativbahn auf, die mit der arbeitslosen Schaufel identisch ist, solange das Wasser zwar sie berührend, aber ohne Energieaustausch über sie hinweggeführt werden soll.

Ein Beobachter, der sich irgendwo auf dem Rand des sich drehenden Zylinders aufhält, sieht bei Stillstand des Zylinders die Absolutbahn des Massenpunktes, von A nach B gehend, wo sie den Zylinderrand trifft.

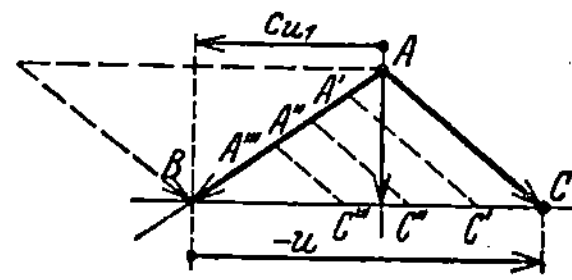

Abb. 13. Wie das Geschwindigkeitsdreieck zur Bestimmung der Relativgeschwindigkeit entsteht.

An Stelle des Zylinders ist in Abb. 13 die Tangentialebene an den Zylinder gesetzt gedacht. Hat der Beobachter sich bei Stillstand des Zylinders nach B begeben, so sieht er den Massenpunkt gerade auf sich zukommen. Bewegt sich der Zylinder mit der Geschwindigkeit u in der Richtung der Tangentialkomponente c_{u_1} nach links, so muß sich der Beobachter um die Strecke u vorher nach rechts begeben haben, also nach C, wenn er gleichzeitig mit dem von A kommenden Massenpunkt in B ankommen will. Er sieht dann, mit der Zylindergeschwindigkeit u sich bewegend, den Punkt stets aus der Richtung A—C auf sich zukommend, denn wenn er einen Teil des Gesamtweges $C B$ zurücklegt, hat auch der Massenpunkt den gleichen Bruchteil seines Gesamtweges $A B$ zurückgelegt, so daß die Strecken $A'C'$, $A''C''$, $A'''C'''$ sich immer parallel bleiben. In B trifft der Beobachter mit dem Massenpunkt zusammen, den Stoß als aus einer Richtung kommend empfindend, die parallel AC ist.

AC ist die Relativgeschwindigkeit des Punktes A in bezug auf den Beobachter, der sich mit der Geschwindigkeit u bewegt. Diese Relativgeschwindigkeit erhält man also aus dem Geschwindigkeitsdreieck als Schlußlinie zur Absolutgeschwindigkeit und der daran nach entgegengesetzter Richtung aufgetragenen Geschwindigkeit des Beobachters, d. h. hier der Umfanggeschwindigkeit des Zylinders.

Soll die Schaufel dem Massenpunkt gestatten, seine Absolutbahn unbeirrt auch nach Übertritt auf den Zylinder fortzusetzen, so muß sie in Richtung der Relativgeschwindigkeit verlaufen. So lange sie in dieser Richtung verläuft, wird der Massenpunkt nicht abgelenkt, und so übt er auch keinen Druck auf die Schaufel aus. Um ihn zu einem Arbeitsdruck zu veranlassen, müssen wir die Schaufel abbiegen und wenn wir alle Arbeitsfähigkeit dem Wasser entnehmen wollen, bis zu einem Grade, daß seine Tangentialgeschwindigkeit c_u Null wird. Da

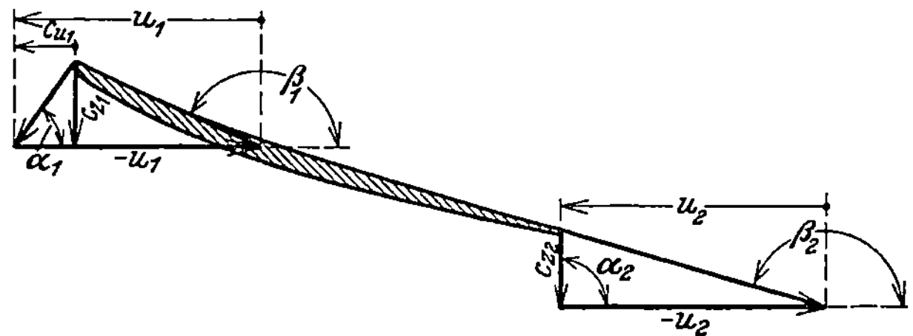

Abb. 14. Schaufel-Relativweg.

die axiale Geschwindigkeit c_z bekannt ist, sie sei gleich der im Eintritt, ist es leicht, die für vollen Energieentzug notwendige Neigung der Schaufel am Austritt festzulegen. Wenn $c_{u_2} = 0$ sein soll, wird die absolute Geschwindigkeit identisch mit c_{z_2}. Zu dieser nach der eben festgestellten Regel, die Umfangsgeschwindigkeit entgegen ihrer Richtung aufgetragen, ergibt das Austrittsgeschwindigkeitsdreieck. Die Schlußlinie ist die Relativgeschwindigkeit am Austritt, mit der die Schaufel zusammenfallen soll.

So ergibt sich die Schaufel sehr einfach aus dem Eintritt- und Austrittgeschwindigkeitsdreieck Abb. 14. Die Relativbahn, zu der die Schaufel den darübergleitenden Massenpunkt zwingt, ist verschieden von der, die der Bleistift nach Abb. 12 eingezeichnet haben würde, der eine geradlinige Absolutbahn verfolgte. Also wird die Absolutbahn unseres Massenpunktes von der Geraden ebenfalls verschieden sein müssen.

Die Absolutbahn zu finden, teilen wir die vertikale Erstreckung der eben gefundenen Schaufel etwa in 4 gleiche Teile; für jeden Endpunkt eines Teiles tragen wir das Geschwindigkeitsdreieck von der Relativbahn ausgehend auf. Gegeben ist jeweils die Richtung der Relativbahn, c_z und u. Daraus ergibt sich die Richtung der Absolutbahn, also deren Tangente. Diese verschieben wir, bis sie eine geschlossene Linie ergeben. Diese ist alsdann die Absolutbahn (s. Abb. 15).

Ohne den Zwang der Schaufel wäre der Massenpunkt in der Tangente an die Absolutbahn bei A geradlinig weitergegangen, wenn die Schaufel ohne Krümmung in Richtung der relativen Eintrittsgeschwindigkeit durchgeführt worden wäre. Man erkennt auch aus dem Austrittsdiagramm, daß dann keine Arbeit geleistet worden wäre. Das Austrittsdiagramm zeigt alsdann unverändert das c_{u_1} des Eintritts.

Aus der absoluten Ablenkung muß sich die Turbinenleistung berechnen, also die Hauptarbeitsgleichung ableiten lassen.

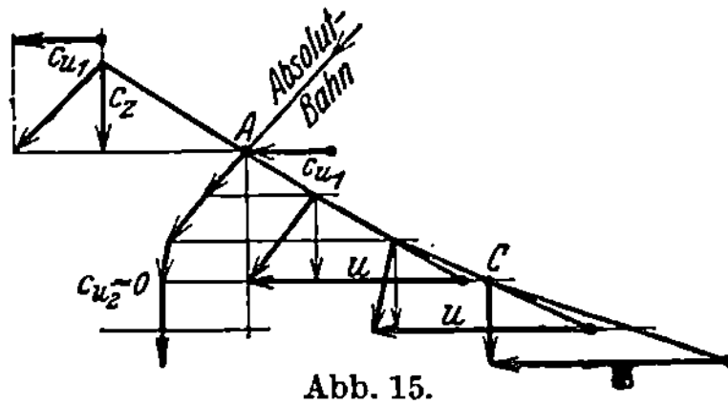

Abb. 15.
Absolutbahn aus dem Relativweg abgeleitet.

Wenn das Wasser innerhalb der Zeit t von A nach C kam und dabei die tangentiale Geschwindigkeit $c_{u_1} - c_{u_2}$ verlor, so ist die Verzögerung in tangentialer Richtung

$$p_t = \frac{c_{u_1} - c_{u_2}}{t}$$ (s. Abb. 15). Kraft ist Masse mal Beschleunigung. Die Masse, die diesem Beschleunigungsprozeß unterlag, ist $\frac{Q\gamma}{g}$, weil innerhalb der Zeit t diese Masse ausfloß, diese Masse also ihre Geschwindigkeit von c_{u_1} auf c_{u_2} verminderte. Die auf das Schaufelrad in Richtung der Tangente wirkende Kraft ist also

$$P_t = m\,p_t = \frac{Q\gamma}{g}\,t\,\frac{c_{u_1} - c_{u_2}}{t} = \frac{Q\gamma}{g}(c_{u_1} - c_{u_2})\,.$$

Die Arbeit, die von P_t in der Sekunde geleistet wird, ist bei einer Geschwindigkeit u m/sec

$$A = P_t \cdot u = \frac{Q\gamma}{g}(c_{u_1} - c_{u_2})\,u\,.$$

Wenn in der Zeiteinheit Q cbm/sec eine Höhe H durchfallen und von dieser Fallhöhe $\eta_h H$ von dem Laufrad für Nutzarbeit und zur Deckung der Laufradverluste dem Wasser entzogen wird, so ist die an die Turbine abgegebene Arbeit in der Zeiteinheit andererseits

$$A = Q\gamma \cdot \eta_h H,$$

die dem Ausdruck für A gleich sein muß. Es ist also

$$Q\gamma \cdot \eta_h H = \frac{Q\gamma}{g}(c_{u_1} - c_{u_2})\,u$$

$$\eta_h H = \frac{u}{g}(c_{u_1} - c_{u_2})\,.$$

Das gilt für den Fall, daß c_{u_1} und c_{u_2} auf gleichem Durchmesser lagen. Da aber die Wirbelenergie unabhängig vom Durchmesser die gleiche bleibt, $c_{u_2} r = $ konst, so kann das zweite Glied in der Klammer ersetzt werden durch $\frac{c_{u_2}' r_2}{r_1}$, wenn c_{u_1}' die an einem beliebigen anderen Radius r_2 gemessene Tangentialkomponente ist. Damit geht die Gleichung über in die allgemein gültige Form, die wir früher bereits hatten:

$$H_A = \eta_\eta H = \frac{1}{g}\left(c_{u_1} u_1 - c_{u_2}'\frac{r_1}{r_2} u_1\right) = \frac{1}{g}(c_{u_1} u_1 - c_{u_2}' u_2) = \frac{\omega}{g}(c_{u_1} r_1 - c_{u_2} r_2)\,.$$

Diese Formel bleibt gültig, gleichgültig, ob und welche Beschleunigung etwa eine radiale oder axiale Komponente der Absolutgeschwindigkeit erfährt. Diese Komponenten können ja offenbar keinen Einfluß auf den Energieaustausch zwischen Rad und Wasser haben, weil sie senkrecht zur Bewegungsrichtung des Rades stehen — also stets für sich die Arbeit Null liefern. Die Änderung dieser Komponenten wird lediglich den Druck ändern, geradeso, wie dieser in einem sich erweiternden oder verengenden Rohr sich mit der Geschwindigkeit ändert, auf Kosten der potentiellen Energie, so daß kinetische + potentielle Energie konstant bleibt. Die Änderung des Energieinhaltes wird vollständig und allein besorgt von der in der Bewegungsrichtung liegenden Tangentialkomponente.

Nur die in der Bewegungsrichtung liegende Ablenkung des Wasserwegs führt eine Energieänderung herbei. Die Größe dieser Ablenkung allein ist bestimmend für das Maß der Energieübertragung. Es ist für die endgültige Energieübertragung gleichgültig, wie die Absolutbahn zwischen Anfang und Ende aussieht, alle möglichen und erdenklichen Bahnlinien zwischen A und C (Abb. 5) geben ganz genau die gleiche Energieübertragung, sofern die Tangentialgeschwindigkeit c_{u_1} schließlich auf den gleichen Wert $c_{u_2} = 0$ im Endpunkt der Bahn gebracht wird; für die Übertragung ist es belanglos, welchen Umweg der Massenpunkt macht, geradeso, wie es für die Energieänderung eines fallenden Körpers gleichgültig ist, welche Bahn er zwischen zwei Niveauebenen zurückgelegt hat und ob er Umwege über Höhen und Täler machte.

Die Turbinenschaufel muß bestimmten Bedingungen am Eingang und am Austritt genügen, die dazwischenliegende Relativbahn ist willkürlich. Man wird sie also nach anderen als rein hydraulischen Gesichtspunkten wählen, und so einfach als irgend möglich.

Wenn beim Austritt aus dem Laufrad ein $c_{u_2} > 0$ auftritt, folgt aus dem Wirbelgesetz, daß c_{u_2} in einer Horizontalebene umgekehrt proportional dem Radius wächst, bis zu einem Betrag, für den der absolute Nullpunkt des Druckes er-

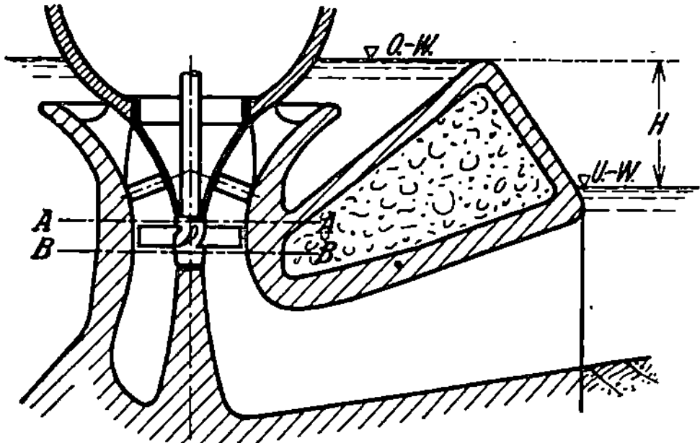

Abb. 16. Strudelhohlraum ausgefüllt.

reicht wird, wenn die sich bildende freie Oberfläche von der Atomsphäre abgeschlossen ist. Steht das Innere mit der Atmosphäre in Verbindung, bildet sich die freie Oberfläche entsprechend früher, bei kleinerer Geschwindigkeit also an größerem Radius aus.

Mag die tangentiale Komponente noch so klein am größten Radius sein, sie strebt bei $r = 0$ den Wert $c_u = \infty$ an. Also bildet sich immer eine freie Oberfläche und eine Zone, in der der absolute Druck auf Null sinkt. Solche Zonen sind aber sehr unerwünscht, sie entziehen dem

Wasser die in ihm verschluckt gewesene Luft, bilden Wasserdampf und richten durch die gefürchtete Kavitation leicht dadurch Unheil an, daß die Schaufeln und Naben in oft unglaublich kurzer Zeit angefressen werden.

Deshalb muß man die Nabe so stark machen, daß an dem ihr entsprechenden Radius noch kein gefährlich hohes c_{u_2} auftreten kann. Auch wird gelegentlich in dem Saugtrichter ein Betonzylinder mit genügend großem Durchmesser angeordnet, der den Hohlraum, der sich sonst bilden würde, ausfüllt (s. Abb. 16). Dieser Betonzylinder muß genügend stark sein und gut verankert werden, sonst bricht er ab und wird fortgeschwemmt.

3. Andere Form der Hauptarbeitsgleichung.

Bestimmung der Tourenzahl. Grenze der Schnelläufigkeit.

Wenn das Stück der Relativbahn, also der Schaufel zwischen Eintritt und Austritt grundsätzlich mit der Größe des Arbeitsaustausches nichts zu tun hat, wird der Arbeitsaustausch, also die Abgabe der Energie an das Laufrad, eindeutig bestimmt werden durch das Ein- und Austrittsdiagramm.

In der Abb. 14 sind diese Diagramme gezeichnet. Die Senkrechte zur Umfangsgeschwindigkeit bezeichnet entweder die radiale Komponente oder die axiale der absoluten Geschwindigkeit. Es ist gleichgültig, welche von beiden Komponenten dargestellt wird, denn mit dem zugehörigen Querschnitt multipliziert, muß in beiden Fällen die gleiche Wassermenge resultieren. Entsprechend der Bedeutung, die man der Senkrechten zur Umfangsgeschwindigkeit beilegt, bedeuten die anderen Geschwindigkeiten dann entweder die Komponenten in der Drehebene oder die der Tangentialebene, die an einen der Welle konaxialen Zylinder gelegt ist. c_{u_1} und u_1 ebenso wie c_{u_2} und u_2 bleiben immer dieselben. Die den Diagrammen entsprechende Arbeitsentnahme ist

$$H_A = (c_{u_1} u_1 - c_{u_2} u_2) \frac{1}{g} = \eta_h H .$$

Die dabei verarbeitete Wassermenge ist $Q = \pi D_1 b \, c_{r_1}$ bzw.

$$\pi \frac{D_1{}^2 - D_0{}^2}{4} c_{z_1} .$$

Mit den Bezeichnungen der Abb. 14 ergibt sich der Winkel α_1, unter dem die Leitschaufel das Wasser zum Wirbel formt, zu

$$\operatorname{tg} \alpha_1 = \frac{c_{z_1}}{c_{u_1}} \quad \text{bzw.} \quad \frac{c_{z_1}}{u_1} .$$

Der Winkel, unter dem die Schaufel geneigt stehen muß, wenn der Strahl bei der festgesetzten Umlaufzahl auf die Schaufel ohne Stoß auflaufen soll, d. h. im ersten Teil der Schaufel an diese keine Energie abgeben soll, ist β_1. Es ist da $\beta_1 > 90^0$

$$\operatorname{tg} \beta_1 = - \frac{c_{z_1}}{u_1 - c_{u_1}} ,$$

so ergibt sich:

$$\frac{\operatorname{tg}\alpha_1}{\operatorname{tg}\beta_1} = -\frac{u_1 - c_{u_1}}{c_{u_1}}$$

und

$$1 - \frac{\operatorname{tg}\alpha_1}{\operatorname{tg}\beta_1} = 1 + \frac{u_1 - c_{u_1}}{c_{u_1}} = \frac{u_1}{c_{u_1}} = \psi .$$

Für $c_{u_1} = 0$ hatte die Hauptarbeitsgleichung in der Form sich ergeben

$$u_1 c_{u_1} = g H_A .$$

Multiplizieren wir beide Seiten dieser Gleichung mit

$$\frac{u_1}{c_{u_1}} = 1 - \frac{\operatorname{tg}\alpha_1}{\operatorname{tg}\beta_1} ,$$

so ergibt sich

$$u_1^2 = g H_A \left(1 - \frac{\operatorname{tg}\alpha_1}{\operatorname{tg}\beta_1}\right) ,$$

woraus

$$u_1 = \sqrt{g H_A \left(1 - \frac{\operatorname{tg}\alpha_1}{\operatorname{tg}\beta_1}\right)} = \sqrt{g \cdot H_A}\,\sqrt{\psi} .$$

Die Hauptarbeitsgleichung in dieser Form ist sehr beliebt, obwohl sie in ihrem physikalischen Zusammenhang undurchsichtig ist. Sie gestattet, den Hauptwert einer Turbine, die Umlaufgeschwindigkeit, sofort festzusetzen. Nur durch Wahl der Ziffer ψ, die wiederum einzig und allein durch das Winkelverhältnis $\frac{\operatorname{tg}\alpha_1}{\operatorname{tg}\beta_1}$ gegebeni st, sollte gemäß dieser Formel die Umlaufgeschwindigkeit, das wichtigste Konstruktionsmaß innerhalb außerordentlich großen Grenzen für die gleiche Druckhöhe beliebig festgesetzt werden können. Denn $\operatorname{tg}\alpha_1$ kann bis nahezu unendlich groß gewählt werden, während $\operatorname{tg}\beta_1$ bei Winkeln größer als 90^0 negativ wird, also der Wert unter der Wurzel positiv bleibt.

Das muß unseren Argwohn erwecken, und wir wollen deshalb den physikalischen Sinn der Formel zu ergründen versuchen. Was bedeutet zunächst der Faktor $\psi = \frac{u_1}{c_{u_1}}$?

u_1 ist die Umfangsgeschwindigkeit des Laufrades, am Eintrittdurchmesser gemessen, c_{u_1} ist die tangentiale Komponente der Wassergeschwindigkeit an der Stelle des Eintritts in das Laufrad, also die Umlaufgeschwindigkeit des Strudels an dieser Stelle. Das Verhältnis $\frac{u_1}{c_{u_1}}$ bezeichnet also eine Übersetzung und gibt an, um welches Maß das Laufrad rascher oder langsamer als der Strudel umläuft.

Um dieses Übersetzungsverhältnis zu erzielen, das durch die Zahl ψ ausgedrückt wird, ist nur nötig, sagt wenigstens die Formel, die Winkel α_1 und β_1 so zu wählen, wie die Beziehung

$$\psi = 1 - \frac{\operatorname{tg}\alpha_1}{\operatorname{tg}\beta_1}$$

angibt.

Das ist aber nichts anderes wie die Bedingung stoßfreien Eintritts, die besagt, daß bei gegebener Umlaufgeschwindigkeit des Laufrades und gegebener Umlaufgeschwindigkeit des Wirbels der Schaufelwinkel β_1 ein ganz bestimmter sein muß, wenn das Wasser ohne Stoß, ohne Energieaustausch auf die Schaufel übertreten soll. Und weiter sagt die Formel nur, daß die Erfüllung dieser Bedingung stets möglich ist für jede beliebige Umfangsgeschwindigkeit u_1. Wenn das Laufrad mit u_1 umläuft und der Wirbel mit c_{u_1}, so ist immer ein Winkel β_1 für die Schaufel möglich, bei der das Wasser ohne Stoß auf sie übertritt. Nicht aber darf man umgekehrt erwarten, daß sich die zugehörige Umlaufgeschwindigkeit u_1 einstellt, wenn man den Winkel β_1 an der Schaufel verwirklicht. Dieser Winkel β_1, in dessen Richtung die Relativgeschwindigkeit liegt, ist nicht Ursache der Umlaufgeschwindigkeit des Laufrades, sondern er muß erfüllt werden, wenn bei gegebener Umlaufgeschwindigkeit stoßfreier Übertritt erfolgen soll.

Man verzeihe, wenn ich bei solch selbstverständlichen Dingen so lange verweile, aber es ist eine Erfahrung, daß überall da, wo Relativität der Begriffe auftritt, auch den sonst klar denkenden Menschen Einsicht und Urteil getrübt wird.

Wir haben also in der Zahl ψ ein Übersetzungsverhältnis erkannt, das rein kinematisch ist, das einen Vorgang beschreibt, nachdem er vorhanden ist, aber nicht diesen Vorgang hervorzurufen imstande ist.

Wenn wir in den Strudel ein Laufrad tauchen, so soll das Laufrad am Außenumfang den Strudel übernehmen ohne Stoß, ohne den Strudel zu stören. Diese Bedingung ist mit jeder beliebigen Umfangsgeschwindigkeit u_1 des Laufrades erfüllbar. Das Laufrad wird sich in dem Strudel nun ganz verschieden verhalten, je nachdem es langsamer läuft als der Strudel oder rascher oder ebenso rasch. Diese drei verschiedenen Geschwindigkeitsgruppen sind gekennzeichnet durch das

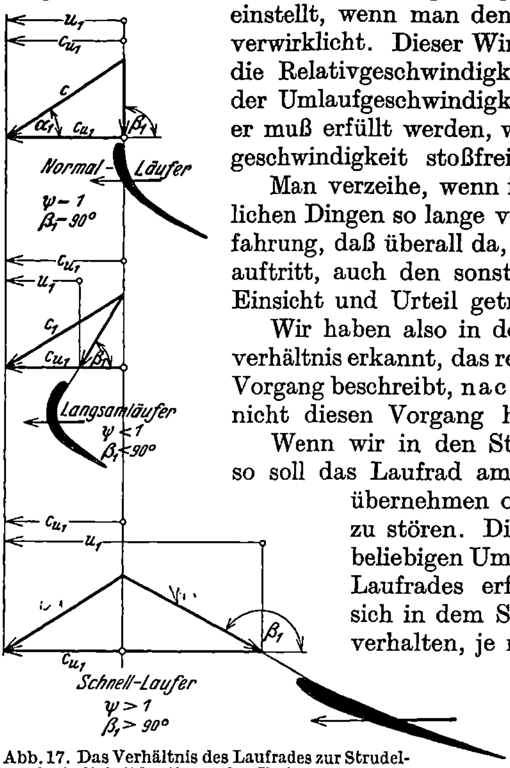

Abb. 17. Das Verhältnis des Laufrades zur Strudelgeschwindigkeit bestimmt den Turbinencharakter.

Verhältnis $\psi \gtrless 1$. Am leichtesten wird erreichbar sein, Strudel und Laufrad gleich rasch laufen zu lassen, $\psi = \dfrac{u_1}{c_{u_1}} = 1$ zu verwirklichen.

Die Relativbewegung des Wassers gegenüber dem Laufrad ist am kleinsten, die Reibung an der Radschaufel also auch. Da das Wasser mit der gleichen Geschwindigkeit umläuft wie die Schaufel, ist die Kranzführung überflüssig. Die Schaufel sollte so konstruiert werden, daß der Kranz weggelassen werden kann, ohne daß dadurch die Festigkeit des Laufrades gefährdet wird. Der Einlaufwinkel β_1 wird 90°. Die Schaufel erhält eine einfache gut ausgeprägte Krümmung. Die Ablenkung ist deutlich und ohne Schwierigkeit zu verwirklichen, s. Normalläufer Abb. 17.

Wenn $\psi = \dfrac{u_1}{c_{u_1}} < 1$, so läuft das Laufrad langsamer als der Strudel,
es wird vom Strudel geschleppt. Man nennt solche Laufräder „Langsamläufer" (s. Abb. 17). Sie werden notwendig bei großen Fallhöhen. Die
Schaufel erhält eine Krümmung, die den Strahl im Rad um mehr als 90⁰
ablenkt. Es wird deshalb sehr schwierig, den Schaufelkanal so auszubilden,
daß der Strahl ständig den Kanalbegrenzungen folgt und nicht innerhalb
der Schaufeln sich ablöst, Wirbelräume bildet und den Zusammenhang
des Durchflusses, die „Kontinuität", stört und Kavitation hervorruft.
Die Radreibung ist größer als im vorigen Fall, aber sie wirkt antreibend, weil der Strudel voreilt.

Wenn $\psi = \dfrac{u_1}{c_{u_1}} > 1$ wird, so läuft das Laufrad dem Strudel davon,
die Reibungsarbeit wird größer, und vor allem: sie hemmt stark. In
der Zeit, in der ein Strudelelement einmal den Kreislauf vollendet haben
würde, hat das Laufrad mehrmals sich gedreht. Es ist ein Art Segeln,
mit der das Laufrad durch die Strömung der Strömung entgegen zieht.
Es ist klar, daß aus dem Zurückbleiben des antreibenden Strudels
und den rascher davonjagenden Laufradschaufeln sich Schwierigkeiten
ergeben müssen. Solche Räder heißt man Schnelläufer (Abb. 17).
Faßt man also demgemäß die Zahl ψ als eine Übersetzung auf,
so ist man darauf gefaßt, daß um so größere Schwierigkeiten auftreten,
je stärker ins Langsame oder je stärker ins Rasche übersetzt werden
muß. Je größer die Übersetzung, desto größer die Schwierigkeit
auch hier.
Die Winkel, unter denen die Laufschaufeln am Eintritt gestellt
werden müssen, ergeben sich aus den Geschwindigkeitsdreiecken
unmittelbar. Der Konstrukteur hat damit zu rechnen, daß die Winkel
am Strahl gemessen verschieden sind von den Winkeln, die die Schaufeln
bilden. Nur die unmittelbar über den Schaufeln liegenden Wasser-
schichten haben mit dieser übereinstimmenden Winkel.
Dem Konstrukteur muß an möglichst hohen Umlaufzahlen gelegen
sein. Je größer die Durchmesser der Laufräder, desto größer sollte
man, das wäre wenigstens wünschenswert, die Übersetzung ψ wählen
dürfen, damit man große oder wenigstens nicht zu kleine Winkel-
geschwindigkeiten bekommt. Denn bei großer Winkelgeschwindigkeit
werden unter sonst gleichen Verhältnissen die Drehmomente klein,
die Wellenstärken klein; es werden die Kräfte kleiner und alle Querschnitte, durch die die Kraft fließt. Es wird also das Gewicht kleiner
und die Turbine folglich billiger. Auch die Bauten und Fundamente
könnten verbilligt und damit die Anlagekosten gedrückt werden. Das
ist aber sehr wesentlich in unserer Zeit, wo nicht der Arbeitslohn für
die jährlichen Betriebsausgaben maßgebend ist, sondern die Zins-
belastung, die, proportional den Anlagekosten, sich auf unsere Unter-
nehmungen legt, jede Wirtschaftlichkeit erwürgend, einen noch größeren
Tribut aus unserer Arbeit erpressend, als es der Youngplan tut, und
zwar ebenfalls zugunsten des Auslandes, da wir selbst kein Kapital
besitzen.

Es gilt also, die Tourenzahl der Turbinen zu steigern, namentlich ist das erwünscht für die Großwasserturbinen, bei denen das Gefälle naturgemäß klein ist. Denn erst im Gebirgsvorland sammeln sich die Bäche und werden zu Flüssen, und im Flachland erst treten die Ströme auf. So werden die größten Wassermengen immer mit den kleinsten Gefällen zusammen auftreten. Diese Wasserkräfte nennt man Niederdruckwasserkräfte, und ihrer sind mehr verfügbar als Hochdruckwasserkräfte. Sie liegen außerdem günstiger inmitten der Energieverbraucher. Sie sind also für die Volkswirtschaft wertvoller.

Das Hindernis ihrer Ausnutzung ist die zu geringe Umlaufgeschwindigkeit u, die sich infolge des kleinen Gefälles ergibt, und die damit zusammenhängende kleine Tourenzahl, die namentlich deshalb so klein wird, weil man glaubte, die Maschineneinheiten und also die Schluckfähigkeit immer mehr steigern zu müssen, und damit auf immer größere Laufraddurchmesser gekommen ist, die für festgehaltenes $\psi = \frac{u_1}{c_{u_1}}$ die Tourenzahl weiter erniedrigt haben.

Bei Dampf bauen sich die Maschinen für die Leistungseinheit in der Regel um so billiger, je größer die Einheit ist. Das ist schon bei Hochdruckwasserturbinen nicht mehr der Fall, weil die Kosten der Zuleitung das günstigste Maß sehr bald überschreiten. Erst recht ist es nicht bei Niederdruckwasserkraft bei Gefällen von 3—10 m der Fall; diese werden im Gegenteil auf die Leistungseinheit bezogen um so teurer, je größer die Leistung, weil die Tourenzahl rascher sinkt als die Leistung steigt.

Der Götælv entspringt dem zweitgrößten See in Europa, dem Vänernsee in Schweden. Dieser See liegt nahe der Küste 44 m über dem Meere. In seinem Verlauf bildet der Götælv die prächtigen Trollhättafälle. Sie konnten wegen der passenden Druckhöhe, die sie abgeben, zuerst ausgenutzt werden. Ein Hangkanal fängt das Wasser oberhalb der Fälle ab und leitet es einer Rohrleitung mit 30,4 m Gefälle zu den Turbinen. Diese sind seit Jahrzehnten in Betrieb und laufen mit $n = 187,5$ Umdrehungen je Minute. Um diese Tourenzahl mit der schon ordentlichen Druckhöhe zu erreichen und zugleich genügend Wasser (die Abflußwassermenge geht bis auf 1000 cbm/sec hinauf) zu schlucken, mußten zwei Laufräder auf einer Welle vereinigt werden, um den genügend kleinen Durchmesser zu bekommen, da die Zahl ψ, den damaligen Regeln der Kunst entsprechend, nur klein gewählt werden konnte und somit die Umfangsgeschwindigkeit relativ klein wurde. Er ist $\psi = 1,08$, und der Durchmesser $D_1 = 1800$ mm.

35 km unterhalb Trollhättan bildet der Götælv bei Lilla Edet einen zweiten, kleineren Fall von nur 6 m Höhe. Die Wassermenge aber geht auf 1000 cbm/sec wie in Trollhättan. Diese ausgesprochenen Niederdruckturbinen konnten erst vor kurzem in Angriff genommen werden. Sie laufen als Einradturbinen seit 1926 mit einer Tourenzahl von 62,5 Umdrehungen je Minute, trotz ihrer Leistung von 12000 PS. Ihr Durchmesser ist 6000 mm und $\psi = 6,5$ bis $7,7$ je nach dem Gefälle, das auf 5,4 m herabgeht.

Neuerdings ist die königliche schwedische Wasserfalldirektion daran gegangen, die letzte Stufe im Götaelv auszubauen, die von Vargön, nicht weit vom Ausfluß des Götaelvs aus dem Vänernsee. Das Gefälle geht dort von 5,7 m herunter bis zu 2,7 m. Die Tourenzahl soll 46,9 U/m werden, der Raddurchmesser 8 m. Damit würde $\psi_{max} = \dfrac{19,6}{1,28} = 15,3$, $\psi_{\eta\,max} = 7,25$. Der Durchmesser ist zu klein, die Kavitationsgefahr zu groß.

Dieses Übersetzungsverhältnis ist noch nicht befriedigend. Die langsam laufenden Kolosse werden zu teuer. Wie also soll man aber zu höheren Tourenzahlen kommen? Theoretisch liegt kein Grund vor, der die Steigerung von ψ zu verhindern vermöchte, aber durch die einfache Winkelstellung ist nichts gewonnen, denn diese ist nicht Ursache der Umlaufgeschwindigkeit, sondern nur notwendige Begleiterscheinung.

Um der Lösung dieser ganz allgemein vorliegenden Aufgabe näherzukommen, trotz kleinen Gefälles und großen Durchmessers höhere Tourenzahlen zu erreichen, hatte man den Begriff der spezifischen Tourenzahl geprägt. Symbol dafür ist n_s.

Die spezifische Tourenzahl einer Turbine ist diejenige, die sich ergibt, wenn man das entsprechend verkleinerte Modell mit einem Gefälle von 1 m und einer solchen Wassermenge betreibt, daß gerade eine Nutzleistung von 1 PS erreicht wird. Sie ist also erst eindeutig bestimmt, wenn die Durchflußgeschwindigkeit für irgendeinen Querschnitt festgesetzt ist. Denn damit ist die sekundliche Durchflußmenge Q und der Durchmesser des Laufrades bestimmt.

Da

$$u = \sqrt{g \cdot H_A \cdot \psi} = \frac{\pi D n}{60}$$

und die im Querschnitt $\dfrac{D^2 \pi}{4}$ festgesetzte Geschwindigkeit c sein mag, womit $\dfrac{D^2 \pi}{4} \cdot c = Q$, da ferner das Verhältnis dieses Querschnittdurchmessers zu dem Eintrittsdurchmesser $\lambda = \dfrac{D_1}{D}$ sein mag, so ergibt sich

$$n = \sqrt{\frac{H_A}{Q} \psi \frac{c}{\lambda^2}} \sqrt{\frac{g}{4\pi} 3600} = \sqrt{\frac{H_A}{Q} \psi \frac{c}{\lambda^2}} \sqrt{\frac{900\,g}{\pi}} \cdot$$

Um die Nutzleistung N_e in PS in die Formel zu bringen, multiplizieren wir unter der Wurzel Zähler und Nenner mit $\dfrac{1000}{75} H \eta$ und ersetzen H_A durch $H \eta_h$, dabei erhalten wir

$$n = \frac{H}{\sqrt{N_e}} \sqrt{\frac{c}{\lambda^2} \psi \cdot \eta \cdot \eta_h} \sqrt{\frac{1000 \cdot g \cdot 900}{\pi \cdot 75}} = 193,5 \frac{H}{\sqrt{N_e}} \sqrt{\frac{c}{\lambda^2} \psi \cdot \eta \cdot \eta_h} \cdot$$

Für $\lambda = 1$ ergibt sich

$$n = 193,5 \frac{H}{\sqrt{N_e}} \sqrt{c \cdot \psi \cdot \eta \cdot \eta_h} = 193,5 \frac{H}{\sqrt{N_e}} \eta \sqrt{c \cdot \psi \cdot \frac{\eta_h}{\eta}} \cdot$$

Die spezifische Tourenzahl n_s ergibt sich für $H = 1$ m und $N_e = 1$ PS somit zu

$$n_s = 193,5\, \eta \sqrt{c \cdot \psi \cdot \frac{\eta_h}{\eta}},$$

wenn c die Durchflußgeschwindigkeit beim Modell bei $H = 1$ m und $N_e = 1$ PS ist. Liegt nur die Durchflußgeschwindigkeit am großen Rade c_{z_1} vor, so ist c am gedachten Modell daraus zu berechnen, da

$$c_{z_1} = c \sqrt{H} \quad \text{und folglich} \quad c = \frac{c_{z_1}}{\sqrt{H}}$$

ist, wenn das große Rad unter H Meter läuft.

Wir erhalten also die höchstmögliche Tourenzahl, wenn wir neben dem höchstmöglichen ψ das höchstmögliche c einsetzen. c ist bei $\lambda = 1$

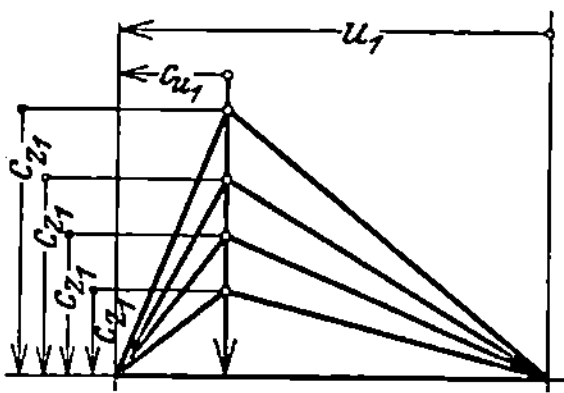

Abb. 18. Für gleiche Strudelüber-setzung sind unendlich viele Ge-schwindigkeitsdreiecke möglich.

die axiale Geschwindigkeit des Wassers, die bei $c_{u_1} = 0$ die Gesamtgeschwindigkeit im Saugrohrquerschnitt ist, unmittelbar hinter dem Laufrad, also im engsten Querschnitt überhaupt. Bei Kaplan-Turbinen ist auch die axiale Eintrittskomponente c_{z_1} diesem c gleich. Für die verschiedensten Eintritts-geschwindigkeiten ergeben sich bei gleichem ψ und u die verschiedensten Einlaufdiagramme (s. Abb. 18). $\frac{c^2}{2g}$ ist der sich beim Durch-gang durchs Laufrad nicht mehr ändernde Inhalt an kinetischer Energie! Der Arbeitsentnahme entsprechend sinkt also der Druck im Laufrad und ist am Austritt ein Minimum. Die kinetische Energie muß in potentielle zurückverwandelt werden, spätestens vom Laufradaustritt an. Ihr proportional sind die Umsetzungsverluste. Also darf man mit c_z bzw. c nicht beliebig hoch gehen, wenn man guten Wirkungsgrad haben will. Außerdem aber droht die Gefahr der Kavitation. Um die der kinetischen Energie entsprechende Höhe wird ja der statische Unter-druck hinter dem Laufrad abgesenkt. Es ist also nicht korrekt, wenn man Laufräder hinsichtlich ihrer Tourenzahl oder der spezifischen ver-gleicht, ohne die Größe der Durchtrittsgeschwindigkeit c_z, die der Kon-strukteur riskiert hat, mit anzugeben.

Natürlicher wäre es, wenn man anstatt des sehr gekünstelten Be-griffes n_s zum Vergleich der Schnelläufigkeit den Wert ψ benutzte. Denn unter n_s kann man sich nicht recht etwas vorstellen. Erst recht nicht aus der ihr entsprechenden Formel, die da heißt

$$n_s = n \, N_e^{\frac{1}{2}} \, H^{-\frac{5}{4}}$$

(s. die Ableitung der Formel in der Anmerkung S. 27).

Da diese Formel die Leistung enthält, enthält sie auch die Wasser-menge, die ihr entspricht, und damit ist in sie die Schluckfähigkeit hineingeheimnist. Diese Schluckfähigkeit hängt lediglich von der Wahl der Durchflußgeschwindigkeit ab, und diese wird bestimmt durch die Größe der Austrittsgeschwindigkeit am Saugrohrende. Die Schluck-fähigkeit hängt nur davon ab, einen wie großen Austrittsverlust man zulassen will. Durch Vergrößern des Austrittsverlustes kann man, s. S. 8, die Durchflußmenge ganz außerordentlich steigern. Und auf diesem Weg durch Erhöhung der „spezifischen Schluckfähigkeit" ist bisher die Schnelläufigkeit, somit nur scheinbar, gesteigert worden. Die Schluckfähigkeit, die lediglich von der Wahl c_z abhängt und dem zugelassenen Austrittsverlust, hat aber mit dem Begriff Schnelläufigkeit nichts zu tun, und man sollte diese beiden Begriffe scharf trennen. Dann wird klar, daß die zur Zeit im Vordergrund des Interesses stehende Kavitation bei Schnelläufern ebenfalls nichts oder nur wenig mit der Schnelläufigkeit zu tun hat, sondern vor allem auftritt, wenn die Durchflußgeschwindigkeit zu groß gewählt wird.

In Lilla Edet ist eine Kaplan- neben zwei Lawaczeck-Turbinen in Betrieb genommen. Die L.-Turbinen haben einen größeren Durchmesser, aber kleinere Schluckfähigkeit als die K.-Turbinen. Da sie gleiche Tourenzahl haben, ist die an ψ gemessene Schnelläufigkeit bei den L.-Turbinen größer als bei den K.-Turbinen. Die K.-Turbinen in Lilla Edet zeigen trotz des kleineren ψ-Wertes wegen der größeren Schluckfähigkeit Anfressungen durch Kavitation, die L.-Turbinen nicht. Die K.-Turbine hat ihren besten Wirkungsgrad bei Halblast, die L.-Turbine nahe an Vollast, wie aus Abb. 19 hervorgeht, in der die Wirkungsgrade in Abhängigkeit der Leistung eingetragen sind. Außerdem ist infolge des größeren Laufraddurchmessers und der kleineren Durchflußgeschwindigkeit, also der damit verbundenen geringeren Reibungsverluste wegen und des günstigeren Umsetzungsverhältnisses halber der höchste Wirkungsgrad der L.-Turbine erheblich, um $2^1/_2$—3 % höher als der Wirkungsgrad der K.-Turbine, verglichen bei der Leistung, die bestem Wirkungsgrad bei der L.-Turbine entspricht. Es ist aber wertvoller, bei annähernd größter Leistung den besten Wirkungsgrad zu haben, da bei Einsatz größter Leistung jeder Wassertropfen möglichst ausgenutzt werden muß, als bei Halblast, wo Wasser unter allen Umständen im Überfluß vorhanden ist. Der höhere Höchstwirkungsgrad bei Halblast ist weniger wert.

Ist die lineare Vergrößerung des Modells K, so kann gleiches Verhalten der vergrößerten Turbine erwartet werden, wenn die Kräfte mit K^3, die Drücke je Flächeneinheit, das sind die Wassersäulen also mit K sich ändern, wenn weiter die Geschwindigkeiten mit $\sqrt{K}$, da sie ja den Wurzeln aus den Gefällen entsprechen, und die Tourenzahlen $\sqrt{\dfrac{1}{K}}$ proportional gewählt werden. Die Durchflußmengen müssen also mit $K^2\sqrt{K}$, die Leistungen mit $K^3\sqrt{K}$ vergrößert werden. Das Gefälle H, das der vergrößerten Turbine entspricht, ist demnach zugleich der Maßstab K, um welchen das für $H = 1$ m entworfene Modell vergrößert werden muß. In der auf S. 23 stehenden Gleichung für n ist also zu ersetzen, nachdem

$$\frac{n}{n_s} = \frac{H}{\sqrt{N_e}}\sqrt{\frac{c}{c'}}$$

gebildet ist,

$$H = \frac{H'}{K}, \quad N_e = N_e'\frac{1}{K^3\sqrt{K}}, \quad n = n'\sqrt{K}, \quad c = c'\sqrt{K},$$

so daß entsteht:

$$\frac{n'}{n_s} = \frac{H'}{K\sqrt{\dfrac{N_e'}{K^3\sqrt{K}}}}\sqrt{\frac{1}{K}}, \quad n' = n_s\frac{H'\sqrt{\sqrt{K}}}{\sqrt{N_e'}}$$

oder da $H' = K$

$$n' = n_s\, H'^{\frac{5}{4}}\, N_e^{-\frac{1}{2}} \quad \text{bzw.} \quad n_s = n\, N_e^{\frac{1}{2}}\, H^{-\frac{5}{4}}.$$

Dieser höhere Wirkungsgrad bei größerer Last der L.-Turbine ist um so bemerkenswerter, als die Oberfläche der Laufschaufeln bei den L.-Turbinen sehr viel größer ist und also eine erheblich größere Radreibungsarbeit als Verlust auftritt. Dieser größere Verlust, der aller-

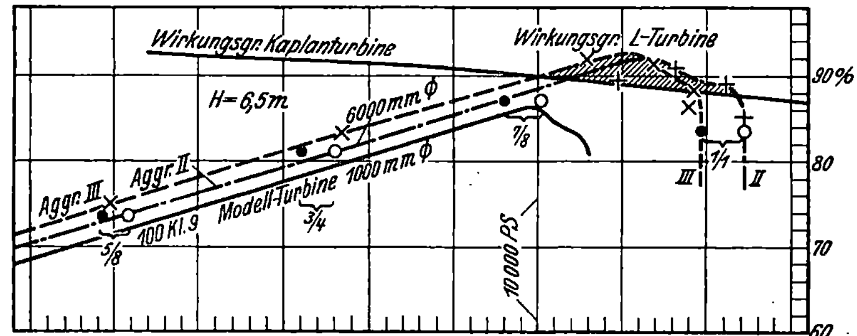

Abb. 19. Wirkungsgrade der Lilla-Edet-Turbinen als Funktion ihrer Leistung. Lawaczek-Turbinen der Kaplan-Turbine im Gebiete größter Leistung um $4\frac{1}{2}^0/_0$ überlegen.

dings gemeinhin erheblich überschätzt wird, muß auch noch aus dem Gewinn, der durch die kleiner gewählte Durchflußgeschwindigkeit erzielt wird, bestritten werden.

Der Begriff der spezifischen Schnelläufigkeit hat uns der Lösung der Frage, wie erhöht man die Tourenzahl, wovon hängt sie in ihrer wirklichen Ursache ab, nicht nähergebracht. Die Lösung aber bringt die alte physikalisch klar gesehene Eulersche Grundgleichung, die wir als Hauptarbeitsgleichung, für $c_{u_2} = 0$, in der Form $u_1 c_{u_1} = g H_A$ entwickelt haben.

$g H_A$ ist die Arbeitsleistung von 1 kg Wasser, das die Höhe H_A in einer Sekunde durchfällt. Fangen wir dieses Wasserquantum ab und lassen es auf das Ende eines Hebels drückend in der Sekunde nach abwärts gleiten, so müssen wir die andere Seite durch ein Gegengewicht belasten, wenn die Energie dem Wasser entzogen und eine Beschleunigung des Hebels vermieden werden soll, das Wasser also stets im Gleichgewichtszustand sich befinden soll. Die erste Seite des Hebels

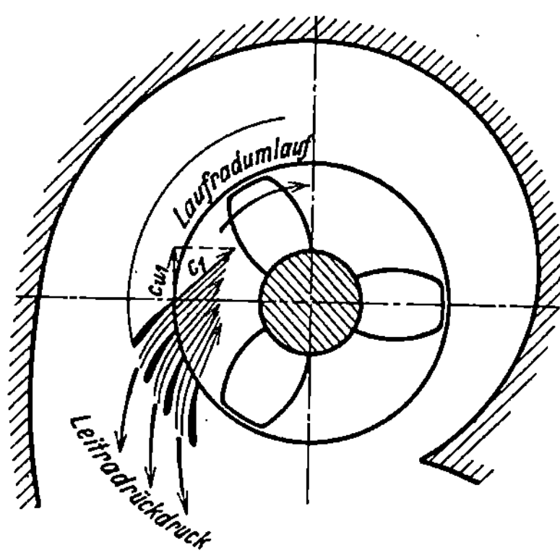

Abb. 20. Das Leitrad bestimmt das Drehmoment für das Laufrad und also die Schnelläufigkeit.

können wir beliebig verschieden belasten, je nachdem wir den Hebelarm wählen, und das tun wir durch die Verschiedenheit des Impulses. c_{u_1} ist der Impuls, der vom Wasserstrahl pro Masseneinheit ausgeübt wird. Er wird durch den Leitapparat geformt. Während er den

Wasserstrahl in der einen Richtung beschleunigt, empfängt er selbst einen Rückdruck, der ihn in rückwärtige Drehung versetzen würde, wenn er nicht festgehalten würde, Abb. 20. Genau diesem auf den Leitapparat ausgeübten Drehmoment gleich empfängt das Laufrad den Impuls. Da es diesem nachgeben kann, fängt es an sich zu drehen und beschleunigt sich so lange, bis Gleichgewicht mit dem widerstehenden Moment eingetreten ist. Dieses Gleichgewicht tritt bei großem u_1 auf, wenn c_{u_1} klein ist und umgekehrt. Es ist bedingt durch zweierlei, daß nämlich die durch das Moment der Bewegungsgröße des Strahls geleistete Arbeit gleich sei der im Gefälle steckenden und dadurch, daß das Widerstandsmoment gleich sein muß dem Antriebmoment.

Je nach der Größe des Hebelarms, an dem wir die Wasserkraft wirken lassen, erhalten wir Schnell-, Normal- und Langsamläufer. Je nach dem Hebelarm erhalten wir verschiedene Arbeitsgeschwindigkeit u, mit der die Fallhöhe H durchlaufen wird. Die Abb. 21 stellt diese Verhältnisse an gemeinsamem Hebel zum Vergleich. Der Kübel ganz links versinnbildlicht die Wirkungsweise eines Wasserrades, wobei infolge jeweils plötzlicher Füllung intermittierender Betrieb angenommen ist.

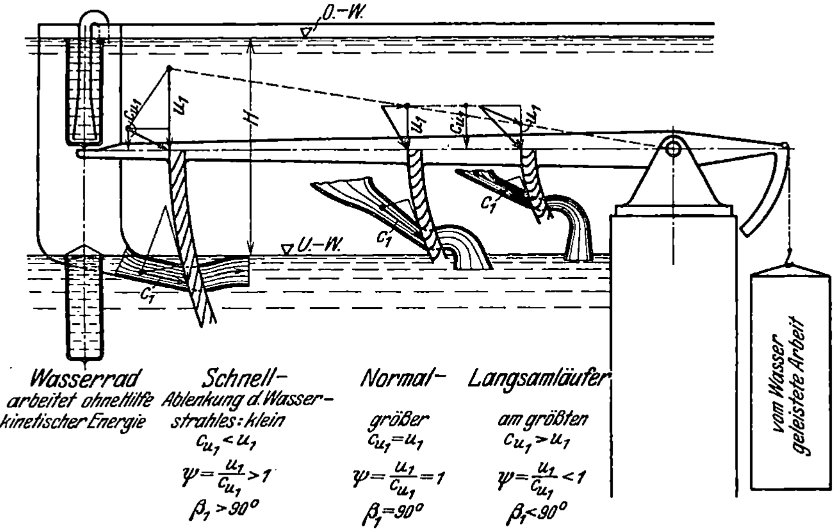

$$c_{u_1} < u_1 \qquad c_{u_1} = u_1 \qquad c_{u_1} > u_1$$

$$\psi = \frac{u_1}{c_{u_1}} > 1 \qquad \psi = \frac{u_1}{c_{u_1}} = 1 \qquad \psi = \frac{u_1}{c_{u_1}} < 1$$

$$\beta_1 > 90^\circ \qquad \beta_1 = 90^\circ \qquad \beta_1 < 90^\circ$$

Abb. 21. Drehmoment des Strudelimpulses am Hebel versinnbildlicht.

Der Zweck dieser Darstellung ist, noch einmal zu zeigen, daß die Form des Laufrades einer Turbine nicht die Ursache für die Tourenzahl sein kann, sondern daß das Leitrad die Tourenzahl festlegt. Die Form des Laufrades ist bedingt durch die Art des Impulses, der vom Leitapparat geformt wird. Das Laufrad muß eine bestimmte Form haben, damit es bei der vom Leitapparat festgelegten Tourenzahl ohne Stoßverlust durch das Wasser gleiten kann.

Bei der heute üblichen Art der Behandlung der Laufradentwicklung unter gänzlicher Mißachtung des Leitapparates und seiner Aufgabe ist die Vermutung berechtigt, daß die Konstrukteure in dem Denkfehler befangen sind, durch die Form des Laufrades die Schnelläufigkeit bestimmen zu können.

Wir haben gesehen, daß die Schluckfähigkeit durch Zulassen eines erhöhten Austrittsverlustes vergrößert werden kann, daß die Schluckfähigkeit nicht ganz korrekterweise in der spezifischen Tourenzahl steckt und dadurch der Anschein erweckt wird, als ob größere Umlaufgeschwindigkeiten erreicht wären, während damit doch nichts anderes geschehen ist, als daß man die Tourenzahl erhöht hat, indem man den Durchmesser verkleinerte, bis über die Grenze des Zulässigen hinaus. Daß die Grenze des Zulässigen überschritten ist, zeigt die Kavitation.

Es folgt zwingend: die Schnelläufigkeit kann nur durch den Leitapparat erhöht werden. Die Höhe der Umlaufgeschwindigkeit ist nur durch die Größe von c_{u_1} gegeben. Die größte Umlaufgeschwindigkeit wird lediglich durch das kleinste Maß, auf das c_{u_1} heruntergedrückt werden kann, gegeben. Denn es ist $u_1 = \dfrac{gH_A}{c_{u_1}}$. Diese Gleichung hat sich als durchaus richtig durch die Erfahrung herausgestellt. Es ist sinnlos, an ihrer Richtigkeit zu zweifeln.

Nun kann man bei den üblichen Leitapparaten es leicht erreichen, daß bei voller Öffnung der Leitschaufel Winkel $\alpha_1 = 90^0$ wird. Dann würde bei jeder Absolutgeschwindigkeit des aus dem Leitapparat strömenden Wassers $c_{u_1} = 0$ werden. Man hätte es also durch ein wenig Zurückdrehen der Leitschaufel in der Hand, c_{u_1} beliebig klein zu machen. Die Tourenzahl müßte also beliebig steigerbar sein. Die Erfahrung zeigt, daß das keineswegs der Fall ist. Die Erfahrung zeigt vielmehr, daß nach Erreichen eines gewissen Winkels α_1, der etwa bei 60^0 liegt, die Leistung der Turbine stark abfällt, trotz vergrößerter Wassermenge. Es scheint als ob der Impuls zu rasch zu klein würde. So liegt der Gedanke nahe, bei einem gewissen großen Winkel von α_1, wo dies einzutreten scheint, könne man die Höhe b_1 des Leitapparates verkleinern, um die absolute Geschwindigkeit wieder zu erhöhen. Sorgfältig durchgeführte Versuche ergaben, daß die Veränderung der Breite b_1 des Leitapparates selbst innerhalb der Grenze $1:2$ nichts Wesentliches an dem Verhalten der Turbine ändert. Nachdem man durch diese Tatsache auf den Denkfehler, der dem Versuche zugrunde liegt, solchergestalt aufmerksam gemacht worden ist, sieht man ihn ein. Es ist nämlich gar kein Grund vorhanden, daß sich der maßgebende, unmittelbar vor dem Laufrad liegende Drall ändern sollte durch irgendwelche Maßnahmen, die man an den weitentfernten Leitschaufeln trifft. Solange der Ringraum, in dem das Laufrad rotiert, voll gefüllt bleibt, wird gleiche Geschwindigkeit bei gleicher Durchflußmenge hierin herrschen. Es muß auf folgendes aufmerksam gemacht werden: Durch die Umlenkung von der radialen in die axiale Richtung entsteht an jedem Wasserteilchen eine Drehtendenz, und diese bewirkt insgesamt einen zusätzlichen Drall vor dem Laufrad. Ein Drall entsteht also auch bei $\alpha_1 = 90^0$, wenn die Leitschaufeln dem Wasser rein radiale Richtung, wobei $c_{u_1} = 0$ ist, verliehen haben, und diese Richtung vor dem Laufrad in axiale umgelenkt wird. Dieser nur durch die Umlenkung entstehende Drall ist naturgemäß um so größer, je größer die Wassermenge bzw. die Durchflußgeschwindigkeit ist.

Daß in der Tat durch das Passieren einer Krümmung ein Drall auftritt, beobachtet man leicht beim Ausguß aus einem Rohr, dem Krümmer vorgeschaltet sind (s. Abb. 22).

Dieser Drall entsteht wohl durch Zusammensetzen der Drallimpulse, die an jedem Wasserteilchen sich geltend machen. Entsprechend dem größeren Raum auf größerem Radius wird jedem Wasserteilchen innen ein kleinerer Raum angewiesen, wodurch eine Rotationskomponente entstehen kann, wenn dieser Vorgang nicht vollständig symmetrisch erfolgt. Vollkommen symmetrische Vorgänge sind aber in der Natur äußerst selten. Wenn aber ein Teilchen unsymmetrisch einseitig sich deformiert, folgen die anderen in gleicher Richtung. Die Richtung scheint zunächst unbestimmt. Sie wird wohl vom Laufrad aus bestimmt, in dem hinter den Schaufeln Vakuumnester mit um-

Abb. 22. Krümmer erzeugen Drall.

laufen, die hinreichend große Kraft zur einseitigen Verlagerung der herankommenden Wasserteilchen abgeben können.

Wenn also durch die Umlenkung der einzelnen Strahlen von radialer in axiale Richtung ein Drall im axialen Ringquerschnitt entsteht, so folgt, daß durch Verdrehen der Leitschaufeln, durch die Vergrößerung des Winkels α_1 zwar c_{u_1} zunächst in dem von uns gewünschten Sinn verkleinert wird; von dem Winkel ab jedoch, bei dem jener Krümmerdrall bemerkbar wird, nimmt der Drall wieder zu! Denn das auf jedes einzelne Teilchen wirkende Drehmoment ist proportional der Zunahme der radialen Geschwindigkeit, und die ist um so größer, je größer die Geschwindigkeit und also die Wassermenge. Es gibt also einen Minimalwert von c_{u_1}.

Es kann auch dann noch, wenn das Wasser vollständig ohne Drall in das Laufrad eingetreten ist, ein Drall entstehen dadurch, daß sich unmittelbar hinter den Schaufelspitzen Vakuumnester bilden, die infolge des Unterdruckes die eintretenden Wasserstrahlen auf dem ganzen peripheralen Raum ablenken, gleichwie ein Leitrad das tut. Diese Ablenkung erzeugt ein c_{u_1}, das um so größer wird, je größer u_1 ist und damit der Tourenzahlerhöhung eine Grenze setzt. Obwohl diese Ablenkung innerhalb des bewegten Schaufelraumes stattfindet, wird keine Energie dem Wasser dadurch entzogen, wenn der Druckdifferenz entsprechend sich die kinetische Energie der Wasserstrahlen vergrößert.

Da mit steigender Wassermenge nach Überschreiten des Wertes $c_{u_2} = 0$ dieses sein Vorzeichen ändert und negativ wird, wächst das

Drehmoment $M_d = \dfrac{c_{u_1} - (-c_{u_2})}{g} \cdot r$ sehr rasch, die dazugehörige Tourenzahl fällt deshalb sehr rasch. Wird trotzdem die Tourenzahl festgehalten, so muß trotz vergrößerter Wassermenge die Leistung und der Wirkungsgrad sehr rasch sinken, weil die wirkliche Druckhöhe H viel zu klein ist, um die vorgelegte Tourenzahl durchzuhalten. Das ist, was man an jeder Turbine beobachten kann, wenn man den Leitapparat über die beste Öffnung hinaus weiter öffnet.

Es folgt also, daß man den durch die Umlenkung des radialen Stromes in den axialen entstehenden Drall vermeiden muß, wenn man das überhaupt denkbare Drallminimum dem Laufrad vorlegen will, das praktische Maximum der Umlaufgeschwindigkeit zu erreichen. Es ergibt sich somit die axiale Einströmung allgemein als zweckmäßiger, für extreme Schnelläufer als notwendig. Benutzt man die feststehenden Stützschaufeln als Geradrichter, so daß die einzelnen Fäden zu radialem drallosen Einlauf in den axial verlaufenden Trichter gezwungen werden, so kann man innerhalb des Trichters durch bewegliche Leitschaufeln beliebig kleinen Drall erzwingen, weil eine starke, drallhervorrufende Umlenkung zwischen den beweglichen Leitschaufeln und dem Laufrad nicht mehr erforderlich ist, vorausgesetzt, daß der durch die an den Schaufelspitzen entstehenden mitumlaufenden Vakuumnester nicht einen größeren Drall hervorrufen. Über die zahlenmäßige Größe dieser Erscheinung fehlt mangels von daraufgerichteten Versuchen noch jeder Anhalt. Bei Pumpen (s. daselbst) hat sich ein gewisser Anhalt ergeben.

Die gewonnene Erkenntnis läßt sich in einfacher Formel beschreiben. Es ist

$$\operatorname{tg}\alpha_1 = \frac{c_{z_1}}{c_{u_1}}; \qquad c_{u_1} = \frac{gH_A}{u_1};$$

$$\frac{D_1{}^2 - D_0{}^2}{4}\,\pi = \frac{Q}{c_{z_1}} = \frac{D_1 + D_0}{2}\cdot\frac{D_1 - D_0}{2}\,\pi = D_m b \cdot \pi;$$

$$u_1 = \frac{\pi D_1 n}{60}; \qquad b_1 = \frac{Q}{c_{z_1}}\frac{1}{\pi D_m};$$

$$b_1 \operatorname{tg}\alpha_1 = \frac{Q}{c_{z_1}}\frac{1}{\pi D_m}\frac{c_{z_1}}{c_{u_1}} = \frac{Q}{\pi D_m}\frac{u_1}{gH_A} = \frac{Q}{gH_A}\frac{D_1}{D_m}\frac{n}{60} = \sim \frac{Qn}{600\,H_A}\frac{D_1}{D_m}.$$

Bei dem radialen Leitapparat mißt man b an D_1 oder an einem noch größeren Durchmesser, dann wird das zugehörige b_1 entsprechend kleiner.

Für $D_m = D_1$ wird $b_1 \operatorname{tg}\alpha_1 = \sim \dfrac{Qn}{600 H_A}$.

Diese Formel sagt mit bemerkenswerter Klarheit, daß man bei gleichem Q und gleichem H_A die Umlaufzahl n nur steigern kann, durch Vergrößerung des Produktes $b_1 \operatorname{tg}\alpha_1$. Hatten wir b_1 verkleinert wie bei dem fehlerhaften S. 30 erwähnten Versuch, so mußte sich als Folge davon einfach $\operatorname{tg}\alpha_1$ erhöhen, und die gleiche Tourenzahl wie früher blieb gewahrt. Die fehlerhafte Verkleinerung von b_1 konnte jedoch nur so lange ohne Wirkung auf das Verhalten der Turbine bleiben, wie für die Erhöhung von $\operatorname{tg}\alpha_1$ ein Spielraum blieb. Danach mußte der Wirkungsgrad fallen (s. Versuche S. 92: 50 KL-9, Prüfprotokoll Nr. 348 ff.).

Weiter ist bemerkenswert, daß bei K.-Turbinen bzw. reinen Axialturbinen ein größeres b_1 nur erreicht werden kann durch größeren Laufraddurchmesser, denn das maßgebende b_1 des Leitapparates ist $b_1 = \dfrac{D_1 - D_0}{2}$. Eine Vergrößerung der Leitradhöhe, ohne den Laufraddurchmesser zu vergrößern, nutzt also gar nichts; eine Erfahrung, die jeder Konstrukteur wohl bereits verspürt hat.

4. Festlegung der Hauptabmessungen einer Schnelläuferturbine.

Dazu berechnen wir ein Beispiel.

Es sei verlangt, daß der beste Wirkungsgrad einer Turbine bei $H = 3$ m und bei $Q = 250$ cbm/sec liege. Erwünscht ist die Umlaufzahl von $n = 62{,}5$ Umdrehungen je Minute.

Wenn der Wirkungsgrad über $90\,^0/_0$ liegen soll, ist tunlichst großer Durchmesser zu wählen! Denn erfahrungsgemäß wächst der Wirkungsgrad mit dem Durchmesser, weil Reibungs- und Umlenkungsverluste mit dem Quadrat der Durchflußgeschwindigkeit sinken.

Zunächst werde man sich klar, was für einen Austrittverlust man zulassen will. Wir versuchen mit $3\,^0/_0$ auszukommen. Dann muß die Austrittgeschwindigkeit auf $c_a = \sqrt{2g \cdot 0{,}03\,H} = 1{,}34$ m/sec festgesetzt werden, der Saugrohr-Austrittquerschnitt $F_a = \dfrac{Q}{\sqrt{2g \cdot 0{,}03\,H}} = 172$ qm werden.

Bei 10 m Querschnittshöhe würde die lichte Weite 17,2 m werden, die Entfernung zweier Turbinen voneinander etwa 20 m. Wenn die Bodenverhältnisse das gestatten, bleiben wir dabei.

Die Reibungsverluste $\varSigma \varrho H$ schätzen wir an Hand ausgeführter Anlagen auf $1{,}5\,^0/_0$, und die Umsetzungsverluste $\varSigma \delta H$ auf $3\,^0/_0$. So ergibt sich

$$H_A = H - \varSigma \varrho H - \varSigma \delta H - \frac{c_a^2}{2g} = H\,(1 - 0{,}075)$$

$$H_A = 2{,}78\,\text{m}$$

$$b_1 \operatorname{tg}\alpha_1 = \frac{250 \cdot 62{,}5}{600 \cdot 2{,}78}\,\frac{D_1}{D_m} = 9{,}4\,\frac{D_1}{D_m}\quad \text{(s. S. 32)}.$$

Setzt man $D_0 = 0{,}4\,D_1$, was ein guter Wert zu sein scheint, so ist

$$D_m = \frac{D_1 + D_0}{2} = 0{,}7\,D_1;\quad b_1 = \frac{D_1 - D_0}{2} = 0{,}3\,D_1,\ \text{folglich wird}$$

$$b_1 \operatorname{tg}\alpha_1 = \frac{9{,}4}{0{,}7} = 13{,}4\,\text{m} .$$

	Für α_1	wird $\operatorname{tg}\alpha_1$	b_1 m	D_1 m	
	60^0	1,732	7,75	26,6	
	64^0	2,05	6,55	21,5	
	70^0	2,75	4,9	16	
	75^0	3,73	3,58	11,2	
gewählt	$79^0\ 10'$	5,27	2,54	8,5	gewählt
	80^0	5,67	2,38	7,9	

Alle Durchmesser bis herab zu 11,2 m sind unzulässig groß, sie machen die Turbine zu teuer. $D_1 = 7,9$ m könnte passend sein, wenn dabei die Durchflußgeschwindigkeit nicht zu groß würde. Es ergäbe sich:

$$c_z = \frac{250}{\dfrac{D_1{}^2 - D_0{}^2}{4}\,\pi} = \frac{250}{41} = 6,1 \text{ m/sec} ,$$

was unzulässig groß ist, denn es würde die kinetische Energie am Laufradaustritt $\dfrac{6,1^2}{2g} = 1,88$ m werden, in Prozenten der Gesamtenergie $\dfrac{1,88}{3} = 63\,\%$. Würden von dieser Energie $90\,\%$ wiedergewonnen, so ergäbe sich noch immer ein Verlust von $6,3\,\%$ der Fallhöhe. Außerdem dürfte man mit Sicherheit auf Kavitationserscheinungen rechnen. Zwischen den schon ungewöhnlichen Grenzen für α_1 von 75—80^0 liegt der praktisch ausführbare Durchmesser. Wählen wir $D_1 = 8,5$ m, so wird

$$\operatorname{tg}\alpha_1 = 5,27; \quad c_{z_1} = 4,2 \text{ m/sec}; \quad \frac{c_{z_1}{}^2}{2g} = 0,88 ; \quad \frac{c_{z_1}{}^2}{2gH} = 28,3\,\%_0 \; u_1 = 28 \text{ m/sec}$$

$$c_{u_1} = \frac{g \cdot 2,78}{u} = \frac{27,4}{28} = 0,98 \text{ m/sec} ; \qquad \psi = \frac{28}{0,98} = \sim 28$$

$\operatorname{tg}\alpha > 5$, $c_{u_1} = 0,98$ m/sec und $\psi = 28$ sind bisher nicht erreichte Werte. Es ist aber kein Grund vorhanden, warum diese Werte nicht verwirklicht werden könnten.

Die Geschwindigkeitsdreiecke für unser Beispiel zeigt die Abb. 23.

Die Winkel β_1 und β_2 sind praktisch gleich. Die Schaufelfläche wird man der Reibung wegen so klein wie irgend möglich machen und so dünn wie möglich. Wenn bei dem 6-m-Rad in Lilla Edet der Radreibungsverlust auf 75 PS $= \sim {}^3/_4\,\%$ geschätzt wird, so mag diese Schätzung zutreffen, denn die Gesamtverluste sind nur $7,5\,\%$. Die Radreibungsarbeit ist proportional der benetzten Fläche und proportional der dritten Potenz der Umfangsgeschwindigkeit, weil die Reibungskraft mit dem Quadrat der Umfangsgeschwindigkeit wächst. Daher wäre für das vorliegende Beispiel eine Erhöhung der Radreibung auf das $\left(\dfrac{8,5}{6}\right)^3 = 2,83$fache zu erwarten. Gelingt es trotz der Durchmesservergrößerung, die benetzte Schaufelfläche auf 0,64 des Wertes von Lilla Edet herabzudrücken, was möglich erscheint, weil die Schaufelflächen bei der L.-Turbine, die eine Diagonalturbine ist, ganz besonders groß sind, so wäre mit einer Radreibungsarbeit von $0,64 \cdot 2,83 \cdot 75$ PS $= 135$ PS zu rechnen. Das wären bei einer Leistung von

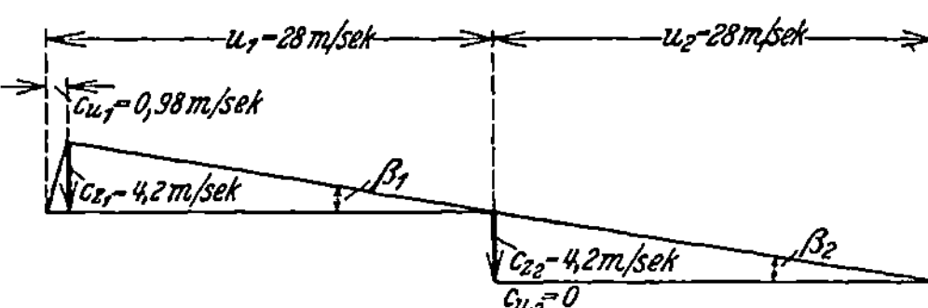

Abb. 23. Geschwindigkeitsdreiecke für sehr hohes Übersetzungsverhältnis ψ.

$$\frac{10 \cdot 0,9 \cdot 250 \cdot 3}{0,75} = 9000 \text{ PS} ; \qquad \frac{135}{9000} = 1,5\,{}^0\!/_0 \cdot$$

Es wäre damit ein Gesamtwirkungsgrad von etwa 91% zu erwarten.

Die spezifische Tourenzahl würde $n_s = \sim 1500$, also ganz unsinnig hoch, wenn der Begriff n_s einen physikalischen Sinn hätte.

Trotz dieser hohen Zahl für n_s wäre eine Kavitation nicht zu befürchten, weil die Durchflußgeschwindigkeit niedrig und deshalb der Betrag an kinetischer Energie am Laufradaustritt nicht allzu hoch ist. Auf alle Fälle wird man trotzdem das Laufrad möglichst nahe der Unterwasserspiegelhöhe anordnen.

Die hohe Zahl der Schnelläufigkeitsziffer ψ wird ohne Zweifel erreicht, wenn es gelingt, den kleinen Wert $c_u = 0{,}98$ m/sec vor dem Laufrad zu erreichen. Und dieses setzt wieder voraus, daß α_1 bis auf 80^0 getrieben wird, weil sonst b_1 unausführbar groß wird! Warum sollte das unmöglich sein? Ein Grund ist nicht einzusehen!

Wohl aber läßt sich verstehen, daß bei Umlenkung aus der radialen in die axiale Richtung ein so kleiner Wert von $c_{u_1} = 0{,}98$ m/sec nicht erreicht werden wird. Dafür ist ein axialer Leitapparat die Voraussetzung.

Namentlich dann muß ein axialer Leitapparat vorgesehen werden, wenn die Einführung des Wassers durch eine Spirale dem Wasser bereits eine Umlaufgeschwindigkeitskomponente, noch dazu auf sehr großem Durchmesser, vor den Leitschaufeln gegeben hat, die größer ist als c_{u_1}. In den Stützschaufeln kann der Drall der Spirale vernichtet werden, so daß das Wasser in reiner rotationsloser Strömung in dem Trichter den Leitschaufeln zufließen kann.

Je kleiner H_1, je größer Q, desto mehr wird der Konstrukteur zur Zulassung von hohen Spiralgeschwindigkeiten gezwungen, die in der Spirale eine große Rotationsgeschwindigkeit ergeben, die um das 3—4fache größer ist als sie am Leitapparataustritt sein darf. Die Gefahr, daß alsdann eine Strahlablösung auftritt und das Wasser schräg aus dem Leitapparat, unter noch dazu durch die Kontraktion erhöhter Geschwindigkeit austritt, ist dann sehr groß. Das die notwendige Voraussetzung, die Ursache hoher Umlaufgeschwindigkeit abgebende kleine c_{u_1} ist alsdann nicht erreichbar, um so weniger, je größere Wassermenge durch die Turbine gepreßt wird.

Abb. 24 zeigt die Verhältnisse in einer Einlaufspirale. Vom größten Durchmesser an steigt die Zulaufsgeschwindigkeit nach innen gemäß

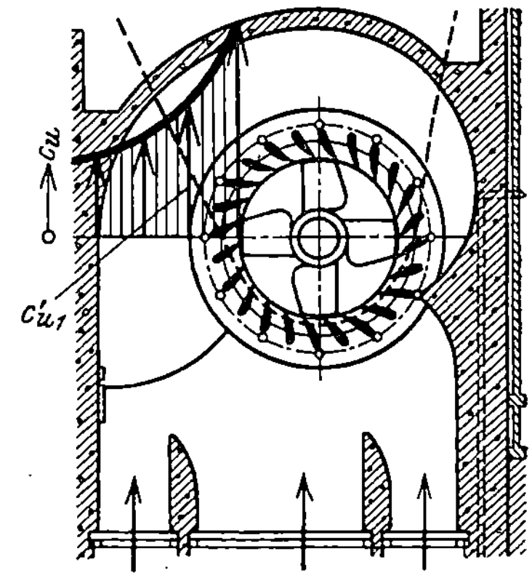

Abb. 24. Geschwindigkeitsverteilung in der Einlaufspirale.

dem Wirbelgesetz $c_u \cdot r = \mathrm{konst}$, ein Gesetz, das durch Messungen immer wieder sich als genügend mit der Wirklichkeit übereinstimmend erwiesen hat. Die am Eintritt des Leitapparates vorliegende Geschwindigkeit c_{u_1}' wächst jeweils proportional Q, wie Abb. 25 zeigt.

Gemäß der Hauptarbeitsgleichung aber nimmt das c_{u_1}, das wir am Laufradeintritt haben müssen, umgekehrt proportional der Umlaufgeschwindigkeit, also bei gleicher Winkelschnelle umgekehrt proportional dem Durchmesser ab. Da der Durchmesser im gleichen Sinne wie Q wächst, können wir die Kurve für den Verlauf von $c_{u_1} = \dfrac{gH}{u_1} = f(D_1)$ in der gleichen Abb. 25 eintragen. Somit wird offensichtlich, daß ein Spiraleinlauf mit radialem Leitapparat von gewisser Schnelläufigkeit ab nicht mehr zweckmäßig, vielleicht ganz unzulässig wird.

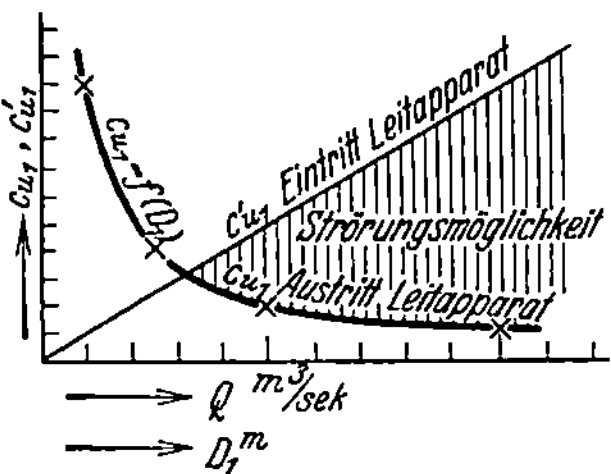

Abb. 25. Zur Erreichung gleicher Drehzahl sollte c_{u_1} um so kleiner werden, je größer Q, je größer D_1. Größeres Q vergrößert aber im Leitradeintritt die Rotationskomponente c'_{u_1}.

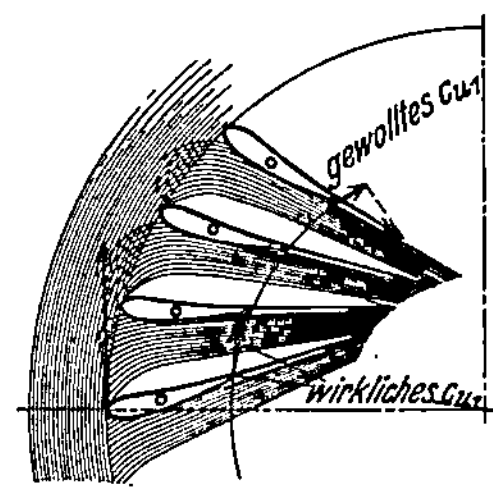

Abb. 26. Die große Rotationskomponente beim Leitradeintritt c'_{u_1} verursacht Kontraktion mit der Wirkung, daß c_{u_1} viel größer wird als gewollt. '

Abb. 26 deutet übertrieben an, wie die Kontraktion durch die zu große Einlaufgeschwindigkeit sich gestalten könnte, mit der Wirkung, daß ein weit größeres c_{u_1} als gewollt auftritt.

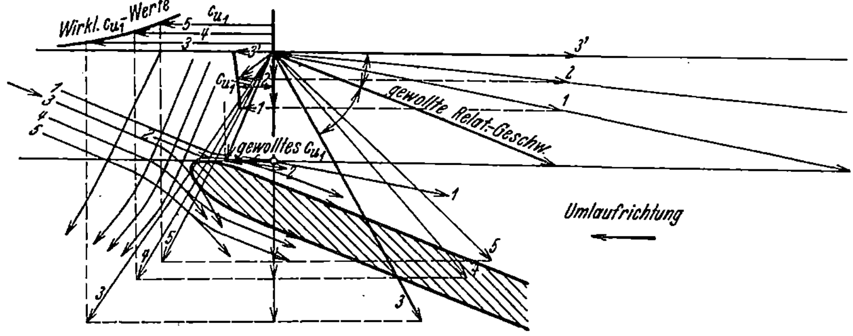

Abb. 27. Der Schaufelkopf erzeugt durch Verdrängerwirkung ein zusätzliches c_{u_1}, das die Umlaufgeschwindigkeit herabsetzt.

Wenn so durch den axialen Leitapparat die vom radialen Leitapparat her drohende Gefahr, daß c_{u_1} sich größer einstellt, als dem Winkel α_1 der Leitschaufel entspricht, auch wohl beseitigt ist, so bleibt die größere Gefahr noch bestehen, daß mit dem Umlauf des Rades ein c_{u_1} hervorgerufen wird, das größer ist als $c_{u_1} = \dfrac{\eta_h H}{g \cdot u_1}$. Diese Gefahr soll näher beleuchtet werden, um etwaige Abhilfe zu erkennen.

Abb. 27 zeigt ein Einlaufdiagramm und den Schaufelkopf, der nach dem Muster einer Flugzeugtragfläche abgerundet ist. Die unsymmetrische Ausbildung des Schaufelkopfes zwingt die Relativbahnen noch mehr zu unsymmetrischem Fluß, als es eine kreisförmige symmetrische Abrundung tun würde. Auf der Schaufeldruckseite ist die Stromdichte geringer als auf der Vorderseite der Schaufel. Das heißt, die Axialkomponenten der Stromfäden wachsen auf der Vorderseite, auf der Druckseite nehmen sie ab. Nimmt man mangels genauerer Kenntnis an, daß die Änderung dieser Komponenten so erfolgt, daß die Relativgeschwindigkeiten der Größe nach ungefähr konstant bleiben, so sind die Geschwindigkeitsdreiecke für die sämtlichen Stromfäden bekannt, da man die Richtungsänderung der Relativgeschwindigkeiten schätzen kann. Für die Fäden 1—5 sind unter dieser Voraussetzung die Dreiecke eingezeichnet. Daraus ergeben sich die c_{u_1}-Werte, also die tangentialen Komponenten der durch den Schaufelkopf geänderten Absolutgeschwindigkeiten. Bei Bahnlinie 3 ist die Teilung der Stromfäden angenommen. Hier liegen hart nebeneinander die größten Verschiedenheiten. Der mittlere c_{u_1}-Wert aus den von der Schaufelstörung betroffenen Bahnen ist augenscheinlich erheblich größer als der gewollte c_{u_1}-Wert, wenn der Schaufelkopf unsymmetrisch im Sinne der Tragflächen ausgestaltet wird. Es sollte also versucht werden, die Abrundung im entgegengesetzten Sinne unsymmetrisch zu gestalten, so daß die Stromfäden im Eintritt sich stärker auf der Druckseite zusammendrängen und das c_{u_1} verkleinern. Es ist durchaus denkbar, daß das gelingt, es sind jedoch Versuche in der Hinsicht nötig.

Wenn nun das auch gelingen mag, daß diese schädliche Wurzel zur Vergrößerung des c_{u_1}-Wertes vermieden wird, so bleibt noch eine andere wahrscheinlich bedeutendere. Der von der Schaufelstärke selbst ausgefüllte Querschnitt hinterläßt ein Vakuum hinter sich, indem er ja mit großer Geschwindigkeit fortschreitet. In dieses rotierende Vakuumnest stürzen die absoluten Stromfäden hinein, es erst im weiteren Verlauf hinter der Eintrittzone füllend. Sie mögen das c_{u_1} erheblich vergrößern, um so mehr, je größer die Umlaufgeschwindigkeit ist und je dicker die Schaufelstärken. Damit wäre ein einleuchtender Grund für zweierlei Erfahrungen gewonnen, die mir bisher unerklärlich sind: Für die eine Tatsache, daß die spezifische Schnelläufigkeit bei sehr dünnen Schaufeln größer ist als bei dicken Schaufeln, und ferner für die andere Tatsache, daß bei modellähnlicher Vergrößerung die Tourenzahl n_I, bei der der maximale Wirkungsgrad liegt, erheblich steigt. Das würde so zu erklären sein, daß die Schaufelköpfe bei den Vergrößerungen nicht modellähnlich vergrößert werden, sondern sich von selbst in der Eintrittzone verhältnismäßig schlanker und dünner ergeben.

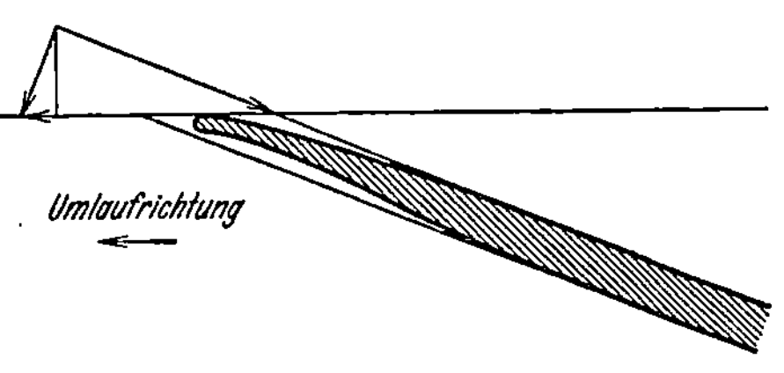

Abb. 28.　Schaufelkopf, der zusätzliches c_{u_1} verhüten könnte.

Vielleicht muß der Schaufelkopf für höchsten Schnelligkeitsfaktor ψ, wie in Abb. 28 skizziert, aussehen.

Hier ist also noch eine Lücke und ein Feld für Versuche, die sich wahrscheinlich sehr lohnen werden. So lange diese Lücke nicht aus-gefüllt ist, läßt sich noch nicht sagen, ob die Grenze für den Schnellig-keitsfaktor ψ heute schon erreicht ist.

5. Regelung.

Zunächst hatten wir bisher einen Zustand im Auge, bei dem die Turbine gerade so viel Wasser schluckte, daß sie es aus dem Laufrad mit $c_{u_2} = 0$, d. h. ohne Rotationskomponente entlassen konnte. In diesem Zustand besteht kein Wirbel mehr hinter dem Laufrad, kein Drall. Das Wasser hat nur mehr gerade so viel Energie, daß es sich durch das Saug-rohr schleppen und mit dem Unterwasser abfließen kann, und deshalb ist der Nutzeffekt bei diesem Zustand am höchsten.

Jetzt wollen wir die anderen möglichen Zustände uns ansehen, die durch Änderung der Durchflußmenge vor und nach diesem Zustand, der durch $c_{u_2} = 0$ bestimmt ist, auftreten können.

Wir sahen: Eine Turbine besteht aus einem Gehäuse, in dem ein Wirbel erzeugt wird, und einem Laufrad, das in diesem Wirbel einge-taucht mit ihm umläuft. Konstruktiv würde es in vielen Fällen genügen, den Wirbel durch tangentialen Einlauf zu erzeugen. Im Glauben, ihn jedoch besser regeln zu können (ob die Regelung besser wird dadurch, ist sehr fraglich. Die vielen Leitschaufeln dienen in erster Linie dazu, das Wasser vollständig vom Laufrad absperren zu können. Ob Regulier- und Abschlußorgan in einem zu verbinden gut ist, ist ebenfalls fraglich), ist es üblich geworden, eine Reihe von Leitschaufeln im Kreis um das Laufrad anzuordnen, und diese Leitschaufeln drehbar zu gestalten, so daß das Wasser mit verschieden einstellbarem Winkel gegenüber der Umfangsgeschwindigkeit des Laufrades in den Raum zwischen Leit- und Laufrad einströmen kann. Diese drehbaren Leitschaufeln sind von Pro-fessor Pius Fink angegeben worden, womit er einen der wesentlichsten Fortschritte im Turbinenbau eingeleitet hatte.

Durch die Änderung der Einstellung wird der Drall des ankommen-den Wassers geändert, also die Strudelkonstante. Wir sahen früher, daß von dem Drall die Durchflußmenge bei gegebenen Gehäuseverhält-nissen in weitem Ausmaß verändert werden kann, auch wenn kein Lauf-rad vorhanden ist. Wenn das Laufrad stets und unverändert die gleiche Energie pro Kilogramm durchfließenden Wassers in dem Impuls $\dfrac{c_{u_1}}{g}$ aufnähme und sie dem Wasser entzöge, indem das Laufrad die Tangen-tialkomponente c_{u_1} des ankommenden Wasserstrahles bei jeder Durch-flußmenge in $c_{u_2} = 0$ umlenken würde, könnte, ebenfalls nach früherem, nur immer eine bestimmte Wassermenge durchfließen: eine Regulier-fähigkeit durch den Leitapparat wäre nicht gegeben. Sie ist aber in Wirklichkeit in hohem Maße vorhanden und der Grund ist: Der Drall des Eingangswirbels kann durch Änderung von c_{u_1} geändert werden, und damit ändert sich ebenfalls der Drall des Austrittswirbels c_{u_2}, und da beide nicht um gleiches Maß sich ändern, ändert sich das Drehmoment, das ja die Differenz des Dralls beider Wirbel ist; da wir die Umlaufzahl des Laufrades bei dem Vorgang konstant halten, wird die Energieabgabe an das Laufrad für jedes Kilogramm durchfließenden Wassers proportional dem sich ändernden Drehmomente geändert. Der Betrag der Fallhöhe, der folglich für die Umbildung in kinetische Energie im Austritt des Saugrohres übrigbleibt, wird ebenfalls geändert. Damit wird die Austrittsgeschwindigkeit im Saugrohrendquerschnitt verschieden, und somit ändert sich die Durchflußwassermenge.

Der Vorgang beim Regulieren ist im einzelnen der: Die betrachtete Turbine arbeitet bei $c_{u_2} = 0$ mit einem bestimmten c_{u_1}. Nun werden die Leitschaufeln ein wenig verstellt, etwa, indem sie einander genähert werden: der Winkel α_1 wird ein wenig kleiner, nehmen wir an, es ginge zunächst noch die gleiche Wassermenge wie vorher hindurch so wird die Geschwindigkeit c_1 des ausfließenden Strahles größer, weil a Abb. 29 kleiner wurde. Die Tangentialkomponente c_{u_1} wird also aus zwei Gründen größer, weil sich die Richtung und Größe der Austrittsgeschwindigkeit geändert hat.

Am Austritt des Laufrades selbst ändert sich nichts, da die Änderung der Wassermenge als zu gering dafür angenommen ist. Also vergrößert sich das Drehmoment um das Maß, um das c_{u_1} sich vergrößerte. Es

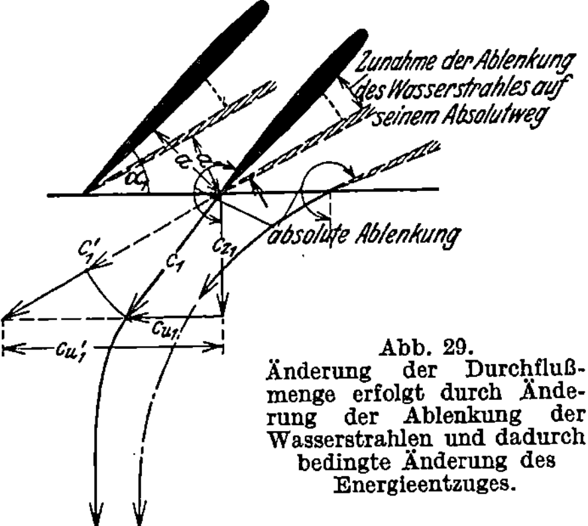

Abb. 29.
Änderung der Durchflußmenge erfolgt durch Änderung der Ablenkung der Wasserstrahlen und dadurch bedingte Änderung des Energieentzuges.

wird also bei gleicher Winkelschnelle mehr an Arbeit geleistet und dieses Mehr muß natürlich von dem Gefälle bestritten werden. Es kann also nicht mehr soviel wie früher für die Verluste verausgabt werden. Zur Überwindung der Reibung, die ja mit dem Quadrat der Geschwindigkeit sich ändert, und für die kinetische Energie im Austritt des Saugrohres steht nicht mehr der frühere Betrag zur Verfügung. Es ist ja jedem Wasserteilchen durch die schärfere Umlenkung mehr Energie abgezapft und durch die Welle abgeleitet worden — und seine Geschwindigkeit im Austrittsquerschnitt und die Durchflußgeschwindigkeit mußte sich deshalb verlangsamen. Also verringert sich die Wassermenge.

Wenn nun die Wassermenge zurückgeht, so geht auch die Geschwindigkeit im Leitapparat zurück, aber es ist damit noch nicht gesagt, daß c_{u_1} sich über das ursprüngliche Maß hinaus verringert. Es hängt das ganz von dem Gesetz ab, nach welchem die Leitapparatöffnung a sich mit dem Winkel α_1 ändert, und dieses Gesetz ist leicht so zu formen, daß bei Schließen des Leitapparates zunächst c_{u_1} trotz Rückgang der Wassermenge sich vergrößert. Dann und nur dann hat dieses Schließen die Wirkung, daß das Wasser beim Durchgang durch die Laufschaufel eine stärkere Ablenkung erfährt als vorher und damit wird die Wasser-

menge verringert, weil jedem durchfließenden Kilogramm mehr Energie
als vorher entzogen ward.

Wenn die Wassermenge merkbar zurückgeht, so wird an dem Lauf-
schaufelaustritt aber auch die c_{u_2}-Komponente verändert; vorausgesetzt,
daß der Schaufelkanal gefüllt bleibt, wird die relative Austrittsgeschwindigkeit unter Beibehaltung ihrer Richtung kleiner, es wird also,
da c_{u_2} größer wird, ein mit dem Eingangswirbel gleichgerichteter Aus-
gangswirbel entstehen, dessen Drall in dem gleichen Maße wächst, wie
die Durchflußmenge abnimmt. Diese Drallvermehrung im Austritt hat
zur Folge, daß das Drehmoment des Laufrades wieder sinkt, womit der
Arbeitsentzug pro Kilogramm Durchflußwasser ebenfalls wieder sinkt;
eine Vermehrung des Durchflußwassers wird indessen durch den Austrittswirbel nicht eintreten, da er den Durchfluß ja schräg gegen den
Durchflußquerschnitt einstellt, und dadurch die vertikal auf dem Austrittsquerschnitt stehenden Komponenten stark verkleinert werden. Sofern die Rotationskomponente bis zum Austritt aus dem Saugrohr sich
nicht ändert, kommt also ihr kinetischer Energieinhalt voll in Abzug.

Die durch die Turbine fließende Wassermenge war

$$Q = F \sqrt{(H - \varrho H - \delta H - H_A)\, 2g}\,.$$

Wir hatten gesehen, und daran müssen wir festhalten, daß die unter
der Wurzel stehende Differenz eine im Verhältnis zu H recht kleine
Größe ist, weil H_A nahezu so groß ist wie $H\,(1 - \varrho - \delta)$. Möglichst
großes H_A aus dem Wasser herauszuholen, ist ja unsere Aufgabe. Die
Durchflußmenge läßt sich also nur dann verändern, wenn der Wurzelausdruck geändert werden kann. Das kann er nur, weil H_A geändert
werden kann. Wenn der Wurzelausdruck nur klein ist, läßt er sich ferner
durch kleine Änderung von H_A in weiten Grenzen ändern.

Von der Gesamthöhe H muß in jedem Fall bestritten werden:

1. die Reibungshöhe beim Durchfluß und die Umlenkungsverluste
$\Sigma \varrho H$,

2. die Umsetzungsverluste $\Sigma \delta H$,

3. die in c_{u_2} enthaltene kinetische Energie $\dfrac{c_{u_2}^2}{2g}$,

4. der Austrittsverlust am Saugrohraustritt $\dfrac{c_a^2}{2g}$,

5. die durchs Laufrad entzogene Energie H_A, die ihrerseits alle
durch die Drehbewegung hervorgerufenen Verluste und die Nutzarbeit
zu decken hat.

In der Abbildung 30 sind diese Verluste ungefähr der Wirklichkeit entsprechend aufgetragen, in Abhängigkeit von der durchfließenden Wassermenge. Sämtliche Verluste ändern sich mit dem Quadrat der Geschwindigkeit, also mit dem Quadrat der Wassermenge, also sind alle Verlust-
kurven einfache Parabeln.

Von der Abszisse aus haben wir zunächst $\Sigma \varrho H$ mit 2 % bei Q_{opt} eingesetzt, dann folgt $\Sigma \delta H$ mit 5 %, die Umsetzungsverluste, die die wesentlichen sind, und die bei der Rückgewinnung von kinetischer Energie
im Saugrohr durch Ablösen des Strahles an der Wandung entstehen.

Sodann folgt der Austrittsverlust, soweit er durch die zum letzten Austrittsquerschnitte des Saugrohres senkrecht stehende Geschwindigkeitskomponente bestimmt ist. In Wirklichkeit ist der Austrittsverlust größer, weil die Geschwindigkeit nicht gleichmäßig über dem Querschnitt verteilt ist, und auch nicht überall senkrecht dazu steht. Die Umlenkung im Krümmer gibt einzelnen Strahlen einen merkbaren Drall, so daß auch bei $c_{u_2} = 0$ der Austritt aus dem Saugrohr keineswegs überall gleichmäßig erfolgt oder senkrecht zum Austrittsquerschnitt. Sodann haben wir mit dem Scheitel über Q_{opt} eine Parabel umgekehrt eingetragen, so daß die Werte von oben zu zählen sind. Diese Parabel stellt $\dfrac{c_{u_2}^{2}}{2g}$ dar. Es ist die kinetische Energie, die in der Rotationskom-

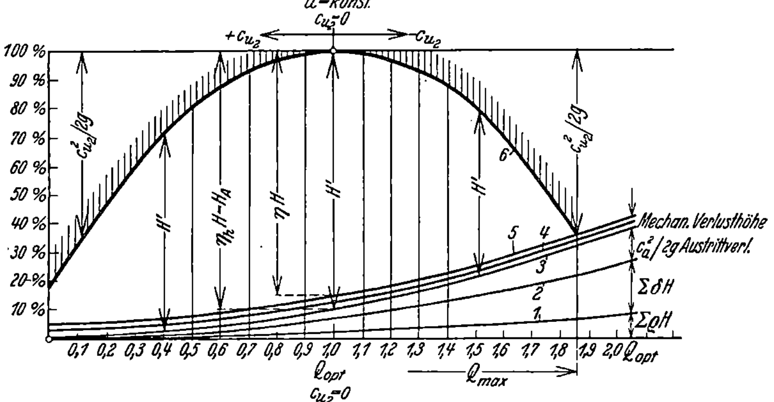

Abb. 30. H', die Energie, die das Laufrad verarbeiten könnte als $f(Q)$.

ponente noch enthalten ist; sie wird in dem Maße wiedergewonnen, in dem nach dem Saugrohraustritt hin sich die Rotationskomponente vermindert. Wieviel das ist, ist gänzlich unübersichtlich, durch Rechnung sicherlich nicht feststellbar und sicherlich in empfindlichster Weise von der Saugrohrform abhängig. Die eingetragenen Ordinaten sind wohl zu groß, weil doch immerhin ein kleiner Teil wiedergewonnen wird. Sie enthalten also die Verluste mit, die durch die ungleichmäßig und schräg über dem Saugrohraustrittquerschnitt liegenden Geschwindigkeiten entstehen.

Die Abhängigkeit der Rotationsaustrittskomponente c_{u_2} von der Durchflußwassermenge läßt sich aus dem Austrittsdiagramm leicht ableiten. Ist das beste Q, Q_{opt} erreicht, und $c_{u_2} = 0$, so wird bei kleinerer Wassermenge die Durchflußgeschwindigkeitskomponente c_{z_2} dieser Wassermenge proportional kleiner einzuzeichnen sein. Die relative Austrittsgeschwindigkeit wird ebenfalls entsprechend kleiner. Ihre Richtung müssen wir als unverändert mit der durch den Schaufelwinkel β_2 bestimmten annehmen, so ergibt sich c_{u_2} proportional c_{z_2}, da ja auch u_2 konstant gehalten ist. Für $c_{z_2} = 0$, also $Q = 0$, wird offenbar $c_{u_2} = u_2$ (s. Abb. 31).

Vergrößern wir Q über Q_{opt} hinaus, so wird das Wasser beim Austritt mit dem Rad mitgenommen, c_{u_2} ändert also sein Vorzeichen. Bei $Q = 2Q_{\mathrm{opt}}$ wird $c_{u_2} = -u_2$.

Das in der Abb. 30 zwischen den beiden Parabeln 3 und 6 von H abgeschnittene Stück H' steht zur Bildung von H_A zur Verfügung, zunächst ist $H_A = H'$ nur bei dem Punkt Q_{opt}.

Vor und hinter Q_{opt} ist dieses Stück lediglich diejenige maximale Höhe H', die dem Laufrad zur Verfügung gestellt werden könnte. Es würde dem Laufrad diese Höhe nur dann wirklich zur Verfügung stehen, wenn in jedem Fall der Leitapparat einen solchen Drall erzeugte, daß davon nach Abzug des im Austritt ver-

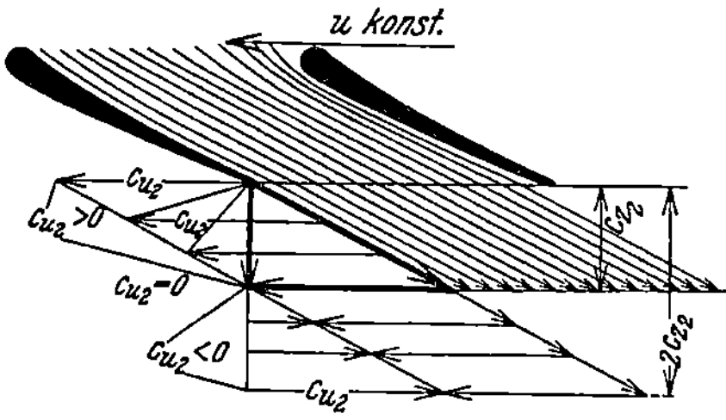

Abb. 31. Änderung von c_{u_2} mit veränderlicher Durchflußmenge bei konstanter Umlaufgeschwindigkeit u_2.

bleibenden Dralls c_{u_2} ein hinreichend großes c_{u_1} übrigbliebe, um die Höhe H' vollständig auszunutzen, d. h., es müßte die Gleichung befriedigt werden:

$$\frac{c_{u_1} u_1}{g} - \frac{c_{u_2} u_2}{g} = H' = \frac{c_{u_1} - c_{u_2}}{g} u_1\,, \quad \text{sofern} \quad u_1 = u_2.$$

Mit anderen Worten: es müßte bei den jeweils geänderten Wassermengen immer ein ganz bestimmter Impuls $\dfrac{c_{u_1}}{g} = \dfrac{H'}{u_1} + \dfrac{c_{u_2}}{g}$ durch den Leitapparat zur Verfügung gestellt werden. Wenn c_{u_2} so, wie wir sahen, geradlinig mit Q verläuft, müßte c_{u_1} um $\dfrac{Hg'}{u}$ verschoben parallel dazu verlaufen. Geschieht dies, so wird auch bei Teillast der jeweils überhaupt denkbar größte Nutzeffekt erzielt. Geschieht dies nicht, so bleibt ein Teil der Energie unausgenutzt. Der Wirkungsgrad fällt um diesen Wert noch stärker. Den Gesamtnutzeffekt zu zeigen, müssen wir von diesem vom Laufrad übernommenen H_A noch Radreibungsarbeit sowie Stopfbüchsen und Lagereibung abziehen.

Die Radreibungsarbeit, die, unabhängig von der Durchflußmenge, nur von der Laufradflächengröße, der Schaufelform und der Umlaufgeschwindigkeit abhängt, ist bei konstanter Umlaufgeschwindigkeit konstant, ebenso ist dies die Stopfbüchsen- und Lagerreibung. Diese einzuzeichnen ist die Parabel 3 sich selbst parallel zu verschieben. Diese beiden Arbeiten sind von H_A zu bestreiten. Die durch vergrößerten Durchfluß im Laufrad entstehende vergrößerte Reibung ist bereits in $\Sigma \varrho H$ enthalten. Das sind die Komponenten, die senkrecht zur Umlaufgeschwindigkeit stehen und folglich am Rad kein widerstehendes Drehmoment abgeben. Das nach Abzug der beiden konstant bleibenden Verluste noch vorhandene Stück ist ηH, worin η der Gesamtwirkungsgrad ist.

Die obige Gleichung $\dfrac{c_{u_1}}{g} = \dfrac{H'}{u_1} + \dfrac{c_{u_2}}{g}$ zu befriedigen, heißt dem Konstrukteur eine schwierige Aufgabe stellen. Sie ist deshalb auch heute noch nicht gelöst und das einzige, was noch zu lösen bleibt.

Eine praktische, äußerst brauchbare, aber die Schwierigkeit umgehende Lösung hat Kaplan gegeben. Er verstellt die Laufradschaufel. Jeder neuen Stellung entspricht eine andere Wassermenge, bei der $c_{u_2} = 0$ wird. Damit hat er dann eine neue Turbine gewonnen, für die das Diagramm in seinem ganzen Verlauf wieder gelten würde, wenn die Laufschaufel in ihrer Stellung festgehalten werden würde. Von jeder der unendlich vielen Turbinen benutzt die K.-Turbine immer nur den einen besten Punkt und erhält so ausgezeichnete Teillastwirkungsgrade. Das ist das Verdienst Kaplans — das andere durch Nichtüberdecken der Schaufeln eine höhere Schnelläufigkeit erzielen zu wollen, ist ein Irrtum gewesen. Das Laufrad kann als Getriebenes nicht die Ursache der erreichten Umlaufgeschwindigkeit sein, Ursache ist der Impuls $\dfrac{c_{u_1}}{g}$.

Wir wollen uns also an die Lösung der vorhin gestellten Aufgabe machen, die verlangt, daß der Antriebimpuls $\dfrac{c_{u_1}}{g}$ für jede Wassermenge eine bestimmte Größe habe.

Wir sahen vorhin, c_{u_2} verläuft geradlinig mit Q, so daß bei $Q = 0$, $u_2 = c_{u_2}$ wird. Wir tragen den Verlauf in Abb. 32 auf, wobei wir den Maßstab so wählen, daß die Ordinaten $c_{u_2} \dfrac{u}{g}$ darstellen. Sodann

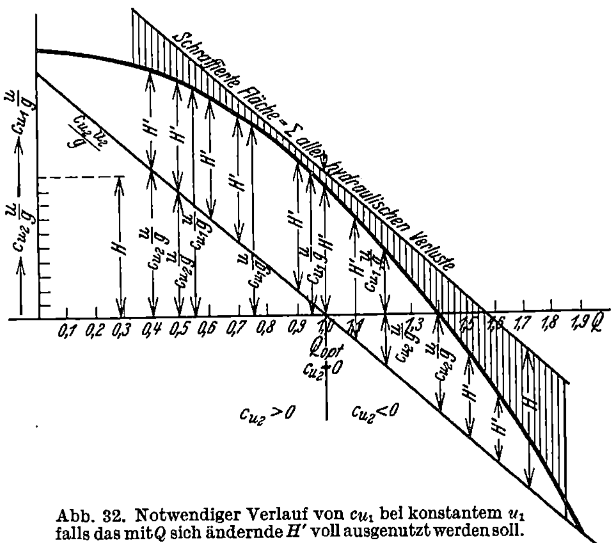

Abb. 32. Notwendiger Verlauf von c_{u_1} bei konstantem u_1 falls das mit Q sich ändernde H' voll ausgenutzt werden soll.

fügen wir bei Q_{opt} also bei $c_{u_2} = 0$, $c_{u_1} \dfrac{u_1}{g} = H'$ hinzu; ziehen wir durch den Endpunkt dieser Ordinate die Parallele zu $c_{u_2} \dfrac{u}{g}$, so haben wir von dieser die aus Abb. 30 zu entnehmenden hydraulischen Verluste im richtigen Maßstabe abzuziehen, oder wir entnehmen daraus die Werte H' und fügen sie zu der $\dfrac{c_{u_2} u_2}{g}$-Linie hinzu, womit wir in der

dickgezogenen Kurve von der Abszisse an zu rechnen den erstrebens-
werten Verlauf von c_{u_1} hätten. Wir haben also einfach $c_{u_1} = \dfrac{H' \cdot g}{u_1} + c_{u_2}$
zu bilden und zu verwirklichen.

Wir sehen aus der Abb. 32 deutlich, der Impuls c_{u_1} muß in erheblichem Maße um so mehr wachsen, je kleiner die Durchflußmenge wird.
Er muß ja um so viel größer werden, weil ein immer größerer Drall im
Laufradaustritt unvermeidbar auftreten muß. Dieser Drall ist bei
$Q = 0$ ein Maximum und erreicht dann den Betrag $\dfrac{c_{u_2} u_2}{g} = \dfrac{u_2^2}{g}$. Bei
Langsamläufern ist $c_{u_1} = \dfrac{g H \eta}{u_1}$ relativ groß, ferner u_2 erheblich kleiner
als u_1 und relativ klein gegenüber der Fallhöhe H, demnach ist das
notwendige Wachstum von c_{u_1} mit abnehmender Wassermenge nicht
erheblich und leichter durchführbar, es ergibt sich bei normalem Leitapparat ganz von selbst. Deshalb sind die Teilwirkungsgrade bei Langsamläufern und auch noch bei den Normalläufern sehr gut — sie sind
bei Schnelläufern schlecht und um so schlechter, je höher die Umlaufgeschwindigkeit u im Verhältnis zur Druckhöhe H getrieben wird.

Bei dem früheren Beispiel der Berechnung einer Schnelläuferturbine
hatten wir bei $H = 3$ m ein $c_{u_1} = 0{,}98$ m/sec aber ein $u_1 = u_2$
$= 28$ m/sec! Demnach müßte der Impuls bzw. c_{u_1} bei $Q = 0$ bis auf
$28 + 1 = 29$ m/sec gesteigert werden, wenn ein Drehmoment auf dem
Weg bis dahin ausgeübt werden soll, das hinreicht, das Gefälle auszunutzen.

Das dürfte wohl unmöglich sein. Man muß also wohl darauf verzichten, bis zu $Q = 0$ hin einen erträglichen Wirkungsgrad zu erhalten.
Es muß aber untersucht werden, welches die denkbaren Grenzen sind.

Wir wollen deshalb sehen, wie sich in einem gewöhnlichen Leit-
apparat das c_{u_1} in Wirklichkeit mit der Wassermenge ändert. Für diese
Untersuchung wollen wir zunächst den Verlauf von c_{u_1} verfolgen in der
Annahme, wir seien imstande, die Bedingung stoßfreien Eintritts im
Laufrad für jede Wassermenge bei konstanter Umlaufgeschwindigkeit
zu verwirklichen.

An einer Stelle, für $c_{u_2} = 0$ nämlich, können wir diese Bedingung
mit Sicherheit erfüllen. Wir gehen von dem damit gegebenen Eintritts-
geschwindigkeitsdreieck aus (Abb. 33). Die Wassermenge Q_{opt} ist also
gegeben durch $Q_{\mathrm{opt}} = F_z \cdot c_z$, wenn F_z der im Eintritt senkrecht zu c_z
gegebene freie Querschnitt ist. Wird die Wassermenge kleiner, so wird
c_z kleiner. Durch den Endpunkt von jeweils c_z legen wir die Parallele
zu u, der Umlaufgeschwindigkeit, die beim Rückgang der Wassermenge
unverändert bleiben soll. Da die relative Eintrittsgeschwindigkeit in
Richtung der Schaufel, nämlich stoßfrei, erfolgen soll, schneidet die
Umfangsgeschwindigkeit auf der Schaufelrichtung die neue Relativgeschwindigkeit ab. Es ergibt sich die Größe des neuen c_{u_1}, das für
die kleinere Wassermenge bei der gegebenen Schaufel stoßfreien Eintritt bewirken würde.

Wir erkennen, daß der geometrische Ort aller c_{u_1} für stoßfreien Eintritt in der durch Punkt A zur Relativgeschwindigkeit gezogenen Paral-

lelen liegt (Abb. 33). Für $c_z = 0$, also $Q = 0$, wird demnach $c_{u_1} = u_1$; bei einem gewissen c_2 erreicht c_{u_1} den Wert 0. Dann tritt die größtmögliche Wassermenge $Q_{max} = F_z \cdot u_1 \cdot \operatorname{tg} \beta_1$ auf. Die Bedingung stoßfreien Eintritts verlangt also, daß c_{u_1} gradlinig mit der Wassermenge geändert werde, bei $Q = 0$ mit dem Wert $c_{u_1} = u$ beginnt, und bei Q_{max} den Wert Null erreicht. c_{u_1} wird durch eine Gerade dargestellt, die auf der durch den Nullpunkt gelegten Ordinate den Wert u_1, auf der Abszisse den Wert $Q_{max} = u_1 \operatorname{tg} \beta_1 F_z$ abschneidet (s. Abb. 34).

Wir hatten früher gesehen, daß auch c_{u_2} geradlinig mit Q verläuft und bei $Q = 0$ die Größe u_2 hat; so schneiden sich beide Geraden bei

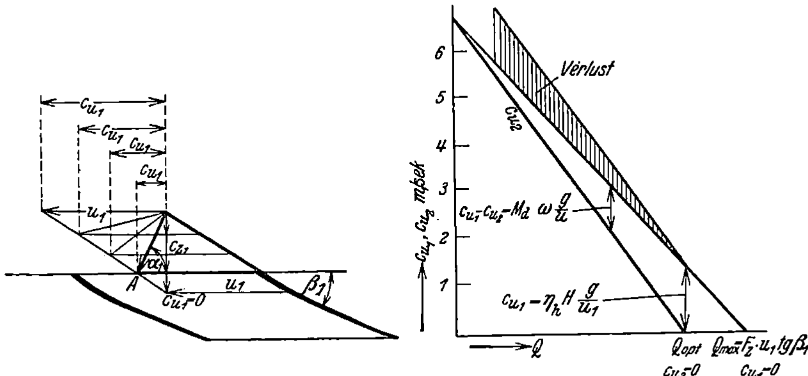

Abb. 33. Änderung von c_{u_1} bei konstantem u_1 und veränderlicher Durchflußmenge unter der Annahme stets stoßfreien Eintritts.

Abb. 34. c_{u_1} und c_{u_2} in Abhängigkeit von Q bei $u_1 = u_2 =$ konst und stets stoßfreiem Eintritt.

$Q = 0$, falls $u_1 = u_2$ ist. Die zwischen den beiden Geraden liegenden Ordinatenstücke sind $c_{u_1} - c_{u_2}$, sie stellen also das dem Laufrad jeweils zur Verfügung gestellte Drehmoment dar. Die bei Q_{opt} liegende Ordinate

stellt dann zugleich $c_{u_1} = \eta_h H \dfrac{g}{u_1}$ dar. Wir sehen, nur in diesem Punkt

wird dem Laufrad die noch vorhandene Fallhöhe $H \eta_h$ restlos zur Verfügung gestellt. Wir sehen deutlich, wie mit abnehmender Wassermenge das Laufrad gar nicht mehr imstande ist, die dargebotene Energie aufzunehmen, weil das Drehmoment bei stoßfreiem Eintritt viel zu klein ist. Je geringer die Wassermenge, ein desto größerer Teil der dargebotenen Energie geht deshalb verloren, einfach, weil das Laufrad nicht imstande ist, die gesamte Energie aufzunehmen. Was diese nichtgenutzte Energie tut, kann uns gleichgültig sein, jedenfalls wird sie nicht unmittelbar vom Laufrad abgenommen. Vielleicht, daß sie im Laufrad die Relativgeschwindigkeit vergrößert. Das würde zum Ablösen des Strahles von der Schaufelrückwand führen, also zur Unterbrechung des Wasserstromes und zu großen Verlusten mit Kavitation, wenn auch ein gewisser Rückgewinn für das Laufrad durch die vergrößerte Relativgeschwindigkeit auftreten würde.

Solange die Differenz $c_{u_1} \dfrac{u}{g} - c_{u_2} \dfrac{u}{g}$ kleiner bleibt als die noch zur Verfügung stehende Fallhöhe $H' = H \eta_h$, ist mit sehr großen Verlusten zu rechnen. Wir entfernen uns nicht allzuweit von der Wirklichkeit, wenn wir annehmen, daß das ganze Stück $(c_{u_1} - c_{u_2}) \dfrac{u}{g} - \eta' H$ verloren ist.

Vergrößert man die Wassermenge über Q_{opt} hinaus, so würde das Laufrad fähig, eine größere Fallhöhe als durch c_{u_1} wirklich zur Verfügung gestellt wird, zu verarbeiten, weil c_{u_2} sein Vorzeichen ändert und einen Antrieb abgibt. Der auf die Schaufel ausgeübte Gesamtdruck wird, falls c_{u_1} nicht entsprechend verkleinert wird, leicht größer als er sein dürfte. Wenn die Tourenzahl aufrechterhalten bliebe, würde

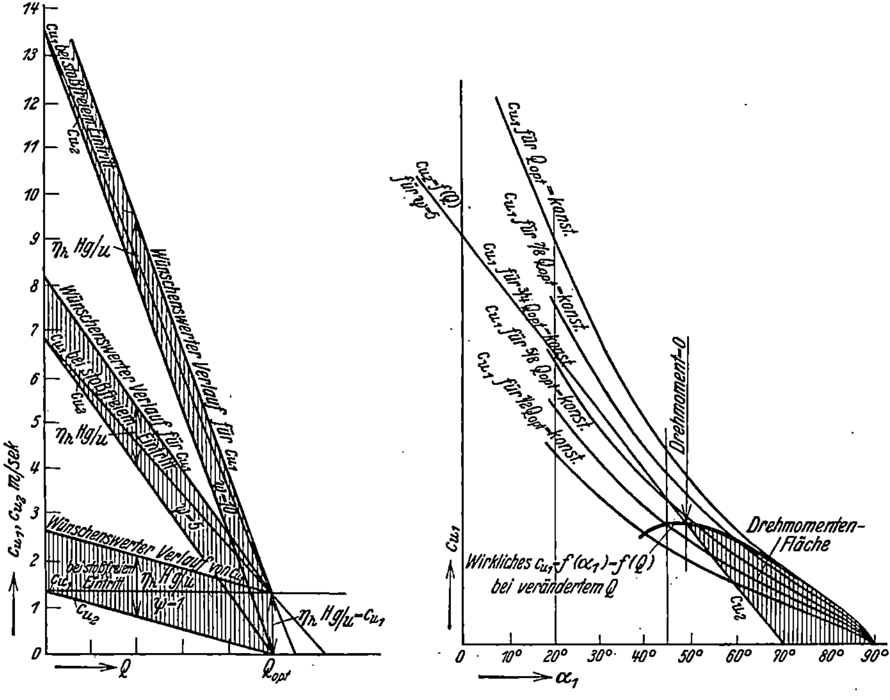

Abb. 35. c_{u_2} und c_{u_1} bei stoßfreiem Eintritt, und zur Verarbeitung von H' notwendiges, also wünschenswertes c_{u_1} in Abhängigkeit von Q, bei verschiedenen ψ-Werten.

Abb. 36.
Drehmoment $= (c_{u_1} - c_{u_2})$ konst $= f(\alpha_1)$.

eine größere Arbeit durch $P \cdot u$ geleistet als in $Q \cdot H$ darin steckt. Die Tourenzahl kann also nur unter Opfer an Bremsleistung aufrechterhalten werden, was den bekannten, außerordentlich schnellen Abstieg des Wirkungsgrades bei negativem c_{u_2} nach sich zieht.

Solche für den Teilwirkungsgrad schwerwiegende Folgen bringt die Veränderung der Wassermenge schon, wenn wir das c_{u_1} künstlich weit über das Maß hinaus vergrößern, als es in Wirklichkeit bei normalem Leitapparat eintritt.

Man erkennt ferner: Je größer der Übersetzungsfaktor $\psi = \dfrac{u_1}{c_{u_1}}$ gewählt wird, desto größer wird u und desto steiler müssen die c_{u_1}-

und c_{u_2}-Linien von $c_{u_2} = 0$ an bis zu $Q = 0$ ansteigen, desto schwieriger wird es, c_{u_1} in Wirklichkeit auf das notwendige große Maß zu bringen. Außerdem wird die Strecke $c_{u_1} = \dfrac{gHA}{u}$ absolut genommen kleiner, also durch die Verluste rascher aufgebraucht. Die Abb. 35 zeigt den Verlauf der c_{u_1}-Linien, wie sie wünschenswert wären, um einen bestmöglichsten Teillastwirkungsgrad zu erhalten für $\psi = 10$, 5 und 1, der Einfachheit halber $\eta_h = $ konst angesehen. Im ersten Fall müßte c_{u_1} auf den 11fachen, im zweiten Fall auf den 6fachen und im dritten Fall nur auf den doppelten Wert dessen gesteigert werden, den er bei Q_{opt} haben muß. Es wird somit klar, daß die Teillastwirkungsgrade bei Schnelläufern um so rascher abnehmen müssen, je größer die Schnelläufigkeit $\psi = \dfrac{u_1}{c_{u_1}}$ getrieben wird.

Nun war das noch eine willkürliche Annahme, daß sich ein c_{u_1} so einstellen würde, daß stets stoßfreier Eintritt erfolgen könne. Diese Bedingung ergab den geradlinigen Verlauf von c_{u_1}. Der Verlauf von c_{u_2} beruht dagegen nicht auf willkürlichen Annahmen. Er ist die Folge des unverändert gedachten Schaufelaustrittwinkels β_2.

Wie stellt sich nun aber c_{u_1} in Wirklichkeit ein? Das hängt nicht vom Laufrad, nicht davon ab, was das Laufrad am besten gebrauchen könnte, sondern es ist allein durch den Leitapparat eindeutig bestimmt (s. Abb. 36). Es ist

$$\operatorname{tg} \alpha_1 = \frac{c_{z_1}}{c_{u_1}}$$

$$c_{u_1} = \frac{c_{z_1}}{\operatorname{tg} \alpha_1}\,.$$

Würde c_{z_1} konstant gehalten und damit die Wassermenge, so würde c_{u_1} von Null bei $\alpha = 90^0$ nach $c_{u_1} = \infty$ wachsen bei $\alpha = 0$. In Abb. 36 sind für verschiedene Q-Werte diese c_{u_1}-Kurven als $f(\alpha_1)$ eingetragen. Bei Verstellen des Leitapparates geht die Wassermenge zurück und der die jeweilige Größe von c_{u_1} kennzeichnende Punkt geht von der einen zur anderen Linie, deren Verlauf von der besonderen Form des Leitapparates abhängt.

Es ist klar, daß die Geschwindigkeit auch im Leitapparat nicht beliebig groß werden kann, die äußerste Grenze wäre erreicht, wenn c_1 auf den Wert $c_1 = \sqrt{2g(h + 10)}$ gestiegen wäre, wobei h die Tiefenlage des Leitapparates unter dem Oberwasserspiegel bedeutet. Bei diesem Wert von c_1, dem der Wert $c_{u_1} = c_1 \cos \alpha_1$ entspricht, würde der absolute Druck Null erreicht. Natürlich würde ein Abreißen des Wasserstromes schon sehr viel früher eintreten. Bei $Q = 0$ ist der Leitapparat geschlossen, c_{u_1} wird in Wirklichkeit wegen $Q = 0$ dort ebenfalls Null. Also geht die c_{u_1}-Kurve, die wir beispielsweise in Abb. 36 eingezeichnet haben, irgendwie auf einem Weg, der uns nicht sonderlich interessiert, nach dem Nullpunkt. Dieser wirkliche Verlauf der c_{u_1}-Kurve liegt tief unter der Geraden, die stoßfreien Übertritt des Wassers ins Laufrad verbürgen würde, und noch tiefer unter der Linie, die erreicht werden müßte, wollte man für jedes Q den bestmöglichen Wirkungsgrad herausholen. Wir müssen also einen sehr raschen Abfall des Wirkungsgrades bei Teillast erwarten, sowie wir es mit Schnelläufern $\psi > 1$ zu tun haben.

Tragen wir den wirklichen Verlauf der c_{u_1}-Linie in Abb. 36 ein und die c_{u_2}-Linie aus Abb. 35 z. B. für $\psi = 5$, wobei wir uns bewußt

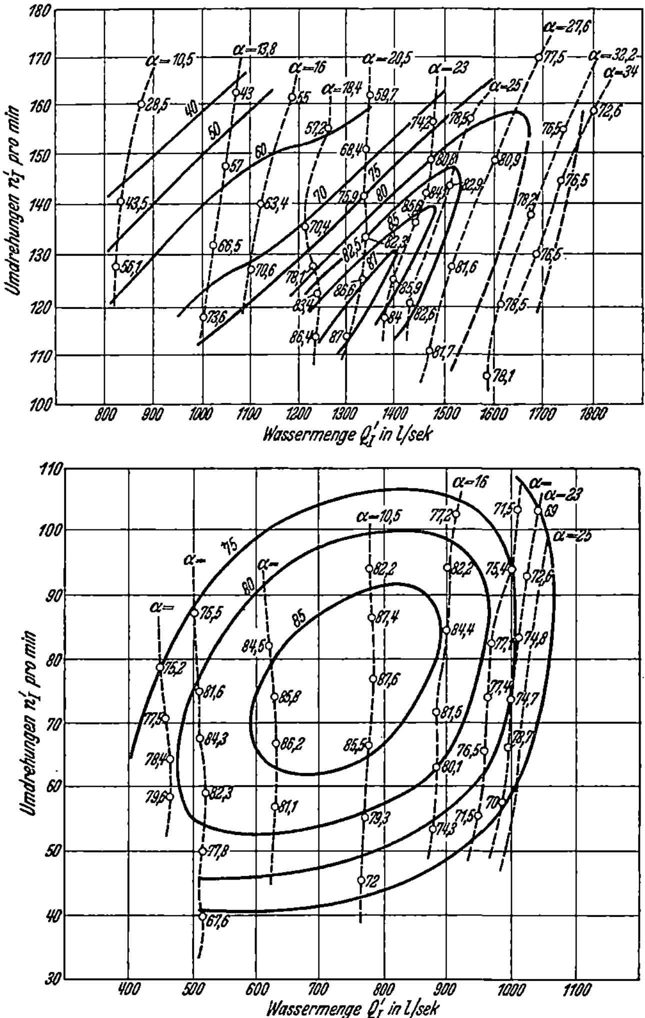

Abb. 37. Bremsergebnis zweier L.-Turbinen (Muschelkurven). Die untere ist für kleineres, die obere für größeres ψ. Je größer die Schnelläufigkeit, desto spitzer die Wirkungsgradkuppen bei konstanter Umlaufgeschwindigkeit.

sind, daß diese Kurve nunmehr, da α_1 anstatt Q die Abszisse ist, keine Gerade mehr sein kann, als Gerade also nur sehr angenähert den gedachten Verlauf darstellt, so sehen wir: Es schneidet die c_{u_1}-Linie sehr bald die c_{u_2}-Linie. In diesem Schnittpunkt ist das Drehmoment, das dem Laufrad zur Verfügung gestellt wird, tatsächlich Null — eine Bremsbelastung kann nicht gehalten werden, die Turbine wird labil.

In der Abb. 37 sind die Bremsergebnisse zweier L.-Turbinen gezeigt. Die Bremsergebnisse wurden zunächst, wie allgemein üblich, umgerechnet auf 1 m Gefälle und einen Raddurchmesser von 1 m. Sodann wurden die Meßpunkte eingetragen, indem auf der Abszisse die Wassermengen, auf den Ordinaten die zugehörigen Umlaufzahlen aufgetragen und bei jedem dieser Punkte die Nutzeffektzahl angeschrieben wurden. Alsdann wurden die Punkte gleicher Nutzeffekte miteinander verbunden. Man kann nunmehr leicht die Nutzeffektkurve für jede Tourenzahl als Funktion von der Wassermenge aufzeichnen, wie dies in der folgenden Abb. 38 für geringere und 39 für größere Schnelläufigkeit geschehen ist. Man erkennt den flacheren Verlauf der Nutzeffektkurve des Laufrades mit geringerer Schnelläufigkeit.

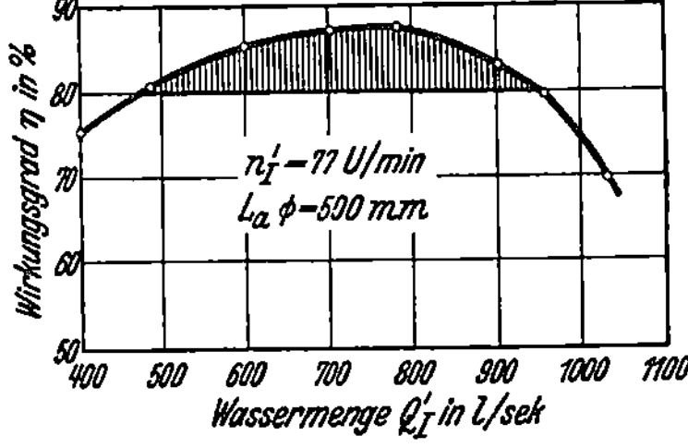

Abb. 38. Wirkungsradkurve abhängig von der Wassermenge bei $u =$ konst. Kleines ψ.

Wenn man den Grund erkannt hat, warum die Wirkungsgrade der Schnelläufer bei Teillasten so unerwünscht rasch fallen, sieht man auch den Weg, dem Übelstand abzuhelfen, sofern eine Möglichkeit dazu besteht. Diese Möglichkeit scheint vorhanden zu sein. Da bei beliebigem c_{z_1} $c_{u_1} = 0$ werden kann, wenn man $\alpha_1 = 90^0$ macht, läßt sich der Wert

$$c_{u_1} = \frac{c_{z_1}}{\mathrm{tg}\ \alpha_1}$$

auf ein beliebiges Vielfaches innerhalb einer verhältnismäßig kleinen Änderung von α_1 erhöhen, wenn man ihn nahe an 90^0 gelegt hat. Das ist es aber, was wir bei Schnelläufern brauchen: eine rasche und starke Ver-

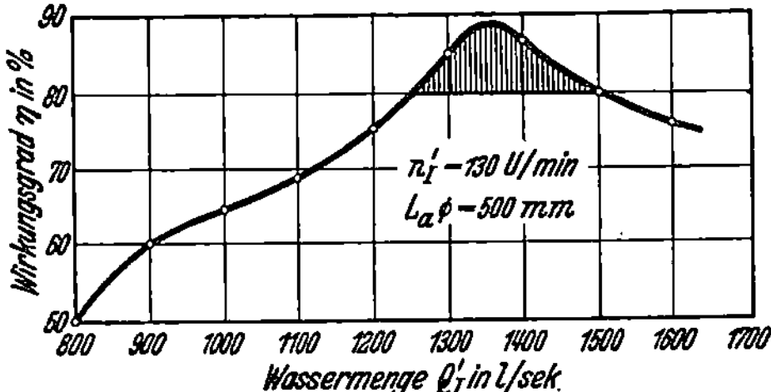

Abb. 39. Wirkungsradkurve abhängig von der Wassermenge bei $u =$ konst. Größeres ψ.

größerung von c_{u_1}, bei verhältnismäßig kleiner Verringerung der Wassermenge bzw. des Leitradwinkels α_1. Es folgt die Regel: je größer ψ gewählt wurde, desto größer muß das tg α_1 festgesetzt werden, bei dem c_{u_2} zu Null wird und bei dem $c_{u_1} = \dfrac{g H \eta_h}{u_1}$ ist.

In der Abb. 40 ist zum Vergleich für dasselbe H und dasselbe u_1 bei demselben $\psi = 8$, $c_{u_1} = \dfrac{g H \eta_h}{u}$ einmal auf $\alpha_1 = 45^0$ gelegt, das andere Mal auf $\alpha_1 = 78^0 40'$. Liegt $c_{u_2} = 0$ bei 45^0, so ist das c_{u_1} durch eine 5 mal so große Strecke dargestellt, weil ctg $78^0 40' = 0,2$, ctg $45^0 = 1$ ist. Die Geschwindigkeit c_{u_2} steigt also entsprechend steiler von $c_{u_2} = 0$ an aufwärts, da sie bei $Q = 0$ auf $c_{u_2} = 8 \cdot c_{u_1}$ gestiegen sein muß und schneidet schon sehr bald die c_{u_1}-Kurve, die wir als $c_{u_1} = \dfrac{c_{z_1}}{\mathrm{tg}\ \alpha_1}$ für $Q =$ konst

eingetragen haben. In diesem Schnittpunkt bereits wäre $M_d = 0$.
Legen wir $c_{u_1} = \dfrac{g\,H\,\eta_h}{u_1}$ bei $\psi = 8$ auf $78^0 40'$, so steigt die c_{u_2}-Linie so
flach an, daß der Abstand zur c_{u_1}-Linie sich ständig vergrößert. Mit
dieser ersten c_{u_1}-Linie für Q_{opt} kommt die c_{u_2}-Linie überhaupt nicht
zum Schnitt, sondern erst bei kleinem Winkel α mit einer Linie für
genügend geringe Wassermenge.

Die Turbine I würde also bei $\alpha_1 = 45^0$ einen vielleicht sehr guten
maximalen Wirkungsgrad haben können, bei $\alpha_1 = 37^0$ aber würde das
dem Laufrad vorgesetzte Drehmoment bereits Null sein, der Wirkungsgrad also auch. Bei Vergrößerung der Wassermenge durch Öffnen über
den Winkel $\alpha = 45^0$ hinaus
würde erst recht der Wir-
kungsgrad rasch abfallen,
weil c_{u_2}, negativ geworden,
so stark wächst und nun
das vorgelegte Drehmoment
viel zu groß ist, als daß die
Tourenzahl aufrechterhal-
ten bleiben könnte. Bis
nach Öffnen der Leitschaufeln die Wassermenge er-
reicht ist, an der ein die
Widerstände überwinden-
des Drehmoment einsetzt,
ist die Turbine überhaupt
nicht brauchbar,
sie verträgt bis
dorthin keine Be-
lastung. Die labile
Zone ist so groß,
daß die Turbine
vollständig un-
brauchbar sein
würde.

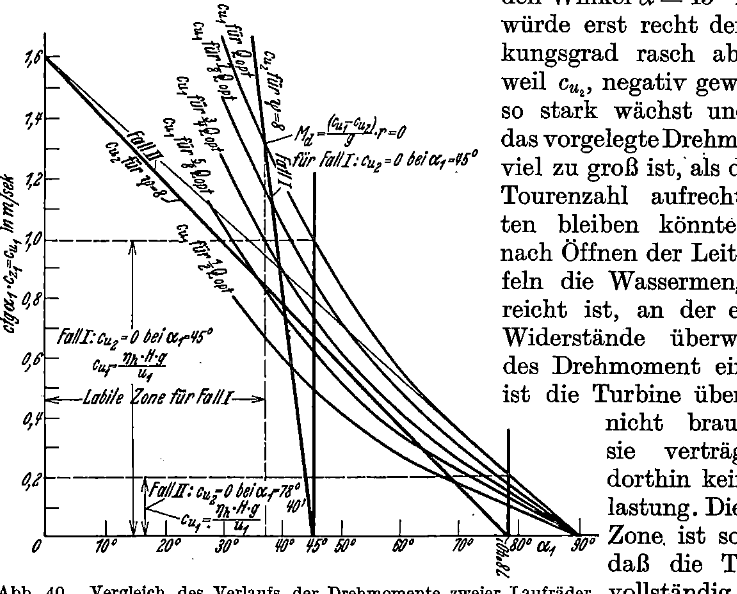

Abb. 40. Vergleich des Verlaufs der Drehmomente zweier Laufräder
für sonst gleiche Verhältnisse mit dem Unterschied, daß $c_{u_2} = 0$ im
Fall I bei $\alpha_1 = 45^0$, im Fall II bei $\alpha_1 = 78^0\,40'$ liegt.

Anders die Turbine II. Sie hat wahrscheinlich überhaupt keine
labile Zone; es könnte sein, daß der Teillastwirkungsgrad vielleicht erst
bei $Q = 0$ zu Null werden würde.

Wenn man mit dem Winkel, bei dem $c_{u_2} = 0$ wird und bei dem
der beste Wirkungsgrad liegt, weit genug an 90^0 herangehen kann,
was nur davon abhängt, daß nicht durch Krümmung der Stromfäden
oder durch die Laufschaufel ein ungewolltes zu großes c_{u_1} erzeugt wird,
so kann man auch bei $\psi = 20$ noch verhältnismäßig gute Teillastwirkungsgrade erwarten. Denn es ist wahrscheinlich, daß die c_{u_1}-Linie
ständig genügend hoch über der c_{u_2}-Linie hinführt, daß für noch genügend kleine Wassermengen das genügend große Drehmoment dem
Laufrad zur Verfügung steht.

6. Abbremsen einer Turbine.

Soll eine Turbine abgebremst werden, um ihre charakteristischen Eigentümlichkeiten zu ermitteln, so öffnet man den Leitapparat, bis das Laufrad sich in Drehung versetzt, und noch etwas mehr, daß eine gewisse Umlaufzahl erzielt wird. Ohne Bremsbelastung überwindet dann das Laufrad gerade die Eigenreibung. (Die Nutzleistung ist Null.) Zieht man nunmehr die Bremse ein wenig an, so wird Bremsleistung abgegeben, während die Umlaufzahl zurückgeht. Durch weiteres Anziehen der Bremse wird die Nutzleistung zunächst vergrößert, während die Umlaufzahl weiterhin abnimmt. Dann erreicht man ein Maximum der Leistung, und bei weiterem Abbremsen geht die Leistung schließlich auf Null, weil die Umlaufzahl auf Null abgebremst ist.

Sodann wird der Leitapparat auf ein neues, größeres $tg\alpha_1$ eingestellt, die Bremse gelöst und wiederum vom Leerlauf an die Bremse angezogen, bis das Laufrad wieder auf Umlaufzahl Null kommt. Bei den Bremsungen wird tunlichst genau die Fallhöhe H konstant gehalten. Die Wassermenge wird gemessen, so daß die vorgelegte Leistung damit bekannt ist. Die Bremse gibt die Nutzleistung an, so wird für jede Umlaufzahl der Nutzeffekt bekannt. Zweckmäßigerweise rechnet man Wassermenge und Tourenzahl um für ein Gefälle von 1 m und einen Raddurchmesser von 1 m. Die Nutzeffekte trägt man in Koordinatenpapier an Punkten ein, deren Ordinate die auf 1 m Gefälle zurückgeführte Umlaufzahl und deren Abszisse die ebenfalls auf 1 m Gefälle zurückgeführte Wassermenge angibt. Punkte gleichen Nutzeffektes werden verbunden, so erhält man die sogenannten Muschelkurven wie in Abb. 37, die einen raschen Vergleich gestatten und zeigen, wo die günstigste Umlaufzahl liegt.

Die Parallelen zur Abszisse schneiden die Nutzeffektkurven für konstante Umlaufzahlen in Abhängigkeit von der Wassermenge aus den Muschelkurven heraus (s. Abb. 38 und 39).

Wir wollen die Bremskurven abzuleiten versuchen. Das Wirbelgesetz drückt sich so sehr der Turbine auf, daß wir in der Kenntnis dieses Gesetzes ein ausreichendes Mittel dazu haben und die Wirkungsweise der Turbine sogar restlos klären könnten, wenn nicht die zahlenmäßig unübersichtlichen Reibungsgrößen eine zu große Rolle spielten. Sehen wir also von diesen ab, müssen wir — lediglich von der Anschauung ausgehend, daß der Leitapparat einen Eingangswirbel, das Laufrad einen Austrittswirbel formt, deren Drallunterschied das der Turbine zur Verfügung gestellte Drehmoment ist — imstande sein, sowohl das Anlaufen einer Turbine wie auch ihr Verhalten bei Änderung des Durchflusses und festgehaltener Umlaufzahl zu verfolgen.

Zunächst also wollen wir Drehmoment und Leistung in Abhängigkeit von der Umlaufzahl bzw. von u bei festgehaltener Wassermenge ermitteln. M_d, $N = f(u)$; $Q = $ konst.

Bei festgebremstem Laufrad wird das Wasser mit dem Eintrittsdrall auf die festgehaltenen Laufschaufeln treffen und ihn an das Laufrad vollständig abgeben, indem die Tangentialkomponente zu Null wird.

Die am Austritt schrägstehenden Laufschaufeln geben dem Wasser
alsdann einen neuen Austrittsdrall, dessen Reaktion von der Welle
als zusätzliches Drehmoment gespürt wird (s. Abb. 41). Der Eintritts-
ist $\frac{c_{u_1}\,r}{g}$, der Austrittsdrall ist $\frac{c_{u_2}r}{g}$. Ihre Richtung ist einander entgegengesetzt. Also das Drehmoment für die Gewichtseinheit Durchfluß

$$M_d = \frac{c_{u_1} - (- c_{u_2})}{g}\,r = \frac{c_{u_1} + c_{u_2}}{g}\,r\,.$$

Offenbar hängt die Größe des Eintrittsdralles nur von $\operatorname{tg}\alpha_1$ sowie dem
Querschnitt ab, den das Wasser im Eintritt vorfindet. Für den Austritts-

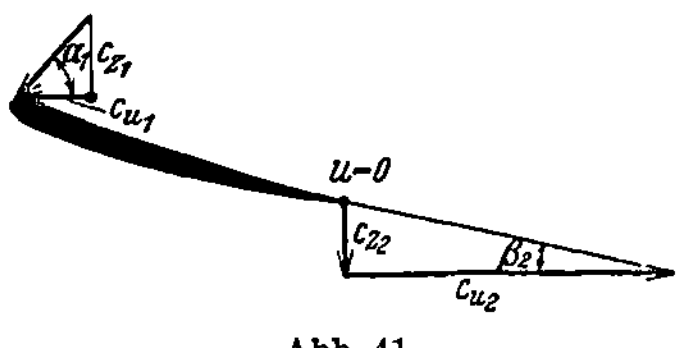

Abb. 41.
Diagramm für $u = 0$ und bestimmtes Q.

drall ist der Schaufelwinkel β_2 maßgebend sowie der Querschnitt, den das
Wasser beim Austritt aus dem Laufrad
ausfüllt. Für beide ist also die Durchflußmenge Q maßgebend.

Lockern wir nun die Bremse, so setzt
sich die Laufschaufel in Bewegung, bis
das Bremsdrehmoment gleich dem auf
die Schaufel ausgeübten Wasserdrall ist.
Dann ist wiederum Gleichgewicht. Die Schaufel hat die Geschwindigkeit u_1 erreicht. Wie groß ist das Drehmoment nun? Der Eintrittsdrall hat sich nicht geändert, der Austrittsdrall ist kleiner geworden,
sofern Q gleichgeblieben ist.

Während bei festgebremster Welle das Drehmoment sich zusammensetzt aus dem Eintrittsdrall, der restlos aufgezehrt wird, weil die Schaufel
ihn ja umkehrt, und aus dem Reaktionsmoment, das der Austrittsdrall
auf die Schaufel ausübt, weicht die Schaufel mit dem Anlaufen dem
Reaktionsmoment aus. Der Reaktionsdruck des Austrittsdralles wird
somit geringer, weil der Austrittsdrall selber ja verringert wird um das
Maß, um das die Schaufel ausweicht. Wenn schließlich die Umlaufzahl
so groß geworden ist, daß der Drall $c_{u_2} = 0$ wird, bleibt allein der Eintrittsdrall als Drehmoment übrig. Geht nun die Turbine auf noch
höhere Tourenzahl, so bleibt vom Eingangsdrall noch ein Teil un-
genutzt, weil jetzt auch diesem Drall die Schaufel davonzulaufen beginnt. Der ungenutzte Drall muß im Austritt noch übrig sein und als
Austrittsdrall gleichsinnig mit dem des Eintritts in die Erscheinung
treten. Es ist klar, daß er niemals größer werden kann als der Eintrittsdrall selber. Er wird gleich dem Eintrittsdrall werden, wenn keinerlei
Leistung vom Laufrad abgenommen wird, wenn die Bremsleistung Null
ist und auch das Laufrad keine Arbeit für Reibung und Stoß verbraucht.
Nur um das geringe Maß wird der Austrittsdrall von dem im Eingang
abweichen können, in dem der Austrittswinkel β_2 dem Wasserstrahl
eine andere Richtung aufgezwungen hat. Drücken wir das Gesagte
in einer Formel aus.

Es ist

$$M_d = (c_{u_1} - c_{u_2})\,\frac{Q\,\gamma}{g}\,r$$

und die Leistung

$$N = M_d\omega = (c_{u_1} - c_{u_2})\frac{Q\gamma}{g}\,r\,\omega \quad \text{bei } \eta = 1\,.$$

Offenbar ist $c_{u_1} = \dfrac{c_{z_1}}{\operatorname{tg}\alpha_1}$, also bei konstant gehaltenem Winkel α_1 direkt Q proportional, und wenn dieses konstant, selber konstant. Während c_{u_2} bei festgehaltener Schaufel

$$c_{u_2} = w_2 \cos\beta_2 = \frac{c_{z_2}}{\operatorname{tg}\beta_2} = \frac{c_{z_1}}{\operatorname{tg}\beta_2} \quad \text{wenn } r_1 = r_2\,.$$

und bei $u = 0$ ebenfalls proportional Q ist.

Das Drehmoment für $u = 0$ ist also $M_{d_0} = \left(\dfrac{c_{z_1}}{\operatorname{tg}\alpha_1} + \dfrac{c_{z_2}}{\operatorname{tg}\beta_2}\right)\dfrac{Q\gamma}{g}\,r$. Falls u größer wird, ändert sich c_{u_2}; und zwar wird $c_{u_2} = -\dfrac{c_{z_2}}{\operatorname{tg}\beta_2} + u$. $c_{u_2} = 0$ wird also erreicht bei $u_2 = \dfrac{c_{z_2}}{\operatorname{tg}\beta_2}$.

Es wird also $(c_{u_1} - c_{u_2})$ selber geradlinig mit u verlaufen und den Wert Null erreichen, wenn $c_{u_2} = c_{u_1}$, also wenn $\dfrac{c_{z_1}}{\operatorname{tg}\alpha_1} = -\dfrac{c_{z_2}}{\operatorname{tg}\beta_2} + u$,

also wenn $u = u_0 = \dfrac{c_{z_1}}{\operatorname{tg}\alpha_1} + \dfrac{c_{z_2}}{\operatorname{tg}\beta_2}$ geworden ist, Abb. 42.

u_0 ist die sogenannte Durchgangsdrehzahl. Größer kann die Umlaufgeschwindigkeit der Turbine nicht werden, wenn etwa die Belastung auf Null herabgeht, was bei Unglücksfällen eintreten kann.

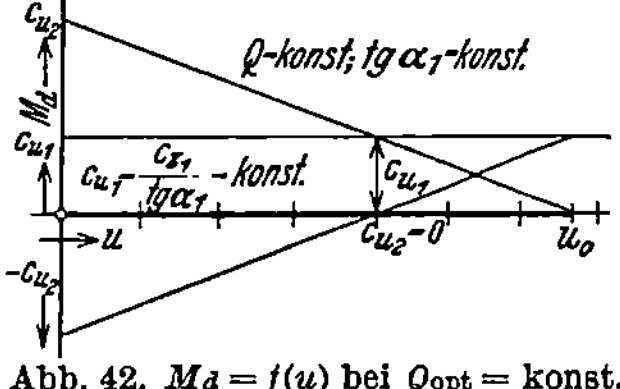

Abb. 42. $M_d = f(u)$ bei $Q_{\mathrm{opt}} = \mathrm{konst}$.

Ist bei konstant gehaltenen $\alpha_1 Q$ konstant, was nicht allzusehr der Wirklichkeit widerspricht, so verläuft das Drehmoment geradlinig mit der Umlaufgeschwindigkeit u.

Es ist

$$M_d = \left(\frac{c_{z_1}}{\operatorname{tg}\alpha_1} + \frac{c_{z_2}}{\operatorname{tg}\beta_2} - u\right)\frac{Q\gamma}{g}\,r$$

und die Leistung wird

$$N = M_d\omega = \left(\frac{c_{z_1}}{\operatorname{tg}\alpha_1} + \frac{c_{z_2}}{\operatorname{tg}\beta_2}\right)\frac{Q\gamma}{g}\,u - \frac{Q\gamma}{g}\,u^2$$

$$= \frac{Q\gamma}{g}\left[\left(\frac{c_{z_1}}{\operatorname{tg}\alpha_1} + \frac{c_{z_2}}{\operatorname{tg}\beta_2}\right)u - u_2\right].$$

Die Leistung wird Null bei $u = 0$ und ferner bei

$$u = \frac{c_{z_1}}{\operatorname{tg}\alpha_1} + \frac{c_{z_2}}{\operatorname{tg}\beta_2} = u_0\,.$$

Das Maximum wird erzielt bei $\dfrac{dN}{du} = 0$, also wenn $u = \left(\dfrac{c_{z_1}}{\operatorname{tg}\alpha_1} + \dfrac{c_{z_2}}{\operatorname{tg}\beta_2}\right)\dfrac{1}{2}$. Dieses Leistungsmaximum liegt nicht bei $c_{u_2} = 0$, denn für $c_{u_2} = 0$ wird $u = \dfrac{c_{z_1}}{\operatorname{tg}\beta_2}$. Bei Q_{opt} wird $\dfrac{c_{z_1}}{\operatorname{tg}\alpha_1} = \dfrac{gH}{u_1} = c_{u_1}$ und $N = Q\gamma \cdot H$.

Unter den angenommenen Voraussetzungen würde also die Leistung durch eine Parabel (s. Abb. 43) dargestellt, bei der das günstigste N um so weiter von $N_{\max}$ sich entfernt, je kleiner $\dfrac{\operatorname{tg}\beta_2}{\operatorname{tg}\alpha_1}$ ist.

Für die verschiedenen Q-Werte, wie sie durch verschiedenen $\operatorname{tg}\alpha_1$-Wert eingestellt werden, ergibt sich also eine Schar von Parabeln, die jenen bei der Bremsung erzielten „Bremsparabeln" immerhin ähnlich sehen. Da in Wirklichkeit Q selber mit u veränderlich ist, auch wenn $\operatorname{tg}\alpha_1$ konstant ist, ist auch c_{u_1} mit Q und also mit u veränderlich. Daher die Abweichungen.

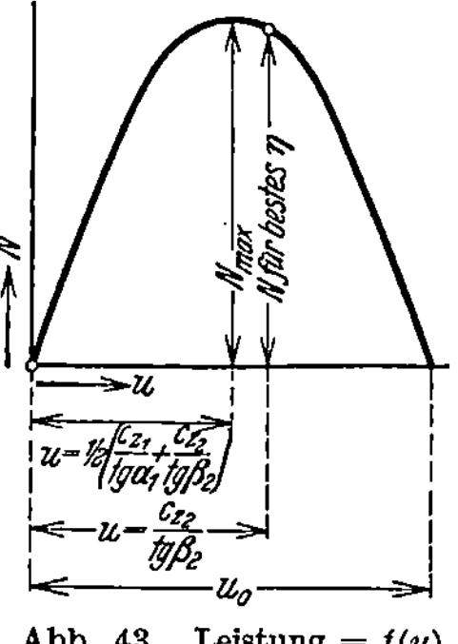

Abb. 43. Leistung $= f(u)$ bei $Q =$ konst.

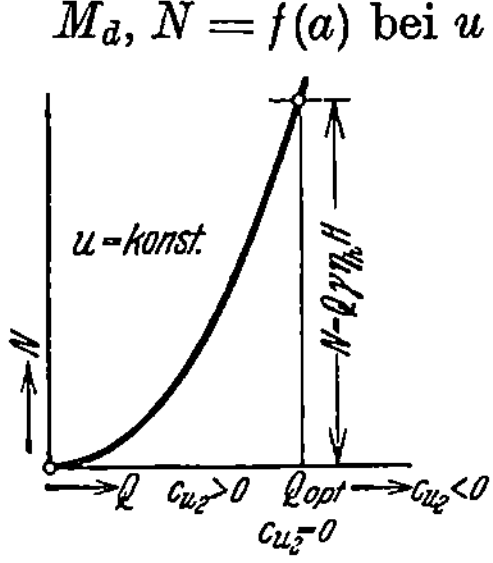

Abb. 44. Leistung $= f(Q)$ bei $u =$ konst.

$M_d, N = f(a)$ bei $u =$ konst. Wenn die Umlaufgeschwindigkeit, also u konstant gehalten wird, ergibt sich, wenn wir den Leitapparat so gestalten, daß er das Wasser bei jeder Wassermenge stoßfrei auf das Laufrad überleitet, nach früherem $c_{u_1} - c_{u_2}$ als mit Q geradlinig veränderlich.

Es ergibt sich also

$$ N = M_d\omega = \frac{c_{u_1} - c_{u_2}}{g}\cdot r\omega Q\gamma = \frac{c_u'}{g}\gamma u\frac{Q^2}{Q_{\mathrm{opt}}}\,, $$

wenn wir $c_{u_1} - c_{u_2} = c_{u_1}'\dfrac{Q}{Q_{\mathrm{opt}}}$ setzen; oder, da $\dfrac{c_{u_1}'}{g} = \dfrac{\eta H}{u}$ ist, wird

$$ N = \frac{\eta_h H\cdot\gamma}{Q_{\mathrm{opt}}}Q^2\,, $$

also wiederum darstellbar als Parabel, für die $N = 0$ bei $Q = 0$ (s. Abb. 44).

Danach würde die Leistung unbegrenzt wachsen, wenn nur Q zunimmt. Das tut sie in Wirklichkeit ganz und gar nicht. Also ist das Gesetz, nachdem sich $c_{u_1} - c_{u_2}$ ändert, ganz anders als angenommen. Außerdem kann $c_{u_1} - c_{u_2}$ über den Wert $\dfrac{\eta_h g H}{u}$ nicht wachsen, weil größeres H nicht zur Verfügung steht. Von $c_{u_2} = 0$ an wird daher bei festgehaltenem u der Wirkungsgrad sich sehr schnell verschlechtern, so daß demgemäß die Leistung rasch abnimmt. Von $c_{u_2} = 0$ an wird der Verlauf von $c_{u_1} - c_{u_2}$ in Wirklichkeit von dem zur Ableitung der Gleichung geradlinig angenommenen noch mehr verschieden, als bei dem vorhergehenden Ast, und anstatt von diesem Punkt an zu wachsen, wird $c_{u_2} - c_{u_1}$ sehr rasch sich wieder dem Nullwert nähern.

Aber auch von dem geradlinig angenommenen Verlauf von $c_{u_1} - c_{u_2}$ weicht die Wirklichkeit bedeutend ab. c_{u_2} verläuft zwar wohl geradlinig nach $Q = 0$ ansteigend wie angenommen, aber c_{u_1} kann nicht so groß werden wie notwendig, um mit dem Steigen von c_{u_2} gleichen Schritt zu halten. Es tritt also der Nullpunkt von $c_{u_1} - c_{u_2}$ nicht erst bei $Q = 0$, sondern von Q_{opt} herkommend schon sehr viel früher ein (vgl. Abb. 35, 36, 40 und 45).

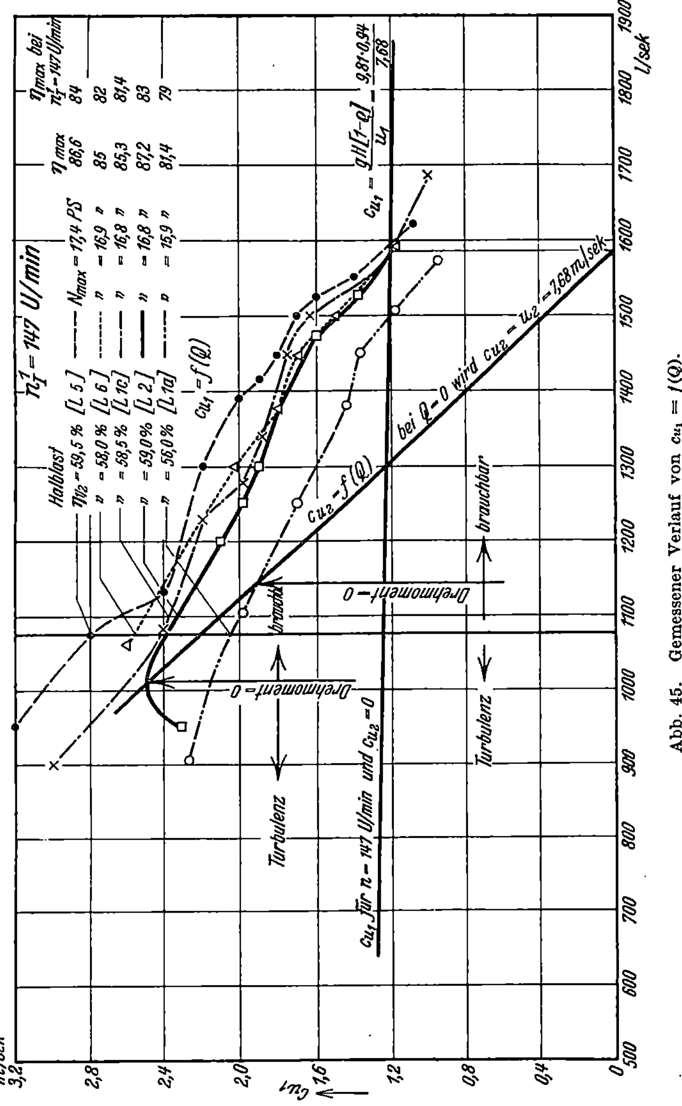

Abb. 45. Gemessener Verlauf von $c_{u_1} = f(Q)$.

In der Abb. 45 ist der bei verschiedenen Leitapparaten gemessene Verlauf von $c_{u_1} = f(Q)$ gezeigt. Man sieht, daß $M_d = 0$ schon sehr früh eintritt, auf dem Stück von $Q = 0$ bis zu dem Q an dem $M_d = 0$ wird, läuft die Turbine sehr unruhig, auf der verlangten Umlaufgeschwindigkeit u, läßt sie sich überhaupt nicht halten. Vgl. Tabellen Leitapparat L_{1a} (Seite 92 ff.).

7. Einiges aus der Hydraulik.

Wir sahen gelegentlich der Untersuchung, wie wohl c_{u_1} bei Änderung der durchfließenden Wassermenge verlaufen könnte, daß bei $Q = 0$, kinematisch gesehen, $c_{u_1} = u_1$ würde. Ebenso ergab sich $c_{u_2} = u_2$ für $Q = 0$. Welchen physikalischen Sinn hat diese Beziehung?

Daß $c_{u_1} = u_1$ wurde, hatte die Bedingung des stoßfreien Eintritts zur Voraussetzung. Sie besagt, daß das Wasser um das Laufrad mit der Geschwindigkeit des Laufrades selbst sich bewegen müsse, wenn ein Übertritt auf die Schaufel ermöglicht werden soll, ohne daß ein Stoß stattfindet. Ein Stoß hätte zur Folge, daß dem Wasser vom Laufrad Energie zugeführt werden würde, wenn das Wasser mit geringerer Geschwindigkeit, als sie die Schaufel besitzt, mit ihr in Berührung kommt. Der Stoß hätte das Wasser alsdann auf die Geschwindigkeit des Laufrades zu beschleunigen. Dieser Stoß würde das Laufrad hemmen. Hätte das Wasser größere Geschwindigkeit als die Schaufel, so würde das Wasser die dem Geschwindigkeitsunterschied entsprechende Energie an das Laufrad abgeben. Das Laufrad würde beschleunigt, wenn eine Bremse ihm den Energiezuwachs nicht wieder entzieht.

Ob und wieweit bei solchem Stoß ein Energieverlust stattfindet, ist gänzlich unberechenbar. Nicht scheint er mir in irgendeinem Zusammenhang mit der Größe des Geschwindigkeitsunterschiedes selbst zu stehen, wie die Bordasche Regel das annimmt. Wenn das Wasser mit größerer Geschwindigkeit auf das Laufrad stößt, und das Laufrad selbst seine kleinere Geschwindigkeit beibehält, so wird nur in kürzester Zeit der Wasserstrahl so umgelenkt und so verzögert, daß seine Rotationskomponente auf die des Laufrades sinkt. Die Abnahme der Geschwindigkeit erzeugt einen Druck auf die Schaufel, der unbedingt mit seinem vollen Wert zur Arbeitsleistung herangezogen wird. Denn die Arbeitsaufnahme des Laufrades kann nichts anderes sein als $P \cdot u$, wenn P der der Geschwindigkeitsabnahme und der der daran beteiligten Masse entsprechende Druck ist. Nur was dabei in Wärme verwandelt wird, verflüchtigt sich und beteiligt sich nicht an der Nutzarbeit. Ist die Geschwindigkeit des ankommenden Wasserstrahles größer als das Laufrad, haben wir es mit einem Treibstoß zu tun. Der kann keinen großen Schaden anrichten.

Hat das ankommende Wasser geringere Geschwindigkeit, so wird das Wasser beschleunigt, das Laufrad gehemmt. Ein solcher Hemmstoß richtet beträchtlichen Schaden an. Nicht als ob Energie verlorenginge, aber das Wasser wird auf Kosten des Laufrades zunächst mit größerer Energie ausgestattet, das Wasser wird also auf ein größeres Energieniveau hinaufgepumpt, das Laufrad arbeitet anfänglich als Pumpe. Wenn im Auslauf aus dem Laufrad nichts geändert wurde, $c_{u_2} = 0$ z. B. geblieben ist, so wurde die Energie, die dem Wasser zugeführt worden war, von dem Laufrad wieder abgenommen. Der Schaden aber, der entstand, liegt darin, daß weder die Pumpe mit 100 % Nutzeffekt arbeitete, noch die Turbine, die das künstlich hochgepumpte Wasser wieder ausnutzte.

Friedrich der Große wollte einmal für sein Sanssouci eine besonders schöne Wasserkunst haben. Die Pumpen, die geliefert wurden, genügten nicht. So wurde ein Meister der Wasserkunst aus Holland berufen. Der untersuchte den Fall genau und kam dann mit dem Vorschlag, man solle mit Hilfe der Pumpen das Wasser erst auf einen dem Springbrunnen benachbarten Berg pumpen. Indem es dann vom Berg herunterströme, würde es mit Sicherheit die gewünschte Steighöhe erreichen. Friedrich der Große jagte den Meister sofort von dannen. Bei den Turbinen empfiehlt es sich auch durchaus, das Rezept des holländischen Kunstmeisters zu vermeiden.

Wenn wir nun das Wasser im Rade haben, aber nichts davon ausfließt, $Q = 0$, so hat das Wasser selbst die Rotationskomponente des Laufrades, d. h. $c_{u_2} = u_2$. Wie groß ist sein Energieinhalt?

Nehmen wir an, es geriete aus dem Bereich des Laufrades, wozu ja nur ein unendlich kleiner Weg gehört, wenn das Wasserteilchen am Rand des Laufrades gelagert war, so läuft es mit der Geschwindigkeit u in Richtung der Tangente mit einer kinetischen Energie $\dfrac{u^2}{2g}$ davon, wenn es daran durch die Rohrbegrenzung nicht gehindert wird. Diese Rohrbegrenzung aber hindert es daran und zwingt es weiter im Kreis zu laufen wie im Laufrad selbst. Der Zwang, den das Rohr auf die Wasserteilchen ausübt, ist derselbe, den ein Faden auf eine Kugel ausübt, die an ihm im Kreis geschwungen wird. Der Zwang ist die Zentripetalkraft.

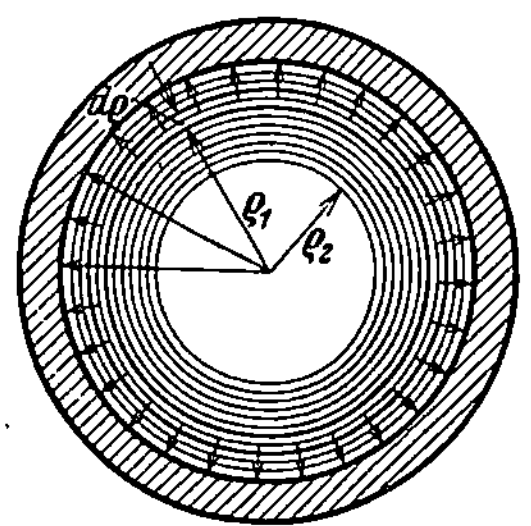

Abb 46. Rotierender Wasserwulst übt einen Druck von $\dfrac{u_1{}^2 - u_2{}^2}{2g}$ auf die Wandung aus.

Innerhalb einer Kreisbegrenzung umlaufende Flüssigkeit steht unter dem Druck der Zentrifugalkraft, hat also eine höhere potentielle Energie als geradlinig mit gleicher Geschwindigkeit auf gleichem Niveau sich bewegende Teilchen. Diese potentielle Energie kommt noch zu der kinetischen hinzu. Sie läßt sich leicht berechnen (Abb. 46).

Auf die Wandung drücken die einzelnen rotierenden Wasserringe, deren Masse $\dfrac{\gamma}{g}\, 2\pi\varrho\, d\varrho$ für die Längeneinheit, in der axialen Richtung gemessen, ist. Auf die Flächeneinheit des Zylinders wirkt also $\dfrac{\gamma}{g} d\varrho$.

Diese Massen unterliegen der Zentrifugalbeschleunigung $\varrho\omega^2$, also ist der Druck auf die Wandung von sämtlichen Ringen für die Flächeneinheit, wenn ein Wasserwulst zwischen ϱ_1 und ϱ_2 rotiert:

$$\int_{\varrho_2}^{\varrho_1} \frac{\gamma}{g}\, d\varrho \cdot \varrho\omega^2 = \left[\frac{\gamma}{g}\, \frac{\varrho^2\omega^2}{2}\right]_{\varrho_2}^{\varrho_1} = \frac{\gamma}{g}\left[\frac{u_1^2 - u_2^2}{2}\right].$$

Wenn $\varrho_2 = 0$, also das ganze Rohr mit Wasser ausgefüllt ist, wird der Druck auf die Flächeneinheit wegen $u_2 = 0$

$$\frac{p}{\gamma} = \frac{u_1^2}{2g}.$$

Also: Die potentielle Energie einer im Kreise umlaufenden Flüssigkeit ist gleich der kinetischen.

Das von dem Turbinenlaufrad ins Saugrohr übertretende Wasser besitzt also die Gesamtenergie

$$\frac{u_1^2}{2\,\mathrm{g}} + \frac{u_1^2}{2g} = \frac{u_1^2}{g}\,.$$

Der Energieinhalt des Impulses $\frac{c u_1}{g}$ ergibt sich nach der Hauptarbeitsgleichung als $\frac{c u_1 \cdot u_1}{g} = \frac{u_1^2}{g}$, also von der gleichen Größe.

Das Ergebnis wird manchem sonderbar vorkommen, er wird aber die Richtigkeit experimentell prüfen können, wenn er das kreisende Wasser in tangentialer Richtung abfängt und in eine Düse zur Verlangsamung zwingt. Macht er die Düsenerweiterung so groß, daß das Wasser praktisch auf die Geschwindigkeit Null absinkt, so wird er eine Druckerhöhung um $\frac{u_1^2}{g}$, nicht etwa nur um $\frac{u_1^2}{2g}$ feststellen können (s. Abb. 47).

Also wir stellen fest, der Energieinhalt des mit der Rotationsgeschwindigkeit u_1 kreisenden Wassers beträgt $\frac{u_1^2}{g}$. Also muß dem Wasser dieser Energieinhalt gegeben worden sein, bevor es auf das Laufrad hinüberwechselte, um stoßfrei, also

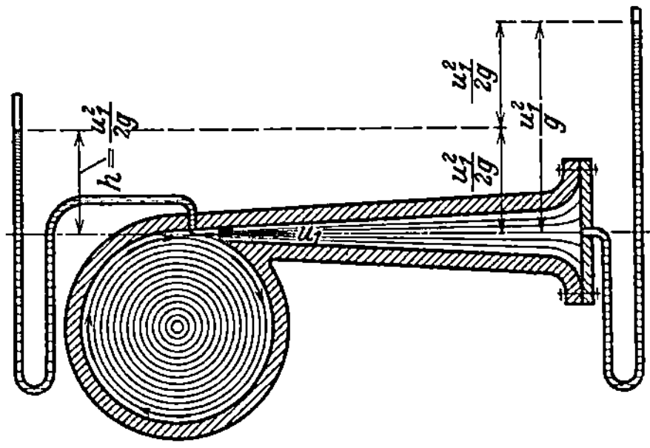

Abb. 47. Rotierende Wasserscheibe enthält am Umfang eine Energie von $\frac{u_1^2}{g}$ pro kg.

ohne Energieaustausch übertreten zu können. Dazu genügt es nicht, daß das ankommende Wasserteilchen in der Tangente ans Laufrad herantritt, sondern es muß auch durch äußeren Zwang zum Mitkreisen gezwungen werden, damit es unter gleichem Druck steht, wie das im Laufrad mit diesem kreisenden Wasser, dessen Druck durch die Zentrifugierung, wie wir sahen, ja bei dem Übergang von geradliniger in die kreisende Bewegung um $\frac{u_1^2}{2g}$ gestiegen war.

Das mit u_1 ankommende, ans Laufrad herantretende Wasser enthält also zunächst die kinetische Energie $\frac{u_1^2}{2g}$ und dann kommt durch den Zwang zum Kreisen die potentielle $\frac{u_1^2}{2g}$ hinzu, so daß insgesamt der Energieinhalt beim Übergang ins Laufrad $\frac{u_1^2}{g}$ beträgt.

Das ist der aus der kinematischen Bedingung des stoßfreien Übertritts bei unendlich kleinem Wasserdurchfluß ermittelte physikalische Sinn des Ergebnisses

$$c_{u_1} = u_1 \quad \text{für} \quad Q = 0$$

und des entsprechenden Ergebnisses

$$c_{u_2} = u_2 \quad \text{für} \quad Q = 0.$$

Bei $Q = 0$ ist die relative Eintrittsgeschwindigkeit ebenfalls Null. In dem Maße, in dem sie wächst, entsteht eine Rotationskomponente für das Wasser *vor* dem Laufrad, die von der *im* Laufrad vorhandenen $c_{u_1} = u_1$ in steigendem Maße insofern abgezogen wird, als sie nicht vom Laufrad aufzubringen ist.

Grenzfälle gestatten immer besonders tiefes Eindringen in den Sinn des Geschehens, so mag noch die Betrachtung auf den Grenzfall erweitert werden, für den der Radius des Laufrades unendlich groß wird. Dabei betrachten wir, um im Endlichen bleiben zu können, eine einzige Schaufel, die sich alsdann gleichförmig geradlinig fortbewegt. Diese Schaufel bauen wir in ein Schiff ein, das folglich als ein Teil des unendlich groß gedachten Laufrades anzusehen ist (s. Abb. 48).

Das außerhalb des Schiffes ruhende Wasser tritt stoßfrei in das die Schaufel darstellende zylindrische Rohr ein, während sich das Rohr über das immer noch ruhende Wasser hinwegschiebt, bis das Wasser die Krümmung berührt. In der Krümmung wird die absolute Geschwindigkeit bis auf die des Schiffes vergrößert. Infolgedessen steigt das Wasser innerhalb des Schiffes auf die Höhe $h = \dfrac{u^2}{2g}$.

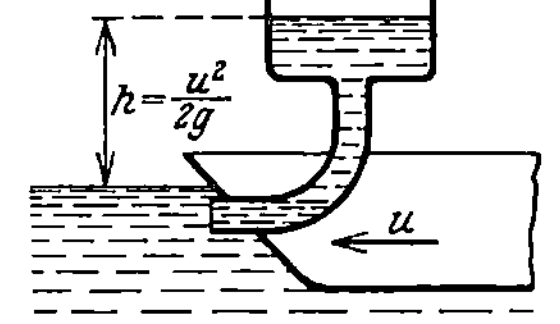

Abb. 48. Schöpfrohr im Schiff.

Die dazu notwendige Hubarbeit wird vom Schiffsantrieb geleistet werden müssen, dieser empfindet also die Vorrichtung als vergrößerten Widerstand. Außerdem, daß das Wasser im Schiff auf h gehoben wurde, besitzt es im Schiff die absolute Geschwindigkeit u, es hat also die kinetische Energie $\dfrac{u^2}{2g}$ noch außerdem gewonnen. Auch diese ist ihr erst auf dem Weg im Schiff zugeführt worden. Auch sie mußte vom Schiffantrieb geleistet werden. Somit wird durch die Wasserschöpfvorrichtung die Arbeitsleistung des Schiffsantriebes um $\dfrac{u^2}{g}$ für jedes Kilogramm vom Schiff aufgenommenen Wassers vergrößert.

Benutzen wir die Hauptarbeitsgleichung, so kommen wir zum gleichen Ergebnis. Die absolute Eintrittsgeschwindigkeit ist Null, also ist $c_{u_1} = 0$. Die absolute Austrittsgeschwindigkeit ist $c_{u_2} = u$, da das Speicherbecken im Schiff die absolute Geschwindigkeit u hat; also ist die zugeführte Energie

$$\frac{c_{u_1} - c_{u_2}}{g} u = H = -\frac{c_{u_2} u}{g} = -\frac{u^2}{g}.$$

Das in einem Behälter des Schiffes aufgespeicherte Wasser gibt den gesamten Vorrat an Energie wieder ab, wenn man es vom Schiffe wieder abfließen läßt, so, wenn es beim Austritt wieder die Absolutgeschwindigkeit Null bekommt. Dies zu erreichen ist nur ein zweiter Rohrkrümmer symmetrisch zum ersten vorzusehen (s. Abb. 49, die dementsprechende

Ergänzung zu Abb. 48). Die beiden Wasserbehälter sind verbunden gedacht.

Die relative Austrittsgeschwindigkeit wird

$$v = \sqrt{2gh} = \sqrt{2g\,\frac{u^2}{2g}}$$

und die absolute
$$c = u - v,$$

also
$$c = u - u = 0,$$

und da ferner
$$c_{u_1} = u \quad \text{und} \quad c_{u_2} = 0,$$

ergibt die Hauptarbeitsgleichung die Größe der abgegebenen Energie zu

$$H = \frac{c_{u_1} - c_{u_2}}{g}\,u = +\frac{u^2}{g}$$

an.

Damit die abfließende Wassermenge ebenso groß wird wie die eintretende, also ständig die Höhe h im Schiff gehalten wird, muß der

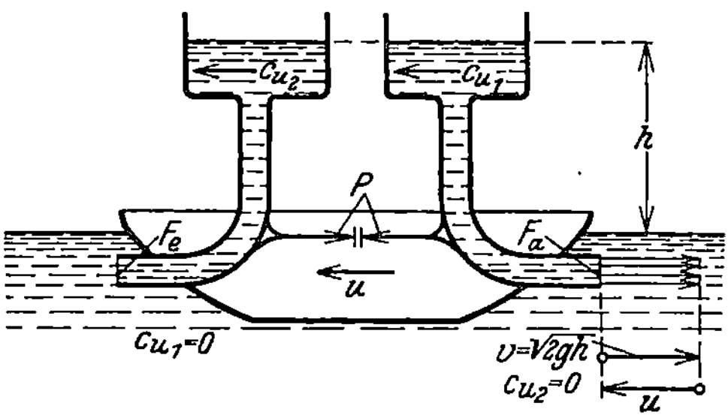

Abb. 49. Schöpf- und Ausgußrohr im Schiff.

Austrittsquerschnitt des Ausflußrohres gleich dem Eintrittsquerschnitt des anderen Rohres sein.

Abgesehen von den Reibungsverlusten würde also der Ausfluß dem Schiffsantrieb genau so viel helfen, wie er ein Mehr an Leistung durch das Schöpfrohr aufzubringen hatte. Das Wasser läßt sich also dem Meere entnehmen, auf die Schiffsgeschwindigkeit bringen und dem Meere wieder zurückgeben, ohne Energieaufwand für den Gesamtverlauf. Das ist praktisch bei Kriegsschiffen ausgenutzt, um mit dem durchfließenden Wasser Dampf zu kondensieren und die Kühlwasserpumpen dadurch überflüssig zu machen.

Freilich wird für den ersten Teilvorgang, das Schöpfen des Wassers, eine erhebliche Energie aufgewandt, die im zweiten wieder zurückgegeben wird. Für beide Teilvorgänge ist der Wirkungsgrad kleiner als 100%. Die Verluste werden vom Schiffsantrieb gedeckt. Den Energiefluß kann man messen an der Kraft, mit der die beiden Rohrkrümmer gegeneinandergedrückt werden würden, wenn man sie aufeinander abstützte, anstatt auf das Schiff (s. Abb. 49).

Diese Kraft ist
$$P = F_a \cdot \frac{u^2}{g}\,\gamma = F_e\,\frac{u^2}{g}\,\gamma,$$

nicht etwa
$$F_a \cdot \frac{u^2}{2g}\,\gamma.$$

Denn, betrachten wir die Austrittseite: durch den Krümmer wird die Horizontalkomponente der Relativgeschwindigkeit $v = 0$ auf $v = u$

gebracht. Es ist also die in Fahrtrichtung wirkende Geschwindigkeits-
änderung, die Beschleunigung $\dfrac{u\,\text{m/sec}}{t\,\text{sec}}$. Die der Beschleunigung unter-
worfene Masse ist $\dfrac{Q\gamma}{g}\cdot t$, also wird $P = \dfrac{u}{t}\dfrac{Q\gamma}{g}\,t = \dfrac{Q\gamma}{g}\,u$, und da $Q = Fu$
wird $P = F\dfrac{u^2}{g}\gamma$, also doppelt so groß wie der statische Druck $h = \dfrac{u^2}{2g}$
sein würde, der auf einen Deckel drücken würde, der den Aus- oder
Eintrittquerschnitt abdeckt.

Mit der Anordnung der Abbildung kann man natürlich kein Schiff
antreiben, aber man kann beliebig große Wassermengen an Bord
nehmen, ohne Energieverbrauch, wenn man die Wassermenge wieder

abfließen läßt, also
den Durchfluß, wo
man ihn braucht,
anstatt durch
Pumpen durch das
Schöpfrohr besor-
gen lassen. Dieser
Gedanke führt,
folgerichtig durch-
geführt, zu einer
erheblichen Raum-

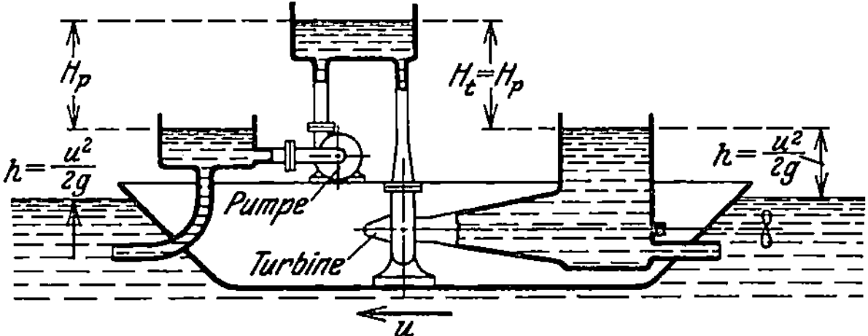

Abb. 50. Propellerantrieb durch eine Wasserturbine, die von einer
Kreiselpumpe gespeist wird.

ersparnis und weit größerer Übersichtlichkeit im Maschinenraum, wo man
sehr große Kühlwassermengen braucht. Außerdem erspart man den
Energieverbrauch. Denn Pumpen und Motor haben zusammen einen
weit schlechteren Nutzeffekt als Schöpf- und
Ausgußrohr.

Aus dem mit dem Schöpfrohr zu erhaltenen Wasservorrat kann man aber auch
eine bestimmte Wassermenge oder die gesamte etwa durch eine Kreiselpumpe auf
einen noch höheren Vorratsbehälter hinauf-
pumpen. Diese durch einen Motor neu zugeführte Energie könnte man zum Schiffsantrieb benutzen, etwa indem man das wieder

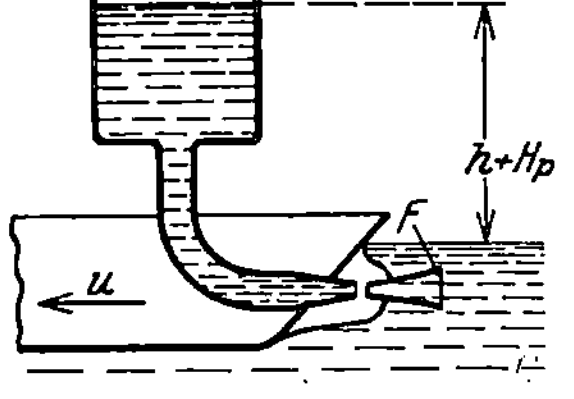

Abb. 51. Schiffsantrieb durch
Düse.

herabkommende Wasser durch eine Turbine gehen läßt, die man mit
dem Propeller kuppelt (s. Abb. 50).

Das wäre natürlich unpraktisch. Was eine Turbine leistet, muß
aber auch eine einzige, entsprechend ausgebildete Schaufel fertig bringen.
Ein in Fahrtrichtung bewegter Krümmer ist ja eine solche an einem
unendlich großen Laufrad gedachte Schaufel, und es erhebt sich nur
die Frage, wie ist dieser Schaufelkanal durchzubilden, um die Energie,
die durch die Pumpe an Bord durch den Motor frisch zuzuführen ist,
dem Wasser wieder zu entnehmen.

Setzen wir an den Ausguß eine Düse (Abb. 51), so daß der Austrittsquerschnitt vergrößert wird, so tritt bei Stillstand die dem vergrößerten
Querschnitt und dem vergrößerten Druck $h + H_p$ entsprechende Wassermenge $Q = F\cdot\sqrt{2g\,(h + H_p)}$ aus.

Wenn sich aber die Vorrichtung mit u bewegt? Offenbar herrscht in der Düse ein Druckunterschied, der sich als Druck auf die Düsenwandung bemerkbar macht. Diese Wandung bewegt sich nun aber in der Richtung des Druckes; also leistet sie Arbeit; da sie mit dem Schiff fest verbunden ist, kommt die geleistete Arbeit unmittelbar dem Schiffsantrieb zugute. Um die durch die bewegte Schaufel entzogene Arbeit H_A wird der Energieinhalt des Wassers am Austritt kleiner sein, und also wird durch die Bewegung des Schiffes die aus der Düse austretende Wassermenge verringert, in einem der Schiffgeschwindigkeit entsprechendem Maße.

Die Berechnung der ausfließenden Wassermenge kann man genau so vornehmen wie den Ausfluß aus einem Turbinensaugrohr. Es steht zur Verfügung die Höhe h. Von dieser Höhe wird die Reibung und der sonstige Verlust bestritten und außerdem die Nutzleistung H_A. Was dann noch übrig ist, muß in Form von kinetischer Energie im Ausflußquerschnitt auftreten. Ist der Austrittsquerschnitt F_2, der engste Querschnitt der Düse F_1, die relative Austrittsgeschwindigkeit v_2, die relative Eintrittsgeschwindigkeit v_1, die absolute Geschwindigkeit am Düsenaustritt c_{u_2}, die absolute Geschwindigkeit am Düseneintritt c_{u_1}, so ergibt sich die geleistete Arbeit

$$H_A = (c_{u_1} - c_{u_2})\,\frac{1}{g}\,u = (v_1 - v_2)\,\frac{1}{g}\,u = v_2\left(\frac{F_2}{F_1} - 1\right)\frac{u}{g}\,.$$

Die Austrittsgeschwindigkeit enthält eine kinetische Energie (an Bord gemessen) von $\dfrac{v_2^2}{2g}$ als Rest der dem Laufrad zugeführten Energie h nach Abzug der Reibung und nach Abzug der an das Schiff zur Mithilfe beim Vortrieb abgegebenen Arbeit H_A, also

$$\frac{v_2^2}{2g} = h\,(1 - \varrho) - \frac{v_2\,u}{g}\left(\frac{F_2}{F_1} - 1\right).$$

Oder wenn gh vernachlässigt wird,

$$v_2^2 + 2v_2\,u\left(\frac{F_2}{F_1} - 1\right) = 2\,gh\,.$$

Nach v_2 aufgelöst erhält man:

$$v_2 = -u\left(\frac{F_2}{F_1} - 1\right) \pm \sqrt{u^2\left(\frac{F_2}{F_1} - 1\right)^2 + 2\,gh}\,;$$

das ergibt Kegelschnitte, die sich je nach der Konstante $\left(\dfrac{F_2}{F_1} - 1\right)$ unterscheiden. Das Erweiterungsverhältnis, das maßgebend ist für die dem Wasser entzogene Energie, bestimmt die Wassermenge im Verein mit der Schiffsgeschwindigkeit. Das negative Vorzeichen vor der Wurzel gilt für um 180^0 gedrehte Düse, wenn also die relative Austrittsgeschwindigkeit des Wasserstrahles durch die Schiffsbewegung gesteigert wird. Es ergeben sich Kegelschnitte, die bei $u = 0$, $v_2 = \sqrt{2gh}$ haben und bei denen $v_2 = 0$ wird bei $u - \infty$ und $v_2 = \infty$ bei $u = -\infty$. Bei $\dfrac{F_2}{F_1} = 1$ degeneriert der Kegelschnitt zur Geraden, bei $\dfrac{F_2}{F_1} < 1$ gibt es keine Kurven, da keine Arbeit von der Düse geleistet wird, weil ihr Wanddruck vom Gefäßdruck ausgeglichen wird.

Setzt man $F_2 = F_1$, wird die Düse zum zylindrischen Rohr, so wird $v_2 = \sqrt{2gh} = $ konst. Die Wassermenge bleibt konstant, weil die Leistung der Turbine Null ist und unabhängig von der Schiffsgeschwindigkeit.

In Abb. 52 sind vier Fälle graphisch dargestellt. $\frac{F_1}{F_2} = 1$ bzw. 2, 3, 4.

Bei $v_2 = u$ wird $c_{u_2} = 0$; wird $u > v_2$, so dreht c_{u_2} sein Vorzeichen um, d. h. absolut gesehen, läuft das Wasser mit dem Schiff diesem nach.

Je größer u wird, desto mehr. Wird $\frac{F_2}{F_1}$ größer gemacht, so wird v_2 kleiner und kleiner. Aber erst wenn $F_2 = \infty$ würde, würde $v_2 = 0$ und damit $c_{u_2} = u$.

Die Düse müßte, absolut gesehen, vom Vorzeichenwechsel ab das Wasser nach vorne be-

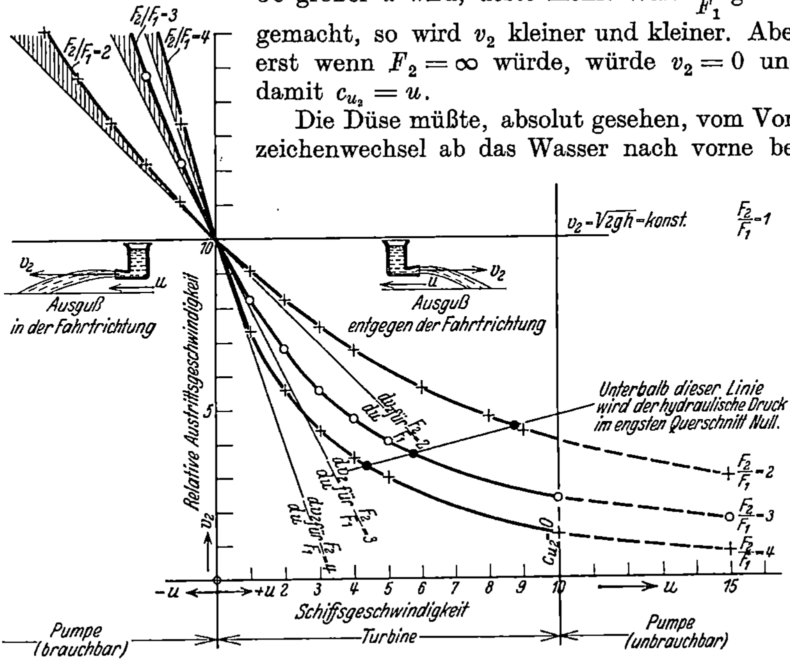

Abb. 52. Die relative Austrittgeschwindigkeit v_1 aus einer sich bewegenden Düse ist von der Geschwindigkeit u der Düse abhängig. $v_1 = f(u)$ bei $\frac{F_2}{F_1} = 1$, 2, 3 und 4.

schleunigen, es mit ziehen. Sie würde also zur Pumpe. Das geht nicht, und der Wasserstrahl reißt ab. Also müßte man h genügend größer machen als $\frac{u^2}{2g}$ oder den Strahl nach vorne in Fahrtrichtung ausmünden lassen.

Das Gefäß im Schiff bis zum kleinsten Düsenquerschnitt ist als Leitapparat anzusehen, weil das Wasser bis dorthin seinen Energieinhalt nicht ändert. Was bis dahin an kinetischer Energie gewonnen wird, geht auf Kosten der potentiellen Energie.

Man kann diesen Leitapparat, der sich mit dem Schiff bewegt, auch durch einen stationären ersetzen. Dieser muß nur der sich bewegenden

Düse, also dem Laufrad, freie Bahn geben, also oberhalb der Düse angeordnet sein, wie die Abb. 53 das zeigt. Den Leitapparat kann man
sich in einem großen geschlossenen Kreis mit $r = \infty$ angeordnet denken,
unten geschlossen, nur dort sich öffnend, wo die Düse hinkommt. Ist
v_1 größer als u, so ist die absolute Geschwindigkeit c_{u_1}, entgegen der
Fahrtrichtung u gerichtet. Ist die Geschwindigkeit u größer als die
Eintrittsgeschwindigkeit, so ist die absolute Eintrittsgeschwindigkeit
mit der Fahrtrichtung u gleichlaufend. Das Diagramm ist für beide
Fälle angegeben. Die Schaufel — der Düseneintritt — ändert sich
damit nicht. Der Schaufelkanal ist nach vorne verengt und gebogen,
entsprechend der zugesetzten Vertikalkomponente, die den ganzen
Vorgang gegenüber dem mit dem Schiff bewegten Leitapparat nicht
ändert, weil sie senkrecht zur Absolutgeschwindigkeit steht. Man

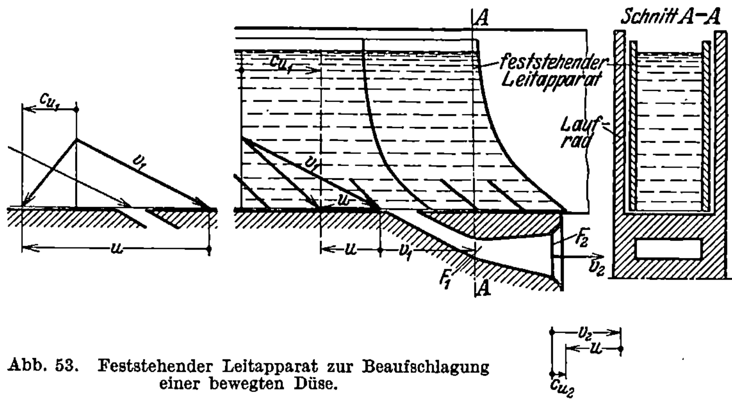

Abb. 53. Feststehender Leitapparat zur Beaufschlagung
einer bewegten Düse.

kann sich solch eine Vorrichtung als zum Antrieb eines Karussells
brauchbar vorstellen, wenn das Wasser hinter der Düse wieder auf-
gefangen und hochgehoben wird.

Daraus wird klar, daß das an Bord befindliche Gefäß, das sich mit
der Schiffsgeschwindigkeit bewegt, wirklich nur einen Leitapparat darstellt, weil der Energieinhalt des Wassers bei der Durchströmung dieses
Leitapparates sich nicht ändert. Durch das konisch sich verengende
Mundstück wird keine Energieänderung des Wassers erzielt, weil der
Wandungsdruck auf diese sich verengende Düse ausgeglichen wird
durch den Druck auf die Rückwand des Gefäßes.

Das Segnersche Wasserrad ist somit keine Turbine, sondern ein
sich bewegender Leitapparat, dessen Wirkungsgrad deshalb 50 % nicht
überschreiten kann.

Ein aus einer sich erweiternder Düse kommender Strahl wäre also
geeignet, einen Schiffsgeschwindigkeitsmesser abzugeben. Wassermengen
kann man sehr genau durch die Sprungweite des Austrittsstrahles
messen (s. Abb. 54).

Also würde ich vorschlagen, man stellt einen Wasserbehälter an
Bord auf, dessen Spiegel durch Zupumpen auf genau gleicher Höhe

gehalten wird. Das Wasser läuft ab in einer Tiefe h durch eine Arbeits-
düse, die abgeschlossen ist durch eine Meßöffnung, die größer sein
muß als der kleinste Rohrquerschnitt. Aus der Sprungweite des Strahles
läßt sich unmittelbar die Schiffsgeschwindigkeit ablesen. Zur Kontrolle,
und um Druckschwankungen auszugleichen, wird ein zweiter zylin-
drischer Ausguß vorgesehen. Sammelt man die abgeflossenen Wassermengen in getrennten Behältern, so ist der Gewichtsunterschied der
beiden ein Maß für die vom Schiff insgesamt zurückgelegte Strecke.
Hängt man die beiden Behälter also an einem Waagebalken auf
und hält den Waagebalken durch ein Laufgewicht im Gleichgewicht,
so reproduziert das Laufgewicht den Schiffsweg.

Die Beobachtung des Ausflusses aus einer Düse innerhalb eines
geschlossenen Raumes würde dem Beobachter gestatten, die absolute
Geschwindigkeit zu messen, auch
wenn er mit dem Fahrzeug in ihm
eingeschlossen sich mit ihm fortbe-
wegte. Bedingung ist die Fortbewegung in einem widerstehenden Mittel.
Der äußere Widerstand stellt die Verbindung mit der Außenwelt her, und
der Anteil, den die Düse an der Überwindung des Widerstandes nimmt, gestattet die Geschwindigkeit festzustellen. Auf diese Weise müßte es möglich sein, die Schiffsgeschwindigkeit ge-

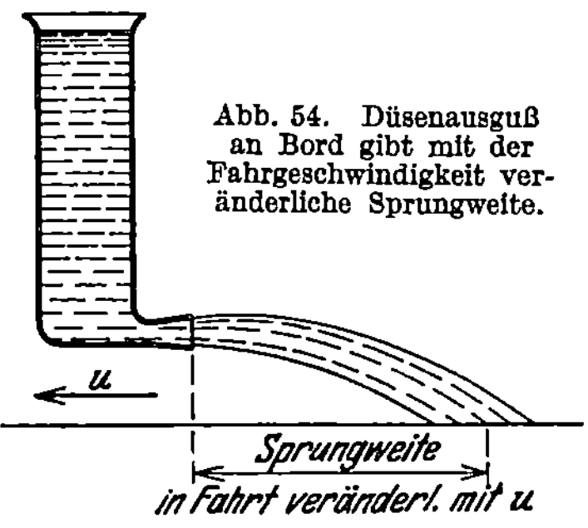

Abb. 54. Düsenausguß
an Bord gibt mit der
Fahrgeschwindigkeit ver-
änderliche Sprungweite.

nauer zu messen als durch das Nachschleppen eines Propellers oder der
Loggleine.

Es gibt einen vielzitierten und oft falsch angewendeten Satz in der
Mechanik, der besagt, daß die Summe der kinetischen und potentiellen
Energieinhalte konstant bleiben muß, solange der Strömung keine
Energie von außen zugeführt oder aus ihr nach außen abgeführt wird.

Das heißt solange $\quad \sum \dfrac{c^2}{2g} + \sum h = E = \text{konst.}$

In dem Beispiel der Abb. 50 und 49 befindet sich das Wasser vor und
hinter dem Fahrzeug in Ruhe. Betrachten wir den Strömungsvorgang
zwischen dem Einlauf- und Auslaufquerschnitt gemäß obigem Satz, so
müssen wir feststellen: Ein- und Auslaufquerschnitt stehen unter demselben Wasserdruck h. Also ist die Zunahme der potentiellen Energie zwischen
den betrachteten Querschnitten Null. Die absoluten Geschwindigkeiten
sind ebenfalls gleich, nämlich gleich Null. Also müssen wir folgern:
Was auch immer zwischen Aus- und Einlauf in der Rohrleitung vor
sich geht, ist für den Antrieb belanglos, solange nicht auf irgendeinem Teil des Weges Energie nach außen abgeführt oder
von außen zugeführt wird. Der Nachsatz wird häufig vergessen.

Ist in der Leitung durchs Schiff eine Düse eingeschaltet, deren
Achse in der Fahrtrichtung liegt, so wird damit eine Energie zu- oder
abgeführt, denn die Wandungen, die sich mit dem Schiff bewegen,

nehmen teil an der Überwindung des äußeren Widerstandes oder an seiner Vergrößerung. Sind die Düsen gleich aber symmetrisch zueinander gelagert, so ist die Arbeitsleistung beider einander gleich, nur mit entgegengesetztem Vorzeichen, so daß ihre Summe Null ist. Es ändert also die Einfügung zweier Düsen nichts. Wird jedoch nur eine Düse eingeschoben, so bleibt E nicht konstant. Ist die Düse im treibenden Teil, so wird je nach der Schiffsgeschwindigkeit dem Wasser zugunsten des Antriebes mehr oder weniger Energie entzogen. Ist der Austrittsquerschnitt F_a Abb. 49 kleiner als der Eintrittsquerschnitt, so würde durch diesen Querschnitt weniger Wasser austreten als durch den Einlaufquerschnitt aufgenommen wird. Es würde also der Wasserspiegel im Behälter steigen müssen. Das kann er nicht, weil der Fangquerschnitt das Wasser eben nur auf $h = \dfrac{u^2}{2g}$ drücken kann. Es wird folglich die Menge des vom Einlaufrohr geförderten Wassers zurückgehen bis zu der Menge, die unter dem Druck h durch die Düse abfließen kann.

Weil eine Energiezufuhr von außen den Strömungsverlauf grundsätzlich ändert, ist es nicht gleichgültig, ob man Propeller z. B. am Pfahl untersucht oder in Fahrt. In Fahrt wird Energie zu- und abgeführt. Wenn auch die gleichen Relativgeschwindigkeiten behalten werden, der Strömungsvorgang wird durch den Energieaustausch grundsätzlich geändert.

Freilich läßt sich auch unmittelbar mit solcher Antriebsdüse der Propeller ersetzen, der ja nichts anderes ist als eine Pumpe, die dem Wasser kinetische Energie erteilt, die dann dem Wasser wieder auf höchst primitive Weise entzogen wird durch Verlangsamung des Austrittsstrahles. Doch diesen Gedanken auszuspinnen, geht über den Rahmen des Buches.

Es sei hier nur erwähnt, daß die Ergebnisse dieser Betrachtung sich bestätigt haben, als man versuchte, in U-Booten die Wassermengen von Pumpen durch einen Venturimeter zu messen. Es ergab sich, daß die Messungen unbrauchbar waren, wenn das U-Boot in Fahrt war.

In den Lehrbüchern über Hydraulik findet man bisher den Fall des Wasseraustritts aus einem Gefäß nur unter der Vorsaussetzung eines zylindrischen Ausgußrohres behandelt. Nicht aber den Düsenaustritt, der bei sich erweiternder Düse so interessante Ergebnisse zeigt.

Es ist falsch gewesen, den Flettnerrotor nur im Windkanal zu untersuchen. Der Flettnerrotor versuchte bekanntlich den Magnuseffekt zum Antrieb von Schiffen zu benutzen. Ein in einem Windstrom rotierender Zylinder hat die Fähigkeit, die Stromfäden der gegen ihn fließenden Flüssigkeit so zu verlagern, daß sie auf einer Seite viel dichter liegen als auf der anderen. Infolge davon entsteht auf einer Seite ein Unterdruck, auf der anderen ein Überdruck, und diese im Wind durch den Rotor entstehende Druckdifferenz wollte Flettner dazu benutzen, Schiffe durch Rotore anstatt durch Segel anzutreiben.

Die Größe des Rotors zu ermitteln und seine Antriebsleistung daraus zu berechnen, wurden Modellversuche im Windkanal vorgenommen. Es wurde der Wind im Kanal auf die bei Fahrt zu erwartenden Relativgeschwindigkeiten eingestellt und nach den Ergebnissen solcher Modellversuche die Größe und der Antriebmotor für den Rotor eines Rotorschiffes berechnet. Obwohl die Modellversuche äußerst günstige Ergebnisse erwarten ließen, enttäuschte die Wirklichkeit derart, daß Rotorschiffe nicht in den Betrieb gekommen sind. Das ist sehr bedauerlich, denn zweifellos ist der Gedanke Flettners grundsätzlich richtig.

Bei der Messung im Windkanal enthält der Wind vor dem Rotor dieselbe Energie wie hinter dem Rotor; von dem äußerst geringen Betrag abgesehen, den die Reibung in Wärme umsetzt und den die Wandungen zwischen den Meßstellen ausstrahlen. Es ist also im Sinne der Gleichung $E =$ konst. In freier Fahrt ist es grundsätzlich anders. Die Windteilchen, die vom Rotor erfaßt worden sind, geben einen großen Teil ihrer Energie an den Rotor ab, weil das Schiff sich mit ihm bewegt. Also ist der Wind hinter dem Fahrzeug um diesen Betrag der Nutzarbeit an Energie ärmer. Das E in der Gleichung ist nicht konstant. Wie groß diese Energieänderung sein wird, läßt sich aus den Messungen im Windkanal keineswegs errechnen. Dieser Betrag ist aber dem Ingenieur die Hauptsache. Es ist hier gerade wie bei Turbinen sein Ziel, diesen Betrag so groß wie möglich zu machen. Alles andere interessiert ihn nur in zweiter Linie. So wenig wie der Nutzeffekt eines Propellers aus der Pfahlprobe sich bestimmen läßt, läßt sich der Nutzwert des Flettnerrotors aus Modellversuchen mit ruhendem Modell ermessen. Die Pfahlprobe hat lediglich den Wert von Vergleichsversuchen. Es wird die Zugkraft des Propellers bestimmt bei festgehaltener Achse. Wollte man aus der Pfahlprobe auf den Nutzeffekt des Propellers schließen, so wäre das dasselbe, wie wenn man aus dem Drehmoment, das eine Turbine bei festgebremstem Rad ergibt, auf den Nutzeffekt der Turbine schließen wollte.

Genau wie der sich drehende Zylinder verlagert eine abgerundete Kante die Stromfäden mit der Wirkung, daß ein Auftrieb entsteht. Dieser Auftrieb steht senkrecht zur Bewegungsrichtung des Fahrzeuges. Das Fahrzeug entnimmt deshalb der Luft keinerlei Energie. Genau so wenig wie der Auftrieb des Schiffes im Wasser Arbeit leistet. Nur deshalb läßt sich die Abhängigkeit des Auftriebes von der Relativgeschwindigkeit bei den verschiedenen Formen und Profilen im Windkanal durchaus richtig ermitteln.

Die wunderbaren Ergebnisse, die auf Grund der wundervollen Arbeiten des Göttinger Forschungsinstitutes erreicht worden sind, lassen sich jedoch durchaus nicht ohne weiteres auf Turbinen und Pumpen oder Propeller übertragen. Der Grund ist eben der, daß die Flugzeugtragflächen ebensowenig wie die Zeppeline zum Energieaustausch zwischen Luft und Fahrzeug dienen, die Pumpen oder Turbinenschaufeln aber gerade zum Energieaustausch verwendet werden.

Die Luftgeschwindigkeitsverteilung läßt sich bei Tragflächen, die keine Energie abführen, auf sehr elegante Weise berechnen. Man braucht nur einen geschlossenen Ringwirbel, der dem Gesetz

$r c_u = \text{konst}$ folgt, zu der Luftgeschwindigkeit zu addieren und die Luftbewegung in jedem Schnittpunkt nach Größe und Richtung als Resultierende aus den beiden anderen Geschwindigkeiten zu entnehmen (s. Abb. 55). Dieser Relativwirbel erzeugt also den Auftrieb. Er bleibt geschlossen, solange keine Energie abgeführt wird. Würde durch den Auftrieb Arbeit geleistet, also würde das Flugzeug vertikal nach oben infolge des Auftriebes getrieben, so würde entsprechend der Arbeitsleistung der Relativwirbel aufhören müssen, geschlossen zu sein. Damit hört die Berechenbarkeit des Auftriebsphänomens nach der eleganten Art des Zusetzens jenes geschlossenen Relativwirbels auf. Die Berechnung wird nun, wenn überhaupt möglich, doch dermaßen unübersichtlich, weil eine unstetige Funktion zugesetzt werden muß, daß neue Erkenntnisse aus ihrer Durchführung nicht erwartet werden können. Und die bekannten Tatsachen so kompliziert und unübersichtlich zu beschreiben, hat

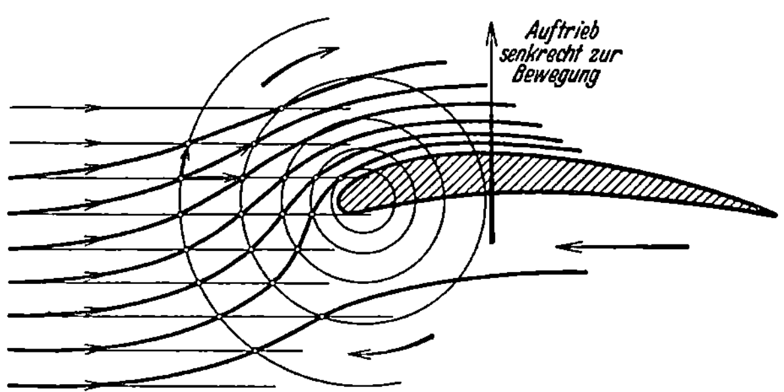

Abb. 55.   Der Relativwirbel erzeugt die Ablenkung der ankommenden Stromfäden, so daß ein Auftrieb entsteht.

doch keinen sonderlichen Wert, will mir wenigstens scheinen.

Fügt man der Relativströmung längs einer Turbinenschaufel einen geschlossenen Relativwirbel hinzu, so wird er beim Auswärtslauf auf die Schaufel drücken und Arbeit leisten, gemäß der Verringerung seiner Absolutgeschwindigkeit; wird er alsdann um das Schaufelende wieder herumgeführt, so daß er wieder nach innen fließt, muß ihm Energie wieder zugepumpt werden, eben dieselbe, die ihm vorher entzogen ward (s. Abb. 56). Auf

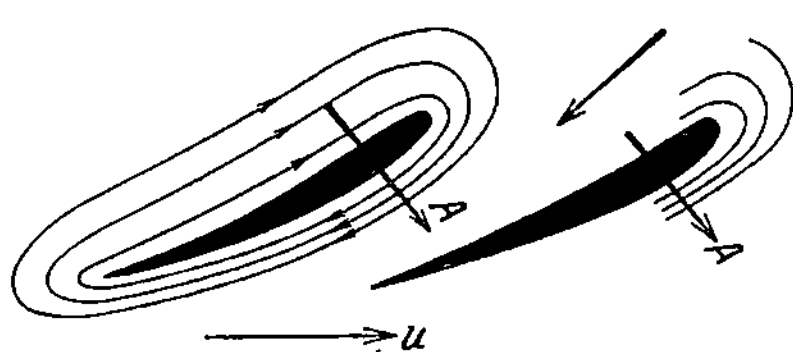

Abb. 56.   Geschlossene Relativwirbel um eine Schaufel.

dem Hinweg drückt die Schaufel auf den Wirbel wie auf dem Rückweg der Wirbel auf die Schaufel. Der geschlossene Relativwirbel kann sich am Energieaustausch also nicht beteiligen, er ist in bezug auf den Zweck der Schaufel überflüssig.

Ich habe sehr viele Versuche mit Schaufeln vorgenommen, die nach Tragflächenprofilen sehr sorgfältig durchgeführt waren. Solche Schaufeln waren nicht schlechter als zugeschärfte, aber auch keinesfalls besser. Man wollte gelegentlichen Einfluß hinsichtlich erhöhter Schnelläufigkeit verspüren — aber genaue Kontrolle gab keine sichere Betätigung. Trotzdem haben wir die Abrundung am Kopfende der Schaufeln sowohl bei Pumpen wie Turbinen beibehalten, weil sie einfacher in der

Herstellung ist als gleichmäßige Zuschärfung. Daß das Schaufelende
schlank und spitz verlaufen muß, ist selbstverständlich.

Am Ende des Kapitels 5 (s. Abb. 27 und 28) ist ausgeführt, daß durch
den Schaufelkopf üblicher Abrundung ein c_{u_1} vom Laufrad erzeugt
wird. Es wäre eine die Turbinenwissenschaft interessierende Aufgabe,
ein Profil experimentell zu ermitteln, das ein Mitnehmen des Wassers
und ein Hervorrufen eines c_{u_1}-Wertes ausschließt. Durch ein solches
Profil würde die Schnelläufigkeit gesteigert werden können, und das
hätte großen Wert.

8. Laufradentwicklung.

Die Aufgabe des Ingenieurs ist im allgemeinen heute eine ganz
andere, wie sie vor dem Kriege, in dem nun hinter uns liegenden Ent-
wicklungsabschnitt, war. Die Zeit vor dem Kriege hatte die Grundzüge
der einzelnen Fachrichtungen darzutun und durch die Erfahrungen
im Verein mit der Wissenschaft eine festgefügte Grundlage zu zimmern.
Dieses konnte nur in inniger Wechselwirkung von Theorie und Praxis
entstehen dadurch, daß mit Physik als Hilfswissenschaft auf physika-
lischer Grundlage von Ingenieuren Arbeitshypothesen geschaffen und
diese alsdann durch die Erfahrungen nachgeprüft wurden. Diese
Erfahrungen mußten dann zur Aufgabe oder wenigstens zur Abänderung
der Arbeitshypothese führen. Denn eine Arbeitshypothese kann nichts
anderes sein als ein Einschießen nach einem fernen Ziel. War die
erste Hypothese eine Beschreibung des erwarteten Vorganges, die die
Wirklichkeit mit sagen wir 75 % Genauigkeit traf, womit ihr Zweck
vollständig erfüllt sein mochte, so mußte sie abgelöst werden durch
eine neue, die näher an die Wirklichkeit herankam und die in ihren
Voraussetzungen ruhig denen der ersten widersprechen durfte. Je
näher man sich der vollen Wirklichkeit nähert, desto schwieriger wird
die Aufgabe. Hatte der erste Schuß schon getroffen, stellte er sich später
meist als ein Zufallstreffer ohne Wert heraus. Die abgeänderte Hypothese muß wiederum untersucht werden und an Erfahrungen geprüft.
Weil für den Ingenieur niemals die Wissenschaft Selbstzweck ist, sondern
immer nur Mittel zum Zweck, verschlägt es nichts, wenn seine Arbeitshypothesen in den wissenschaftlichen Grundlagen sich widersprechen.
Es ist gleichgültig, ob der Elektrotechniker den Strom als Masse behandelt oder nicht. Für einzelne Probleme wird er gut tun, den Strom
als masselos anzusehen und darauf Arbeitshypothesen aufzubauen,
für andere Probleme wird ihn die Auffassung, als sei der Strom bewegte
Masse, weiterführen.

Eine Arbeitshypothese für den Ingenieur kann nicht einfach genug
sein, sie muß vor allem so sein, daß sie an den von ihm gebauten
Maschinen nachprüfbar ist. Des Menschen Schicksal ist, nur das
Komplizierte zu sehen, das Einfache entgeht ihm. Deshalb ist der Weg
aller Erfindungen der Weg vom Komplizierten zum Einfachen.

Das Komplizierteste bei der Turbine ist die Schaufel des Laufrades.
Kein Wunder, daß sie zunächst so kompliziert wie irgend möglich

ausgestaltet wurde. Obwohl die Theorie ganz klipp und klar dartut, daß für den Energieaustausch, dem die Schaufel dienen soll, lediglich Ein- und Austritt vollständig bestimmend sind, hat man sich verzweifelte Mühe gegeben, die Wasserteilchen im Innern des Laufrades zu verfolgen und sie auf bestimmte Bahnen zu zwingen, die vollkommen gleichgültig sind.

Demgegenüber schien es mir angebracht, einmal festzustellen, ob denn überhaupt der Schaufelausbildung zwischen Ein- und Auslauf eine Bedeutung zuzusprechen war oder ob die Theorie recht hatte, die sagte, das Zwischenstück sei gleichgültig.

Wenn das Zwischenstück ohne Belang war, so genügte es, Ein- und Austritt durch ein möglichst leicht herstellbares Stück zu verbinden, von dem nur zu verlangen war, daß es einen harmonischen Übergang vermittelte; wie es im einzelnen war, mußte gleichgültig sein.

Ich ließ deshalb ein nach diesem Grundsatz entworfenes Rad in dem Wasserbaulaboratorium der Technischen Hochschule Berlin (Geheimrat Reichel) abbremsen. Das Rad war ohne irgendwelche Rücksicht auf das bisher Übliche durchgebildet. Einlauf und Auslauf waren als Schraubenflächen, der Einlauf für stoßfreien Eintritt, der Auslauf für $c_{u_2} = 0$ durchgebildet; das Zwischenstück war ebenfalls eine Schraubenfläche.

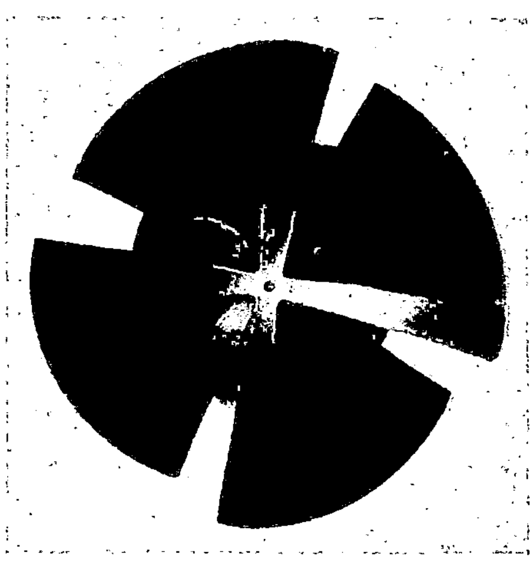

Abb. 57. Lichtbild des ersten Lawaczeck-Rades aus dem deutschen Museum München. Laufraddurchmesser 850 mm.

Es ist in der Abb. 57 gezeigt, es hatte ein ganz ungewöhnliches Aussehen. Erfahrene Fachleute glaubten die Befürchtung aussprechen zu müssen, daß es wohl umgekehrt, als der Konstrukteur es vorgesehen hatte, umlaufen würde. Das aber tat das Rad nicht, es erfüllte die Erwartung des Konstrukteurs, lief richtig herum und gab sogar den für den ersten Entwurf ungewöhnlich hohen Nutzeffekt von 85% samt einer die üblichen Franzisräder erheblich übertreffenden Schnelläufigkeit. Es steht heute im Deutschen Museum in München.

Die endgültige Entscheidung über die Zulässigkeit der Arbeitshypothese, die also behauptete, das Zwischenstück der Schaufel sei gleichgültig, konnte erst eine größere Versuchsreihe geben, wie sie zudem zur Sicherung der Garantien für die Turbinen von Lilla Edet im. Götaelv später notwendig wurde. Dazu mußten möglichst viele Räder in kurzer Zeit hergestellt werden, die untereinander sich nur wenig, aber klar übersehbar unterschieden. Der Entwurf eines einzigen Rades nach einer der üblichen Strömungstheorien verlangte Wochen. Schon deshalb mußte vom üblichen Herstellverfahren abgegangen werden. Die Schaufelflächen wurden also aus Schraubenflächen zusammengesetzt, die durch einige wenige Größen definierbar und durch Änderung dieser charakteristischen Größen leicht variierbar waren. Schraubenflächen lassen sich durch Schablonen leicht herstellen, und so kam es, daß zur Herstellung eines versuchsfertigen Modellrades alles in allem 24 Arbeitsstunden nur erforderlich wurden.

Betrachten wir zunächst die übliche Art der Schaufelausbildung.

Von grundlegender Bedeutung für die Ausbildung der Schaufelung ist die Geschwindigkeitsverteilung im Wasserwirbel bei der Strömung durch den vom Durchflußprofil der Turbine gebildeten Rotationshohlraum. Die Einleitung der kreisenden Wasserbewegung erfolgt durch Leitschaufeln, welche das Wasser mit der unter dem Winkel α_1 gegen die Umfangsrichtung geneigten Geschwindigkeit c_1 (s. Abb. 58) in den Wirbel schicken.

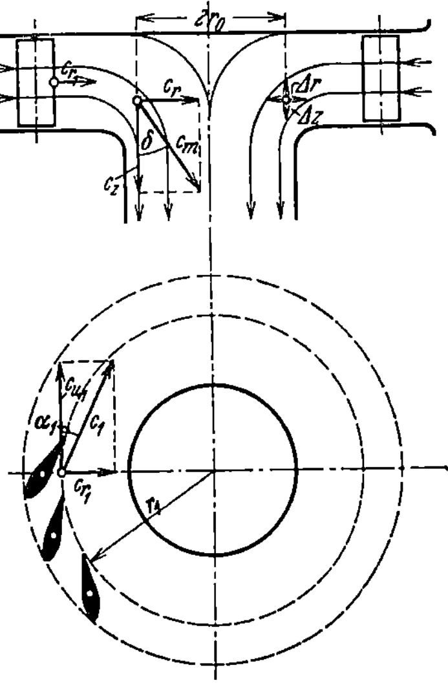

Abb. 58. Geschwindigkeiten im Rotationshohlraum.

Um in dem Gebiet der axialen Umlenkung die Bewegungskomponente ermitteln zu können, wird das Durchflußprofil durch die Eintragung von Stromlinien in Teilturbinen gleicher Wassermenge ΔQ unterteilt. Es ist alsdann die:

Radiale Geschwindigkeitskomponente:
$$c_r = \frac{\Delta Q}{2 r \pi \cdot \Delta_2} = \frac{\text{konst}}{r \cdot \Delta z}$$

$$\text{bzw.}\quad c_r \cdot r = \text{konst}$$

Axiale Geschwindigkeitskomponente:
$$c_z = \frac{\Delta Q}{2 r \pi \cdot \Delta r} = \frac{\text{konst}}{r \cdot \Delta r}$$

$$\text{bzw.}\quad c_z \cdot \Delta r = \text{konst.}$$

Diese Bewegungsgesetze sind lediglich eine spezielle Schreibart der Kontinuitätsbedingung. Sie gelten daher nur, so lange die Strömung tatsächlich nach dem aufgezeichneten Verlauf der Stromlinien erfolgt. Diese Voraussetzung trifft aber meist keineswegs zu.

Zunächst wissen wir nicht mit Sicherheit, ob und wie weit die betrachteten Querschnitte die beabsichtigte Durchströmung erzwingen. So wurde von Camerer[1] ein auf theoretischem Weg gewonnenes Strömungsbild für einen Schnelläufer bei kleiner Beaufschlagung angegeben, das wesentlich von dem gewohnten Bild abwich. Diesem Stromlinien- bzw. Geschwindigkeitsbild wird in Übereinstimmung mit der üblichen Turbinentheorie ein sehr schlechter Wirkungsgrad zugeordnet.

---

[1] Camerer: Vorlesungen über Wasserkraftmaschinen, S. 356. 1914.

Im Gegensatz zu diesem theoretisch gewonnenen Urteil stehen die Ergebnisse der Versuche von Dr. Thoma[1], die bei Rauchversuchen den von Cammerer angegebenen Strömungslauf bestätigen, jedoch den zu erwartenden Wirkungsgradabfall vermissen ließen. Ellon[2] gibt in den Forschungsarbeiten des Verbandes Deutscher Ingenieure ebenfalls Strömungsbilder für Turbinenprofile an, die sich mit dem oben erwähnten Strömungsverlauf decken.

Die zeichnerischen Verfahren zur Angabe des Strömungsverlaufes in rotierenden Kanälen sind fast ausschließlich auf theoretische Ableitungen gestützt. Diese gehen von den Euler-schen Grundgleichungen aus. Unter vereinfachenden Annahmen gelangt man schließlich zu dem Bilde einer Potentialströmung, die nach den Veröffentlichungen von Lorenz[3], Kaplan[4] und Lagally[5] dadurch zeichnerisch bestimmt ist, daß ein Feld von Rechtecken in die Umgrenzungslinien der Strömung eingelegt wird derart, daß die Durchflußquerschnitte gleich großer zwischen den einzelnen Strömungslinien verlaufender Wassermengen den jeweiligen Strömungsgeschwindigkeiten umgekehrt proportional sind, d. h.

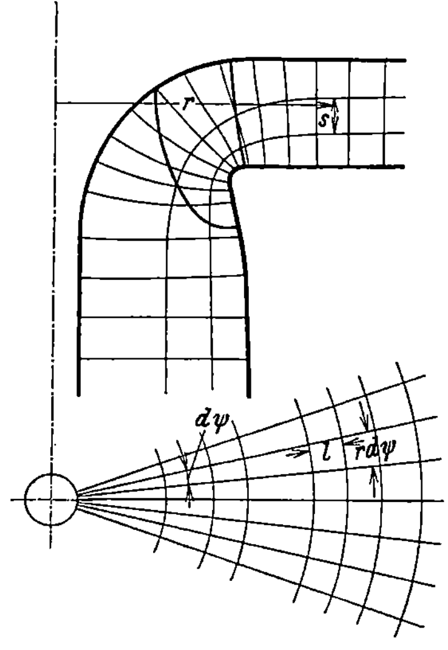

Abb. 59.   Potentialströmung im Rotationshohlraum.

$\dfrac{s}{f} =$ konst. Es wird z. B. für eine Turbine

a) im radialen Zulauf $\dfrac{s}{r} =$ konst,

b) im gebogenen Teil $\dfrac{s}{l} \cdot r =$ konst,

c) im Saugrohr $l \cdot r =$ konst (s. Abb. 59).

Im Anschluß an die Lorenzsche Theorie, die keinerlei praktische Ergebnisse hat zeitigen können, hat Bauersfeld[6] ein Verfahren zur Aufzeichnung der Stromlinien angegeben, das von dem Satz ausgeht, daß längs einer Kurve, die die Strömungslinien senkrecht durchschneidet, die Geschwindigkeiten im umgekehrten Verhältnis der Krümmungshalbmesser der Bahnkurven wechseln.

---

[1] Thoma, D.: Die neue Wasserturbinenversuchsanstalt von Briegleb, Hansen & Co., Gotha.

[2] Ellon: Forsch.-Arb. VDI. Heft 102.

[3] Lorenz: Neue Theorie und Berechnung der Kreiselräder. 1911.

[4] Kaplan: Die zweidimensiale Turbinentheorie usw. Z. g. T. 1912.

[5] Lagally: Geometrische Eigenschaften der reibungslosen wirbelfreien Strömung. Z. g. T. 1914.

[6] Bauersfeld: Die Konstruktion der Francischaufel nach der Lorenzschen Theorie. Z. 1912 S. 2045.

Der erkenntnistheoretische Wert der auf diesen Wegen gewonnenen Strömungsbilder ist gering. Durchaus verfehlt wäre es, an solchen Bildern in starrer Weise festhalten und sie bei neuartigen Profilen zur Grundlage der weiteren Konstruktion machen zu wollen. Sind doch selbst schon bei den gewöhnlichen Krümmern die Strömungsverhältnisse, wie durch Versuche festgestellt ist, derart gelagert, daß die durch die Potentialtheorie gewonnenen Bilder davon wesentlich abweichen. Isaachsen[1] gibt schon 1896 zusätzliche Sekundärströmungen in Krümmern an, die von Lell[2] experimentell untersucht wurden. Banki[3] gibt ebenfalls den Strömungsverlauf im Krümmer nach Ergebnissen theoretischer und experimenteller Untersuchungen in einer vom Bilde einer Potentialströmung gänzlich abweichenden Weise an. Wenn schon für einfache Krümmer derartige Unterschiede des praktisch und theoretisch ermittelten Strömungsverlaufes bestehen, erhält die Anschauung, daß das Bild der Potentialströmung nicht als geeignete Unterlage zur Konstruktion von Schaufelungen dienen könne, volle Berechtigung.

Dazu kommt die zeitraubende und mühselige Arbeit für den Entwurf des Schaufelrades auf solcher Grundlage und für die Herstellung.

Mir schien es zweckmäßiger, anzunehmen, ein jedes Massenteilchen verfolge eine Bahn, die hervorgeht aus den dem Teilchen bei Einleitung der kreisenden Bewegung mitgeteilten Impulsen, die in den beiden Gesetzen

$$c_u r = \text{konst} \quad \text{und} \quad c_r \cdot r = \text{konst}$$

ausgedrückt sind. Geschwindigkeitsänderungen, die durch Querschnittsverengungen verursacht sind, wird die Wasserbewegung Folge leisten, jede gewaltsame Krümmung und Verzögerung aber vermöge der Massenträgheit durch Strahlablenkung und Totwasserbildung beantworten.

Die einzelnen Massenteilchen bewegen sich nach dem Flächensatz gleichwie die Himmelskörper, solange sie keine Energie abgeben oder aufnehmen. Würde das eine Teilchen etwa nicht diesem Gesetz folgen, so stieße es auf seinen Nachbar, diesem Energie mitteilend oder von ihm empfangend. Das gäbe keinen Beharrungszustand. Der kann erst eintreten, wenn alle Teilchen die Bahnen verfolgen, auf denen eine Änderung ihres Energiegehaltes nicht notwendig ist. Daran ändert sich auch nichts durch den Hinzutritt der axialen Geschwindigkeitskomponente im Krümmer.

Es ist, s. Abb. 60, die eine Parabel als Stromlinie zunächst einmal annimmt, vgl. auch Abb. 58,

$$\text{tg}\,\delta = \frac{c_r}{c_z} = \frac{c_{r_0} r_0}{r\,c_z} = \frac{\text{konst}}{r} \cdot \frac{1}{c_z}\,.$$

Für $c_z = \text{konst}$ ist $\text{tg}\,\delta = \dfrac{\text{konst}}{r}$, womit die Gleichung einer Parabel, mit ZZ als Achse und der Tangente c_m gegeben ist. Die Gleichung einer Parabel ist ja

$$r^2 = 2\,p\,z\,,$$

---

[1] Isaachsen: Über die Wirkungen von Zentrifugalkräften.

[2] Lell: Beitrag zur Erkenntnis der Sekundärströmungen in gekrümmten Kanälen, innere Vorgänge in strömenden Flüssigkeiten und Gasen. Z. 1911.

[3] Banki: Energieumwandlungen in Flüssigkeiten, S. 393.

durch Differentiation ergibt sich

$$2\,r\,d\,r = 2\,p\,d\,z$$

bzw.

$$\frac{dr}{dz} = \frac{p}{r} = \frac{c_r}{c_z} = \operatorname{tg}\delta = \frac{\text{konst}}{r},$$

d. h. bewegt sich das Teilchen entlang einer Parabel, so hat es dabei konstante axiale Geschwindigkeit c_z [1].

Für den Strömungsvorgang durch das Laufrad hindurch ergeben sich folgende Winkelbeziehungen.

Das betrachtete Wasserteilchen A (s. Abb. 61) besitzt die Absolutgeschwindigkeit c, die sich mit der Umfangsgeschwindigkeit u des Laufrades zur Relativgeschwindigkeit w zusammensetzt, mit der sich das Wasserteilchen relativ zur Schaufel augenblicklich bewegt. Der

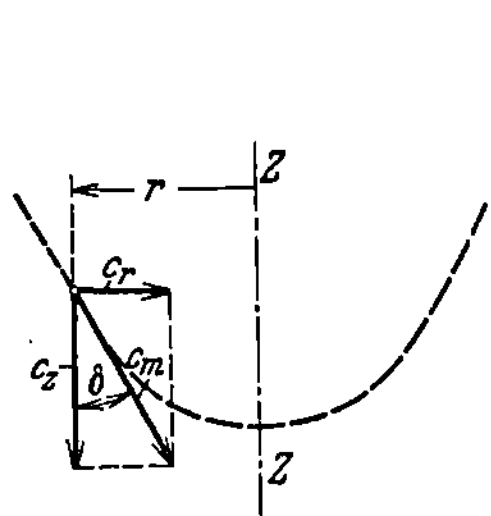

Abb. 60. Parabolische Stromlinie.

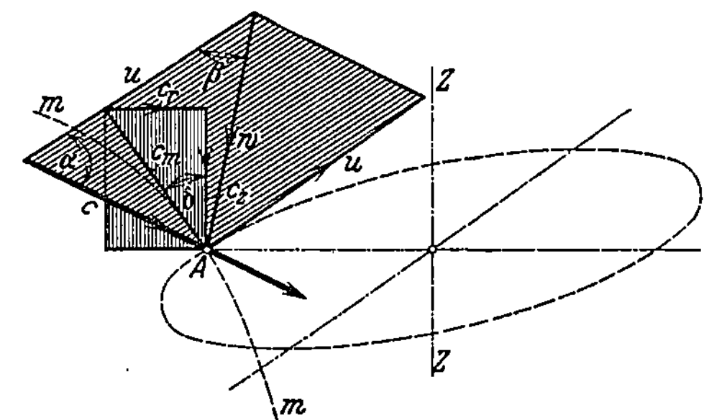

Abb. 61. Zerlegung der Geschwindigkeit im Laufradeintritt.

Winkel zwischen c und u ist mit α bezeichnet. Derjenige zwischen w und u mit β.

$90^{0} - \beta$ ist also der Winkel, unter dem die Schaufelfläche in dem betrachteten Punkt A gegen die meridionale Flutbahnrichtung geneigt ist. Das betrachtete Geschwindigkeitsdreieck wird für gewöhnlich im Turbinenbau zur Festlegung der Schaufelwinkel benützt. Da es in der Tangentialebene an die durch den Meridian mm erzeugte Rotationsfläche gelegen ist, kommt seine sinngemäße Verwendung einer dreidimensionalen Behandlungsweise des Schaufelungsproblems gleich. Um jedoch die zu ermittelnden Beziehungen in einfacher Weise trigonometrisch fassen zu können, wollen wir das ursprüngliche Geschwindigkeitsdreieck nach drei zueinander rechtwinkligen Koordinatenrichtungen abbilden, und zwar (s. Abb. 62):

1. parallel zur u-Richtnug,
2. parallel zur z-Richtung,
3. parallel zur r-Richtung.

Durch die sinngemäße Aneinanderfügung dieser drei Geschwindigkeitsdreiecke in dem betrachteten Punkt A ergibt sich das in Abb. 62 dargestellte Geschwindigkeitsparallelepiped. Durch dasselbe wird in

---

[1] Lorenz: Neue Theorie und Berechnung der Kreiselräder. 1911.

eindeutiger Weise der Zusammenhang zwischen den Geschwindigkeiten und Winkeln festgelegt.

Es ist

$$\operatorname{tg} \delta = \frac{c_r}{c_z} = \operatorname{tg} \varepsilon, \qquad \text{also} \qquad \varepsilon = \delta$$

$$\operatorname{tg} \alpha = \frac{c_r}{c_u}; \qquad \operatorname{tg} \beta = \frac{c_r}{u - c_u}; \qquad \operatorname{tg} \gamma = \frac{c_z}{u - c_u},$$

somit wird

$$\operatorname{tg} \delta = \operatorname{tg} \varepsilon = \frac{\operatorname{tg} \beta}{\operatorname{tg} \gamma}.$$

Der Energieübergang vom Wirbel zum Laufrad ist durch die Hauptgleichung der Turbinentheorie

$$g H \eta_h = u_1 c_{u_1} - u_2 c_{u_2}$$

vollständig bestimmt.

Für stoßfreien Übergang des Wirbels in das Laufrad für alle Punkte längs eines Radius wird

$$u_1 c_{u_1} = \frac{c_{u_0} r_0}{r} \cdot \frac{u_0 r}{r_0} = u_0 \cdot c_{u_0} = \text{konst.}$$

Für rotationslosen Austritt des Wassers aus dem Laufrad wird $c_{u_2} = 0$. Setzt man rotationslosen Austritt voraus, so gibt jedes Geschwindigkeits-dreieck, das für stoßfreien Ein-tritt gilt, in $u_1 - c_{u_1}$ die gesamte Ablenkungsarbeit an, die der Wirbel beim Übergang seiner Energie auf das Laufrad erfährt. Welches der Geschwindigkeits-dreiecke wir bei dieser Betrachtung in den Vordergrund stellen, das in der Tangentialebene an den Zylinder oder das in der Ebene senkrecht zur Drehachse gelegene, bleibt gleichgültig, denn der für die Größe der Energieübertragung maßgebende Wert $u_1 - c_{u_1}$ ist konstant für den betrachteten Eintritts-punkt, in welcher Ebene auch das Geschwindigkeitsdreieck ge-legen sein mag.

c_{u_1} ist aus der Hauptgleichung gegeben zu $\dfrac{g \cdot H \cdot \eta_h}{u_1}$. Die beiden

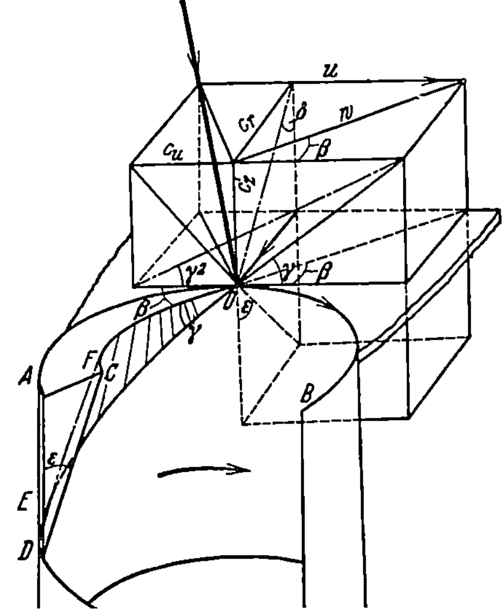

Abb. 62. Geschwindigkeitsparallelepiped im Laufradeintritt.

Winkel β_1 und γ_1, die in jedem Punkt der Schaufelfläche in der Ein-trittszone zusammenstoßen, sind durch die Beziehung des Parallel-epipeds nämlich $\operatorname{tg} \delta_1 = \dfrac{\operatorname{tg} \beta_1}{\operatorname{tg} \gamma_1}$ gegeben. Diese Beziehung wird, wie nachher bewiesen wird, andererseits verwirklicht durch jede Schraubenfläche, bei der γ_1 den Steigungswinkel in dem betrachteten Punkt, δ_1 die Neigung der Erzeugenden der Schraubenfläche darstellt.

Es genügt also, als Schaufelfläche eine solche Schraubenfläche zu wählen, welche den obigen Bedingungen für den Eintritt und dem entsprechenden für den Austritt entspricht. Indem nämlich $c_{u_2} = 0$ gemacht wird, ergeben sich die Austrittswinkel

$$\operatorname{tg}\beta_2 = \frac{c_{r_2}}{u_2} \quad \text{und} \quad \operatorname{tg}\gamma_2 = \frac{c_{z_2}}{u_2}.$$

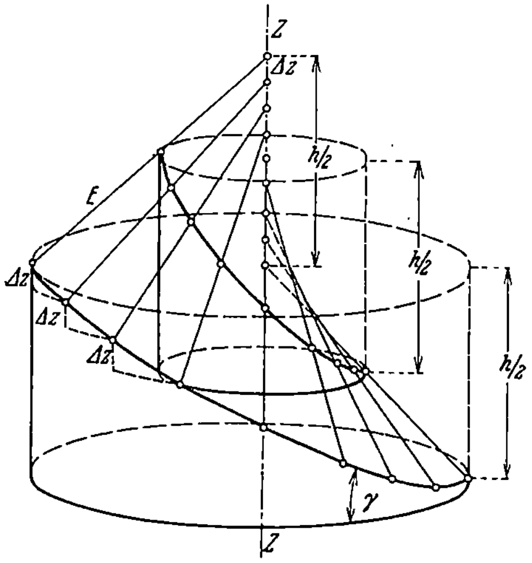

Die Turbinenschaufel wird also verwirklicht, indem die Eingangsschraubenfläche, wie sie definiert ist durch die Winkel γ_1 und β_1 bzw. δ_1, übergeführt wird in die Ausgangsschraubenfläche, definiert durch die Austrittswinkel γ_2 und β_2.

So betrachten wir jetzt die allgemeine Schraubenfläche. Wenn eine Gerade sich um eine Achse, diese ständig schneidend, dreht, und dabei längs der Achse sich verschiebt, beschreibt sie eine Schraubenfläche (Abb. 63). Die Gerade E heißt die Erzeugende.

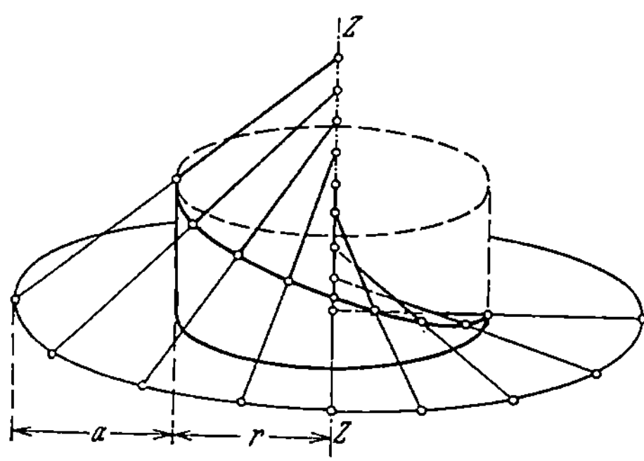

Abb. 63.   Schraubenfläche mit Erzeugenden konstanter Neigung.

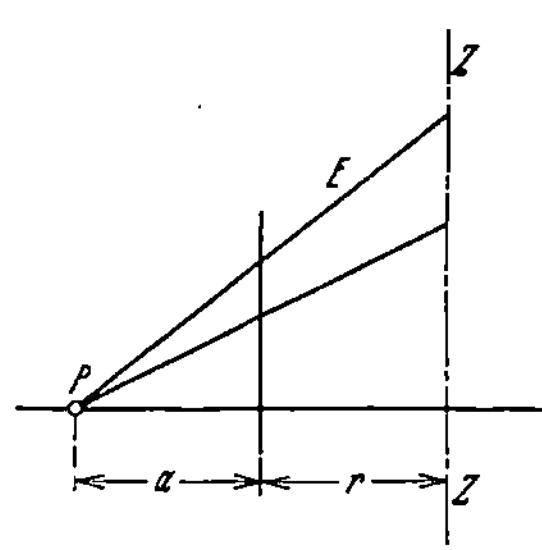

Abb. 64. Schraubenfläche mit pendelnder Erzeugenden.

Abb. 65.   Zirkularprojektion einer Schraubenfläche mit pendelnder Erzeugenden.

Die Entfernung, die auf der Achse während einer Umdrehung zurückgelegt wird, heißt die Steigung (h).

Es ist die Steigung $St = h = 2\pi r \operatorname{tg}\gamma$, wie sich aus Abb. 66 ergibt.

In dieser sind die Radien 1—8 nach Art der Zirkularprojektion in die Aufrißebene zurückgedreht.

Der Schnitt der Schraubenfläche mit einem Zylinder gleicher Achse ist eine Schraubenlinie mit der Ganghöhe, die konstant ist für jeden derartigen Zylinderschnitt (Abb. 63).

Die Schraubenfläche kann also auch erzeugt werden dadurch, daß die erzeugende Gerade bei ihrer Drehung ständig zwei konaxiale zylindrische Schraubenlinien von gleicher Ganghöhe und gleichzeitig die Achse berührt wie in Abb. 63.

Sind die Ganghöhen der beiden Schraubenlinien verschieden, so entsteht eine Schraubenfläche, deren Ganghöhe je nach dem Radius des betrachteten Punktes wechselt.

Wird die Steigung auf dem äußeren der beiden Zylinder gleich Null, so geht diese Schraubenlinie in einen Kreis über (s. Abb. 64). Bei der Zirkularprojektion wird der Kreis als Punkt P abgebildet, um den die Erzeugende E während ihrer Drehung pendelt (s. Abb. 65). Die Schraubenfläche mit konstanter Steigung ist demnach als Pendelung der Erzeugenden mit unendlich fernem Drehpunkt anzusprechen, $a = \infty$. Das Maß a (s. Abb. 65) ist charakteristisch für die Schraubenfläche.

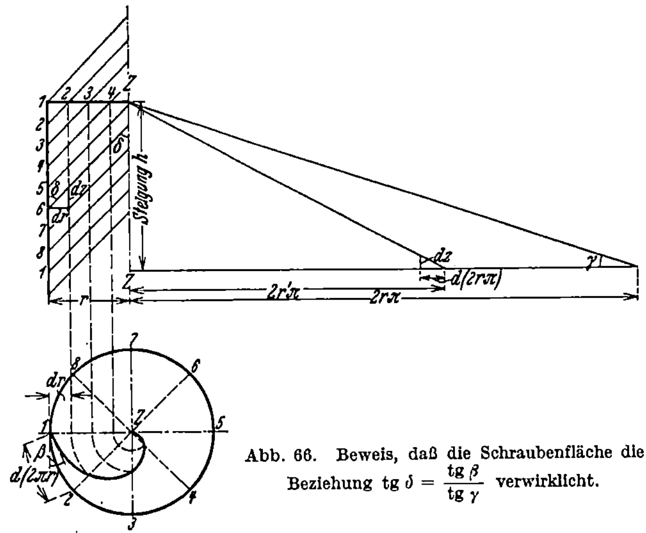

Abb. 66. Beweis, daß die Schraubenfläche die Beziehung $\mathrm{tg}\,\delta = \dfrac{\mathrm{tg}\,\beta}{\mathrm{tg}\,\gamma}$ verwirklicht.

Für die Schraubenfläche der Abb. 63 und 66 ist $a = \infty$. Der Steigungswinkel γ wird um so steiler, je kleiner r. Denn es ist

$$\mathrm{tg}\,\gamma = \frac{h}{2\,r\,\pi} \quad \text{also} \quad \mathrm{tg}\,\gamma = \mathrm{tg}\,\gamma_0\,\frac{r_0}{r}.$$

Ist über dem Austrittsquerschnitt eines Turbinenlaufrades $c_2 = $ konst, so ändern sich die Winkel γ_2 der Geschwindigkeitsdreiecke im Austritt längs eines Radius nach genau dem gleichen Gesetz, denn es ist bei

$$c_{u_2} = 0 \quad \mathrm{tg}\,\gamma_0 = \frac{c_2}{r_0\,\omega} \quad \text{und} \quad \mathrm{tg}\,\gamma_2 = \frac{c_2}{r_2\,\omega} = \mathrm{tg}\,\gamma_0\,\frac{r}{r_0}.$$

Eine Schraubenfläche, deren Steigungswinkel an r_2

$$\operatorname{tg} \gamma_2 = \frac{c_z}{r_2 \omega} \ \text{ist,}$$

verwirklicht also die sämtlichen Geschwindigkeitsdreiecke, wie sie an jedem Punkt des Radius die Bedingung $c_{u_4} = 0$ verlangt.

So folgt: Der Austritt aus einem Turbinenlaufrad wird durch eine Schraubenfläche, deren Erzeugende in der Zirkularprojektion sich parallel bleibt ($a = \infty$), richtig durchgeführt. Die Neigung der Erzeugenden ist dabei gleichgültig.

Betrachten wir den Schaufeleintritt: Aus der Abb. 66 ist ohne weiteres zu entnehmen, daß der Winkel der Erzeugenden δ zu dem Winkel β, der Neigung der Schnittlinie der Schraubenfläche mit der Horizontalebene und zu γ, dem Neigungswinkel, für den Punkt, in dem Schrauben-Erzeugende, Schnittlinie und Steigungslinie zusammenstoßen, miteinander verkettet sind durch die Beziehungen:

$$\operatorname{tg} \delta = \frac{dr}{dz}.$$

und

$$dr = d\,(2\pi r)\,\operatorname{tg}\beta \ \text{und} \ dz = d\,(2\pi r)\,\operatorname{tg}\gamma\,,$$

so wird

$$\operatorname{tg} \delta = \frac{d\,(2\pi r)\,\operatorname{tg}\beta}{d\,(2\pi r)\,\operatorname{tg}\gamma} = \frac{\operatorname{tg}\beta}{\operatorname{tg}\gamma}.$$

Es liegt also in der Schraubenlinie dieselbe Beziehung zwischen den Winkeln δ, β, γ vor, wie sie in dem Geschwindigkeitsparallelepiped der Abb. 62 gefunden wurde, als Bedingung dafür, daß sowohl für den Geschwindigkeitsverlauf in der Horizontalebene wie in dem Vertikalzylinder stoßfreier Eintritt vorliege bei gegebener Rotationskomponente c_{u_1} für die durch die Leitapparathöhe bestimmte Geschwindigkeit c_{r_1}, wie für die durch den Durchmesser des Laufrades und der Nabe gegebene Geschwindigkeit c_{z_1}.

Wenn also gemäß den Konstruktionsdaten β und γ sich aus den Gleichungen

$$\operatorname{tg}\beta_1 = \frac{c_{r_1}}{u_1 - c_{u_1}} \ \text{ und } \ \operatorname{tg}\gamma_1 = \frac{c_{z_1}}{u_1 - c_{u_1}}$$

sich bestimmt haben, wobei

$$c_{u_1} = \frac{\eta_h H \cdot g}{u_1}, \quad c_{r_1} = \frac{Q}{\pi D_1 b_1} \ \text{ und } \ c_{z_1} = \frac{Q}{\frac{\pi}{4}\,(D_1^2 - D_0^2)} \ \text{ist,}$$

so wird der stoßfreie Eintritt verwirklicht durch eine als Schraubenfläche ausgeführte Schaufel, wenn die Neigung der Erzeugenden dieser Schraubenfläche zu $\operatorname{tg}\delta = \dfrac{\operatorname{tg}\beta}{\operatorname{tg}\gamma}$ festgesetzt wurde.

Für den äußersten Zylinder mit r_1' ist $\operatorname{tg}\gamma_1' = \dfrac{c_{z_1}}{u_1 - c_{u_1}}$, gegeben, gemäß des Geschwindigkeitsdreiecks. Ebenso ist für den Auslauf an demselben Zylinder r_2' $\operatorname{tg}\gamma_2 = \dfrac{c_{z_2}}{u_2}$ gegeben durch das Austrittsdreieck.

Führt man den Winkel γ_1 in γ_2 über und benutzt man diese Kurve s. Abb. 67 als Leitlinie für die Erzeugende der Schraubenfläche, so ist diese dann richtig, wenn die Erzeugende die Neigung tg $\delta = \dfrac{\operatorname{tg}\beta}{\operatorname{tg}\gamma} = \dfrac{c_{r_1}}{c_{z_1}}$ hatte. Diese Neigung ist für den Eintritt nötig, um das Geschwindigkeitsparallelepiped zu verwirklichen, für den Austritt könnte die Neigung der Erzeugenden beliebig anders sein. Es liegt aber kein Grund vor, diese dort zu ändern.

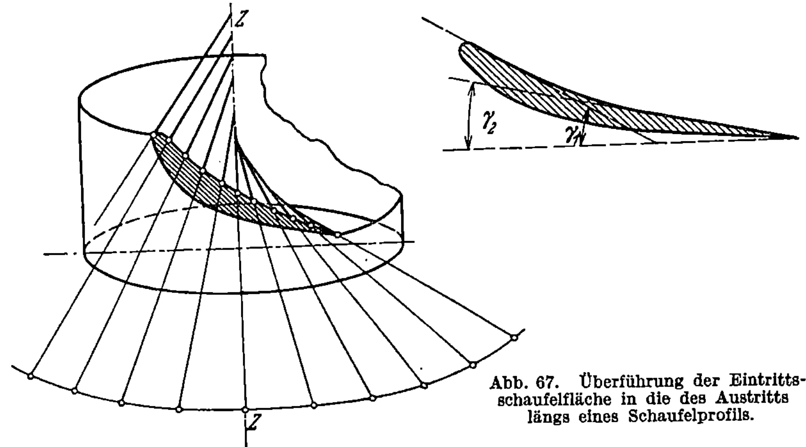

Abb. 67. Überführung der Eintrittsschaufelfläche in die des Austritts längs eines Schaufelprofils.

Über die Schaufelbegrenzung ist folgendes zu sagen:

Die Bedingung des stoßfreien Eintritts ist nur dann gewahrt, wenn die Begrenzung der Schaufelfläche (Abb. 68) auf dem Zylinder r liegt, wie die Abbildung strichpunktiert zeigt. Für den Austritt ist die Erzeugende die gegebene und vollkommen richtige Begrenzung.

Nun würde eine so große Schaufelfläche im Eintritt namentlich deshalb, weil große Flächenteile dort mit größter Geschwindigkeit umlaufen, unnötig große Radreibung und ein erheblich vergrößertes c_{u_1} verursachen. Das vermeidet man, wenn man im Eintritt ebenfalls etwa der Erzeugenden entlang die Schaufel begrenzt.

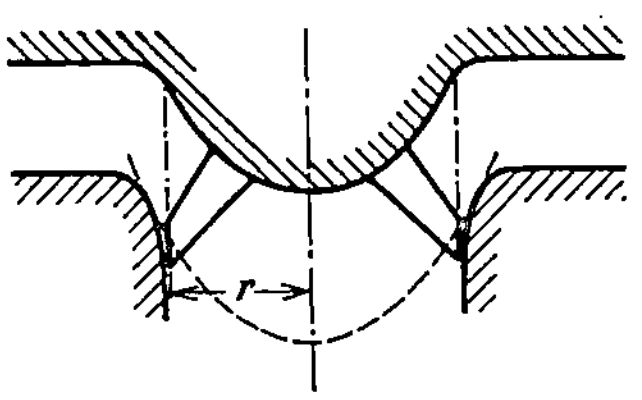

Abb. 68. Schaufelbegrenzung.

Dadurch entsteht ein Fehler hinsichtlich der Bedingung des stoßfreien Eintritts, da die Winkel β und γ der Schraubenfläche längs der Erzeugenden von außen nach innen in anderem Verhältnis zunehmen, als die entsprechenden Winkel im Geschwindigkeitsdiagramm gemäß der Abnahme der Umlaufgeschwindigkeit und Zunahme der Rotationskomponenten infolge des Wirbelgesetzes.

Der Steigungswinkel γ ändert sich längs der geradlinigen Erzeugenden in folgender Weise (s. Abb. 69). Ist auf dem Radius r' der Winkel γ'

vorhanden, so ist bei einer Umdrehung der Erzeugenden um 360° die Steigung auf dem Zylinder mit Radius r'

$$St' = 2\pi r' \operatorname{tg}\gamma'$$

auf dem Zylinder mit Radius r''

$$St'' = 2\pi r'' \operatorname{tg}\gamma'' .$$

Da die Steigungslängen sich in die Zirkularprojektion als die Grundlinien der ähnlichen Dreiecke abbilden, deren Seiten die Erzeugenden nach ihrer Drehung um 2π sind, so ist:

$$\frac{r' \operatorname{tg}\gamma'}{r'' \operatorname{tg}\gamma''} = \frac{a}{a + r' - r''} = \frac{\dfrac{\operatorname{tg}\gamma'}{\operatorname{tg}\gamma''}}{\dfrac{r''}{r'}} .$$

Daraus ergibt sich die geometrische Konstruktion der Abb. 70. Abhängig von $\dfrac{r''}{r'}$ ergibt sich so der Verlauf von $\dfrac{\operatorname{tg}\gamma'}{\operatorname{tg}\gamma''}$ nach der strichpunk-

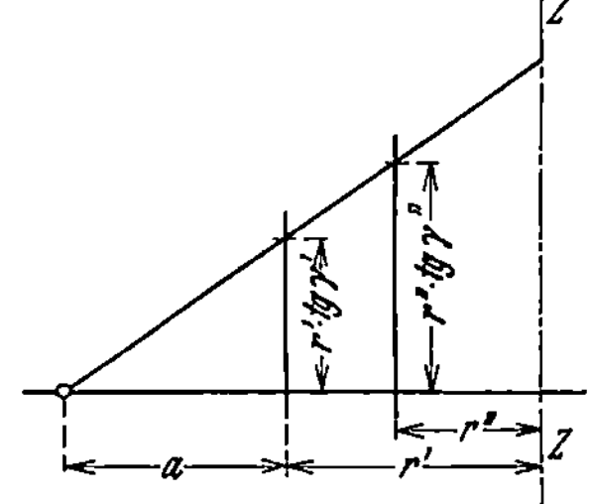

Abb. 69. Berechnung des Steigungswinkels längs des Radius.

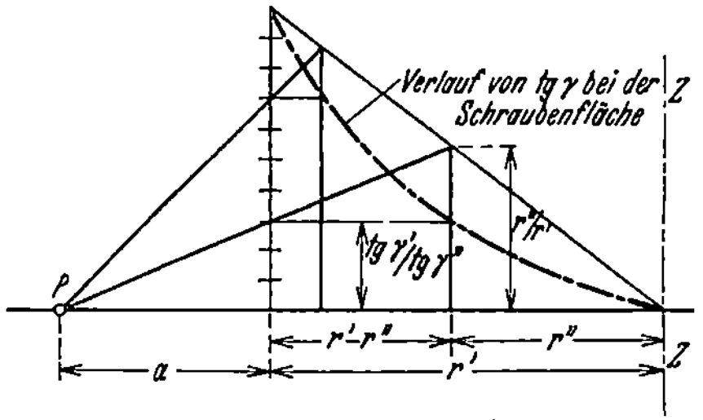

Abb. 70. Konstruktion des Verlaufs von tg γ; bei der Schaufelfläche.

tierten Kurve, einer Hyperbel. Die Ordinaten dieser Kurve stellen $\dfrac{\operatorname{tg}\gamma'}{\operatorname{tg}\gamma''}$ als Funktion des Radius dar.

Für die Geschwindigkeitsdreiecke aber gilt bei stoßfreiem Eintritt

$$\operatorname{tg}\gamma = \frac{c_z}{u - c_u} \quad \text{wegen} \quad u'' = \frac{u'}{r'} r'' \quad \text{und} \quad c_u' \cdot r' = c_u'' r''$$

$$\operatorname{tg}\gamma' = \frac{c_z}{\dfrac{u'}{r'} r'' - \dfrac{c_u' r'}{r''}} = \frac{c_z}{\left(\dfrac{u'}{c_u'} \dfrac{r''}{r'} - \dfrac{r'}{r''} \right) c_u'}$$

$$\frac{\operatorname{tg}\gamma'}{\operatorname{tg}\gamma''} = \frac{\left(\dfrac{u'}{c_u'} \dfrac{r''}{r'} - \dfrac{r'}{r''} \right)}{\dfrac{u'}{c_u'} \dfrac{r''}{r'} - \dfrac{r''}{r''}} = \frac{\dfrac{u'}{c_u'} \dfrac{r''}{r'} - \dfrac{r'}{r''}}{\dfrac{u'}{c_u'} - 1} .$$

Die Auftragung der Winkelverhältnisse $\dfrac{\operatorname{tg}\gamma'}{\operatorname{tg}\gamma''}$ abhängig vom Radienverhältnis $\dfrac{r'}{r''}$ ergibt für die verschiedenen Werte von $\dfrac{u'}{c_u'}$ die Abb. 71.

Die angegebenen Kurven veranschaulichen nebenher die bekannte Tatsache, daß bei Schnelläufern nur die äußeren Schaufelteile mit flachem Eintrittswinkel und großem $\psi = \dfrac{u}{c_u}$ arbeiten und daß nach innen zu ein Übergang zu den steileren Winkeln der Langsamläufer stattfindet. Die Kurven der Abb. 71 weisen also entgegengesetzte Krümmungen auf wie die Hyperbel der Abb. 70. Der sogenannte stoßfreie Eintritt kann also durch Schraubenflächen nach dem angegebenen Herstellungsverfahren nicht genau verwirklicht werden. Es läßt sich jedoch trotzdem eine den praktischen Ansprüchen genügende Übereinstimmung der beiden Kurven erzielen, besonders deshalb, weil der Wirbelraum nur bis zu $r'' = 0,5\,r'$ benützt wird, der Innenraum aber durch die dicke Nabe ausgefüllt wird. Daß nach innen zu jeder Schnelläufer mehr und mehr zum Langsamläufer wird, ist einer der Gründe, warum eine so dicke Nabe bei Schnelläufern notwendig wird.

Der sogenannte stoßfreie Eintritt ist sowieso nur für eine ganz bestimmte Beaufschlagung möglich. Bei allen anderen Beaufschlagungen wird der Wasserwinkel entweder größer oder kleiner als der Schaufelwinkel sein. Außerdem tritt durch das Durchschleppen der Schaufel durch das Wasser eine Verlagerung der Stromfäden am Schaufelkopf ein. Diese Tatsache kann nach den Anschauungen der Aerodynamik durch

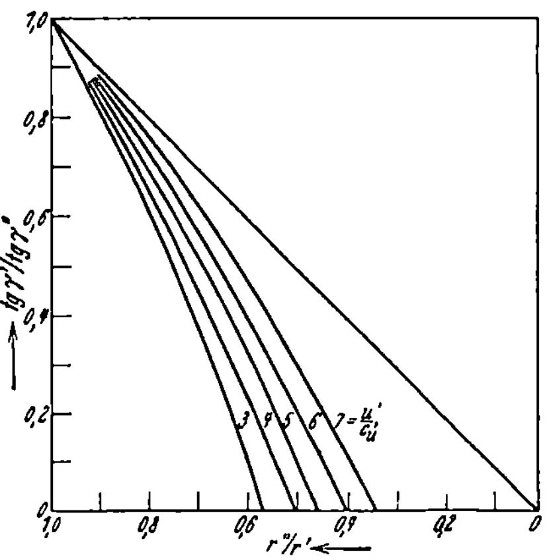

Abb. 71. Wie $tg\,\gamma$ verlaufen müßte für stoßfreien Eintritt gemäß $r c_u = $ konst.

Überlagerung der normalen Strömung mit einem Zentralwirbel erklärt werden.

Auf der Schaufelvorderseite entsteht eine Verdichtung der Stromlinien, also größere Geschwindigkeit, also ein negatives Druckfeld, auf der Hinterseite entsprechend ein positives Druckfeld, Verlangsamung der Relativgeschwindigkeit und deshalb Vergrößerung von c_{u_1}. Die Schaufeleintrittswinkel können bedeutend flacher ausgebildet werden, als die Bedingung stoßfreien Eintritts es vorschreibt. Dann tritt ein Stoß auf. Ein solcher Treibstoß (Abb. 72) schadet nichts, außer, daß er die Schnelläufigkeit früher begrenzt. Wird der Wasserwinkel so weit verflacht, daß im Eintritt die Saugseite der Schaufel vom Wasserstrahl getroffen wird, so tritt die umgekehrte Erscheinung wie beim Treibstoß ein (Abb. 73). Dieser Stoß hemmt die Schaufel, der Hemmstoß ist sehr schädlich. Die Formgebung der Schaufel muß deshalb derart sein, daß Hemmstoß auf alle Fälle ausgeschlossen ist.

9. Schaufelherstellung.

Da die Schaufel also auf Schraubenflächen aufgebaut ist, kann sie leicht durch Schablonieren hergestellt werden. Die Anfertigung eines Modellklotzes, der bei der Herstellung der üblichen Schaufel durch die willkürliche, dem Ermessen des Konstrukteurs anheimgestellte Führung der Stromlinien nötig wird, entfällt. Es genügt, der Werkstatt die Führungsprofile anzugeben, samt Form der Erzeugenden, und die Schaufel kann hergestellt werden.

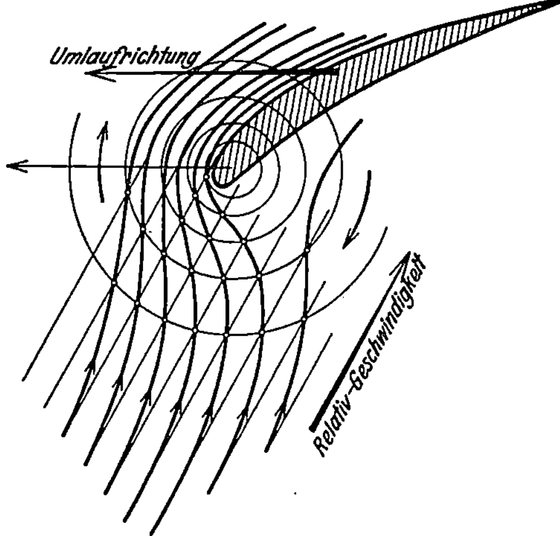

Abb. 72. Treibstoß.

Es ist zweckmäßig, zunächst auf Grund dieser Angaben einen Modellflügel mit einem Nabensektor aus leichtflüssigem Metall oder auch aus Aluminium anzufertigen und von diesem Modell die notwendige Anzahl Flügel abzugießen. Darauf folgt die Bearbeitung jedes Nabensektors und das Zusammensetzen der einzelnen Sektoren auf einem Flansch, auf den sie verschraubt werden. Für sehr große Räder, über 5 m, die z. B. den üblichen Tunnelquerschnitt überschreiten, ist die Einzelherstellung der Schaufeln und der Einzelversand notwendig. Früher war der größte Durchmesser des Laufrades durch das zulässige Trans-

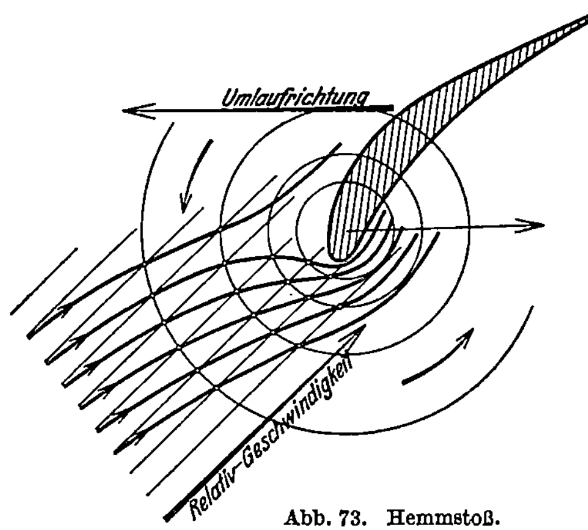

Abb. 73. Hemmstoß.

portprofil beschränkt. Die Sprengung großer Francis-Räder, nur um sie an Ort und Stelle bringen zu können, ist eine sehr mißliche Sache.

Die Schabloniervorrichtung.

Die Vorrichtung für Räder mit Durchmessern bis zu etwa 650 mm zeigt Abb. 74 u. 74 a. Sie besteht aus der Grundplatte *a* mit zwei konzentrischen Zylindern und einer Nabe für die Spindel. Bei größeren Durchmessern wird die Platte nur als Kreissektor ausgeführt. Die Spindel *b* sitzt in

einem Konus der Nabe, und zwar wird die Vorrichtung mit der Spindel
erst fertig bearbeitet, nachdem die Spindel in den Konus der Nabe
eingepaßt ist. Es ist wichtig, daß die Spindel in jedem Fall genau
parallel zu den bearbeiteten Zylinderflächen der Grundplatte steht,
und daß die Ebene der Kreise, auf denen die beiden zylindrischen Blechprofile aufsitzen, senkrecht zur Spindelachse liegen. Diese Blechprofile
c und c' geben die Form der Schaufeln an, die gefertigt werden sollen,
und zwar sind insgesamt höchstens vier Profilbleche notwendig, zwei
für die untere Schaufelfläche und zwei für die obere. Die Kante der
Profilbleche, auf der das Streichblech d gleitet, ist ein wenig mit der
Feile abgenommen, und zwar wird dies gewöhnlich nach dem Zusammenbau der Vorrichtung getan, wobei dann die Feile ebenso geführt wird, wie das Streichblech beim Scha-
blonieren. Dadurch wird erreicht, daß das

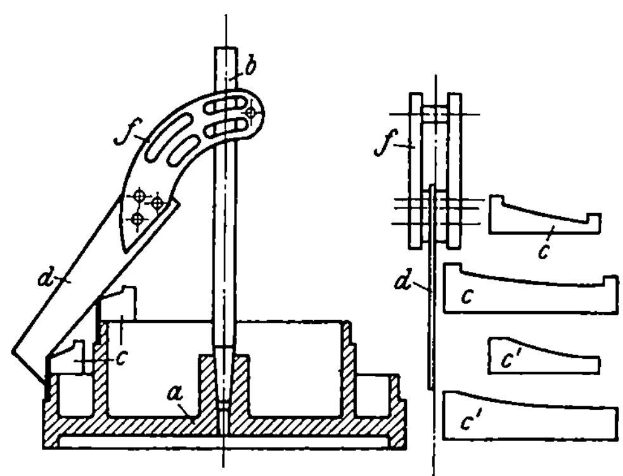

Abb. 74. Schabloniervorrichtung.

Abb. 74a. Schabloniervorrichtung
für Erzeugende mit $a = \infty$.

Streichblech nicht auf scharfen Kanten, sondern auf schmalen Flächen-
streifen geführt wird. Abb. 74a zeigt die Vorrichtung für eine parabolische Erzeugende mit $a = \infty$.

Das Streichblech selbst ist in dem Teil, in welchem es in Berührung
mit dem Sande ist, zugeschärft, und zwar der Einfachheit wegen einseitig. Die Lage des Streichbleches zur Spindel muß so sein, daß die
Schärfe des Blechs in einer Ebene mit der Achse der Spindel liegt.
Die genaue axiale Führung des Streichbleches geben die beiden Führungs-
laschen f—f, die zur Gewichtserleichterung aus Aluminium gefertigt
sind. Die Laschen sind einerseits mit dem Streichblech unter Zwischen-
lage von Distanzplatten (Aluminium) oder Distanzröhrchen verschraubt
und sodann an ihrem freien Ende nochmals auf die Spindeldicke distan-
ziert. Der Abstand der Platten ist so gehalten, daß das Streichblech
spielend auf und ab zu bewegen ist, das Streichblech aber nicht verkantet werden kann.

Zu der Vorrichtung zählt noch das Modell für die Nabe des Rades.
Dieses ist ein einfacher Rotationskörper aus Holz oder Metall mit
einer Bohrung für Gleitsitz auf der Spindel. In Abb. 75 ist dieses Modell

dargestellt, wie es auf die Spindel der Vorrichtung aufgeschoben ist und in der gewünschten Höhe sitzt. Der Sektor des Modelles wird etwas kleiner gehalten, als er eigentlich sein müßte. Wie in Abb. 75 eingezeichnet, werden die Seitenflächen, die z. B. 120° gegeneinander geneigt sind, an jeder Seite um 1 mm zurückgesetzt. Dies geschieht, um die einzelnen Sektoren ohne Bearbeitung der Seitenflächen zu einem vollen Laufrad zusammensetzen zu können.

Schließlich findet bei der Herstellung kleinerer und mittlerer Räder noch eine Anzahl Zentrierbolzen nach Abb. 76 Verwendung, wovon einer der Länge nach auf den Durchmesser der Spindel ausgebohrt ist. Für große Räder werden Zentrierplatten nach der in derselben Abbildung wiedergegebenen Form benutzt.

Die Herstellung des Laufrades geht in drei Arbeitsgängen vor sich, woran sich noch eine Kontrolle der Flügelräder (wie dies bei Versuchsrädern angebracht ist) anschließen kann. Die einzelnen Arbeitsabschnitte sind:

1. Schablonieren und Gießen des Modellflügels.

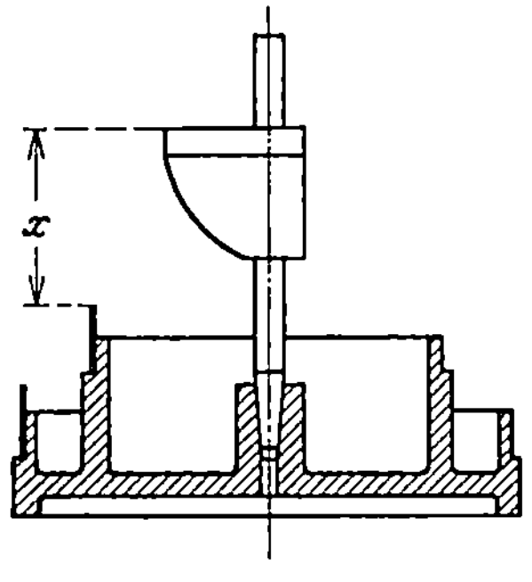
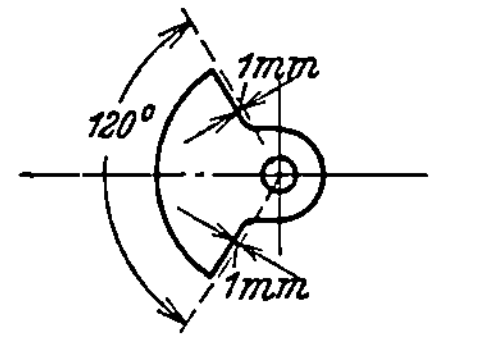

Abb. 75. Nabenmodell.

2. Einformen des Modellflügels und Gießen der Originalflügel.

3. Bearbeitung des Originalrades.

4. Kontrolle der Flügelfläche.

Im folgenden soll nun jede Phase der Herstellung des Laufrades besprochen werden, wobei ein Durchmesser des Rades von 250 mm zugrunde gelegt sei.

1. Schablonieren und Gießen des Modellflügels. Die Profilbleche c—c und das Streichblech d werden nach Schablonen angefertigt. Es hat sich als am einfachsten herausgestellt, die entsprechenden Profile in Kartonpapier auszuschneiden und hiernach die Bleche (von etwa 2 mm Dicke) mit dem Stahlstift anzureißen. Dann werden die Bleche auf der Blechschere roh vorgeschnitten

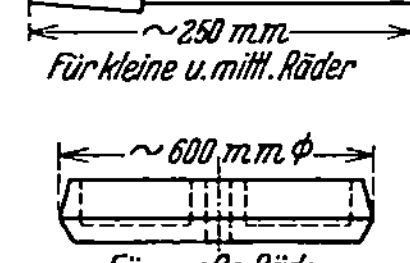

Abb. 76. Zentrierbolzen und Zentrierplatte.

und darauf genauer ausgefeilt. Neben den Profilschnitten in Karton werden auch genaue Zeichnungen der Profile in die Werkstatt gegeben, und die Blechprofile sind zuletzt auf genaue Übereinstimmung mit diesen Zeichnungen zu bearbeiten. Das Streichblech d wird schließlich noch an der streichenden Kante einseitig zugeschärft.

Die Zylinderprofile c und c′ werden auf die entsprechenden Durchmesser der Formvorrichtung gebogen und auf die Vorrichtung selbst aufgeschraubt, und zwar vorerst die Profilbleche für die Unterseite des Flügels. Die äußere Kante der Bleche, auf denen das Streichblech d gleitet, wird dann mit einer Feile leicht abgenommen, wie dies früher beschrieben ist. Das Streichblechprofil d ist mit den Laschen f—f zu verbinden.

Nunmehr ist die Vorrichtung im Raume um die Spindel mit Formsand anzufüllen und das Schablonieren kann beginnen. Die Abb. 77 gibt wieder, wie die Sandfüllung der Vorrichtung aussieht und wie das Streichblech geführt wird. Man erkennt außerdem, daß am äußersten Ende des Streichbleches ein Vorsprung ist, der an dem Profilblech anliegt. Das Streichblech f kann daher nicht weiter nach innen verschoben werden, wohl aber ist es möglich, daß es nach außen rutscht, der Anschlag sich also von dem Profilblech entfernt. Dieser Fall tritt ein, wenn die innerste Spitze des Streichbleches mit der Spindel in Berührung kommt und sich das Streichblech mehr horizontal legt. Bei der Konstruktion der Flügel sind gewöhnlich beide Möglichkeiten der Streichblechführung benutzt, so daß also entweder der Anschlag des Streichbleches an dem Profil auf größtem Durchmesser gleitet oder die innere Spitze des Bleches an der Spindel. In beiden Fällen aber führt der Former das Streichblech unter leichtem Druck zur Spindel hin über die Profilbleche c—c. Der Übergang von der äußeren zur inneren Führung des Streichbleches stellt sich unmerklich von selbst ein.

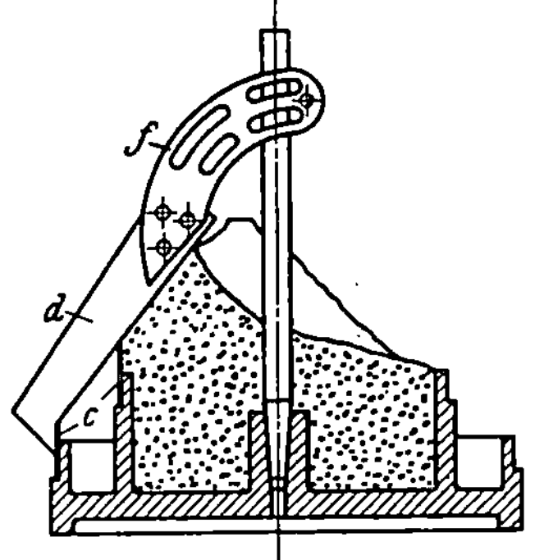

Abb. 77. Vorrichtung mit Sand gefüllt.

Für die Nabenform wird ein Holz- oder Metallmodell eingesetzt, das durch die Spindel zentriert ist. Die richtige Lage der Nabe wird sodann durch die Strecke x (Abb. 75) bestimmt, die der Former bequem aufmessen kann. Die Lage der seitlichen Begrenzungsflächen des Nabenmodelles ergeben sich aus der Vorschrift, daß die Austrittskante des Flügels mit einer Seitenfläche des Nabensektors abschneiden soll.

Ist die Unterfläche des Flügels fertig schabloniert und das Nabenmodell eingepaßt, dann wird dieses wieder entfernt und die schablonierte Fläche oberflächlich mit der Lötlampe oder Holzkohlenfeuer getrocknet. Sodann werden die Profilbleche c—c abgeschraubt und an ihre Stelle die Bleche c'—c' gesetzt. Nach Abstäuben der getrockneten Fläche mit Specksteinpulver oder dergleichen wird nun weiterer Sand aufgetragen, aus dem die Oberseite der Schaufelfläche herausschabloniert wird. Es hat sich hierbei als zweckmäßig erwiesen, die oberste Schicht des Sandes vor dem Abziehen mit dem Streichblech gut anzufeuchten, weil sonst die Fläche leicht durch das Streichblech zerrissen wird. Im übrigen ist die Arbeit genau so, wie beim Schablonieren der unteren Flügelflächen.

Nach Fertigstellung der Oberseite wird diese ebenfalls getrocknet und abgestäubt und dann das Nabenmodell eingesetzt. Die ganze Formvorrichtung kommt darauf in einen normalen Formkasten hinein, der mit Sand gefüllt wird, wie dies Abb. 78 wiedergibt. Auf diesen

Kasten wird ein zweiter aufgesetzt, ebenfalls gefüllt und festgestampft, und schließlich kommt auf diesen noch ein dritter, kleinerer Kasten.

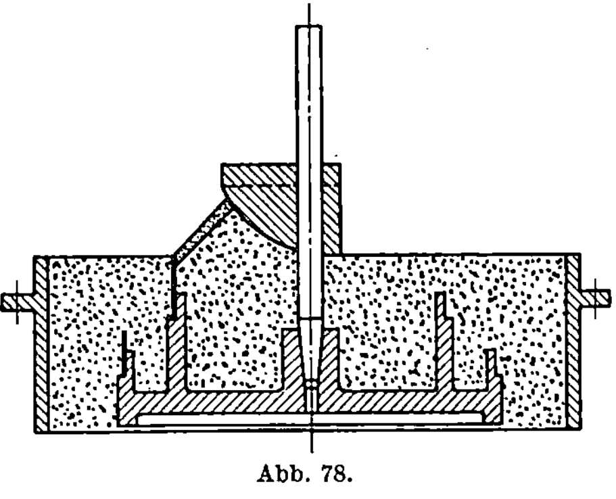

Abb. 78.

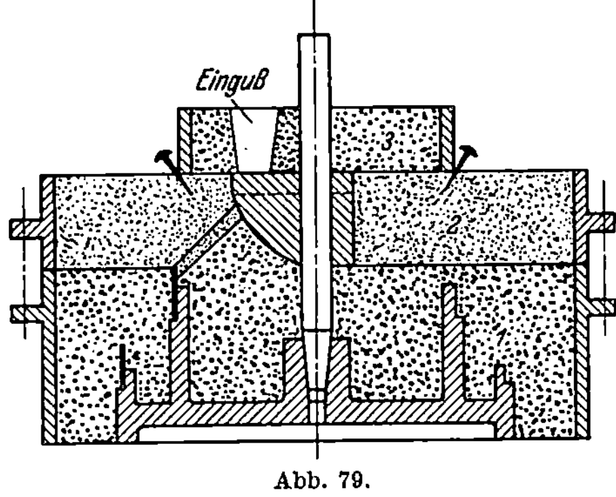

Abb. 79.

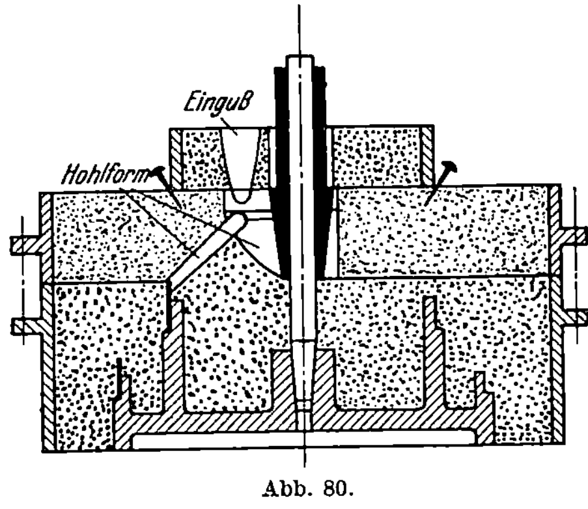

Abb. 80.

Die Anordnung der Kästen und Trennfugen der Füllungen gibt Abb. 79 wieder. Im oberen Kasten ist der Einguß, der seitlich in die Nabe mündet.

Zum Ausbau der Form wird zuerst die Spindel herausgezogen, worauf dann der obere und mittlere Kasten ohne weiteres abgenommen werden kann. Das Nabenmodell ist aus dem Mittelkasten herausnehmbar, und aus dem Unterkasten wird die in Sand geformte Schaufel entfernt. Die Übergänge vom Flügel zur Nabe werden etwas gerundet und das Loch für die Spindel im oberen Kasten wird wesentlich erweitert. Dann setzt das Ausstreichen der Form mit Graphitwasser und das Trocknen ein.

Nachdem die Form für den Guß wieder zusammengebaut ist, wird über die Spindel ein Bolzen nach Abb. 76 (mit entsprechender Bohrung) geschoben, der dann in der Form so sitzt, daß der untere, konische Teil von der Nabe und einem herumgreifenden Ring umschlossen wird. Um das Löten des leichtflüssigen Modells an dem Bolzen zu vermeiden, genügt es, diesen mit Öl gut einzufetten. Die Abb. 80 zeigt die Form mit eingelegtem Bolzen fertig zum Guß.

Für Großräder wird statt des Bolzens eine Platte eingelegt, wie sie in Abb. 76 ebenfalls gezeigt ist. Hierbei wird dann ein dünner Metallring um den einen Konus herumgeführt, während der andere Konus dazu dient, die Platte in der Sandform zu zentrieren. Mit Rücksicht auf das

Gewicht gießt man große Schaufelmodelle zweckmäßig in Aluminium, während bei kleinen Rädern meist ein Weißmetall mit nur ganz geringem Schwindmaß gewählt wird, um die durch das Schwinden auftretenden Fehlerquellen soweit wie möglich auszuschalten.

Der Modellflügel wird nur grob geputzt, d. h. von Grat und vom Einguß befreit. Eine weitere Bearbeitung ist nicht notwendig.

2. Einformen des Modellflügels und Gießen der Originalflügel. Der Modellflügel wird mit dem Bolzen zusammen eingeformt, wobei der Bolzen schräg gelegt wird, wie es in Abb. 81 dargestellt ist. Wichtig ist dabei, daß der Bolzen gut und sicher im Sande eingebettet liegt, denn durch den Bolzen wird die Achse der Schraubenfläche des Flügels verkörpert, und diese Achse darf nicht gegen die Flügelfläche verkantet werden. Die schräge Lage des Bolzens ist gewählt, um das Einformen ohne Kern zu ermöglichen.

Ist der Ober- und der Unterkasten fertig gestampft, dann wird das Modell herausgenommen. Es empfiehlt sich, vor dem Trocknen der Form einen Bolzen (ohne Längsbohrung) in der vorgesehenen Weise einzulegen und die Form mit zusammengesetzten Kästen zu trocknen, um die Lage des Bolzens und die Passung der Flächen möglichst genau zu halten. Sehr wesentlich ist diese Maßnahme, die nur in besonderen Fällen angewandt wird, jedoch nicht, sie scheint aber die Genauigkeit der Herstellung noch etwas zu erhöhen.

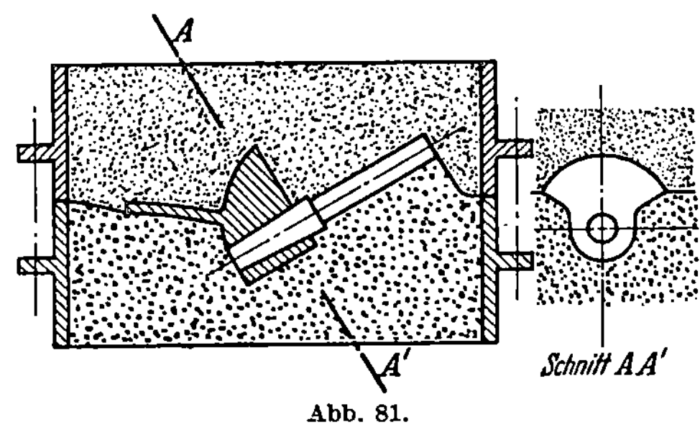

Abb. 81.

Die Form wird sonst in der üblichen Weise mit Graphit ausgestrichen, wobei etwas größere Sorgfalt lediglich auf die Flügelfläche zu legen ist. Das konische Ende des Bolzens muß dagegen sehr sorgfältig mit Kienruß bestrichen werden, weil sonst der Bolzen mit dem Metall verlötet. Die Bolzen sind aus Stahl, und zwar gut ausgeglüht. Es hat sich erwiesen, daß es nicht ausreicht, das konische Ende des Bolzens nur mit Graphit zu bestreichen, vielmehr verhinderte auch eine sehr starke Graphitschicht das Verlöten der Bronze mit dem Stahlkonus nicht, während Kienruß sehr gut ist.

Von den Erfahrungen, die bei den Versuchen für diese Herstellungsart gemacht wurden, mag noch folgendes erwähnt werden. Es wurden zuerst für den Guß der Sektoren von Laufrädern mit 250 mm Durchmesser lange zylindrische Bolzen mit 15 mm Durchmesser verwendet, die beiderseits weit aus der Nabe hervorragten. Als diese Bolzen nach dem Vergießen mit dem Bronzesektor auf der Drehbank zwischen die Spitzen genommen wurden, zeigte sich, daß sie beim Durchgang durch die Nabe geknickt worden waren. Sie hatten sich offenbar durch thermische Einflüsse verzogen. Es sind dann Bolzen mit 30 mm Durchmesser verwandt worden, und schließlich wurde die Ausbildung eines Konus und einseitige Lagerung als das Beste gefunden.

3. **Bearbeitung des Originalrades.** Die Abb. 82 zeigt, daß die Bearbeitung des Laufrades nur in Dreh- und Bohrarbeit besteht. Zur Befestigung der einzelnen Sektoren auf der Nabenscheibe dient die Eindrehung „a“. Diese wird an jedem Sektor einzeln gedreht, womit dann die Lage des Flügels gegeben ist.

Zur Herstellung der Eindrehung a spannt man den zylindrischen Teil des Bolzens in das Dreibackenfutter der Drehbank und faßt die Zentrierung des Konus mit dem Reitstock. Die Abb. 83 gibt diesen Arbeitsgang wieder.

Danach wird der Bolzen aus dem Nabensektor herausgedrückt und der den Konus umgreifende Ring abgeschnitten. Nun werden die einzelnen

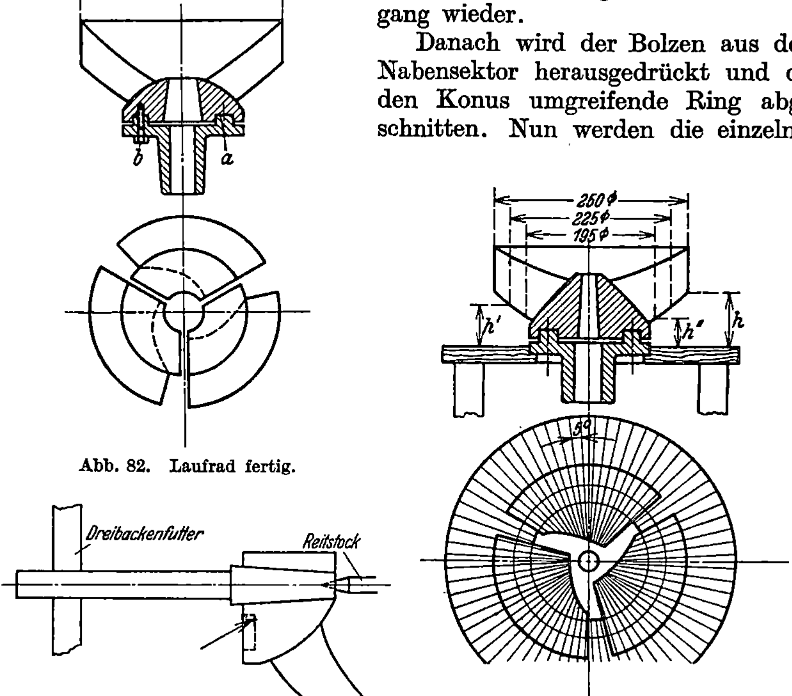

Abb. 82. Laufrad fertig.

Abb. 83. Laufradsektor eingespannt.

Abb. 84. Kontrolle der Schraubenflächen.

Sektoren auf der Nabenscheibe zusammengesetzt, die Bohrlöcher gezeichnet und mit der Nabenscheibe zusammen oder auch einzeln gebohrt.

Sind die Gewinde geschnitten, dann ist das Laufrad mit der Nabenscheibe zu verschrauben. Darauf folgt das Überdrehen des zusammengesetzten Rades, womit die Herstellung beendet ist.

4. **Kontrolle der Flügelfläche.** Um die Fläche des Flügels kontrollieren zu können, werden auf jeden Flügel etwa drei Kreise angezeichnet, und zwar sowohl auf der Druckseite wie auch auf der Saugseite des Flügels.

Außerdem werden auf der Teilmaschine noch Radien von 5 zu 5° angerissen, so daß jede Flügelfläche in ein Netz von Zylinderkoordinaten eingestellt ist. Auf einer Platte, deren Durchmesser etwas größer ist als der des Laufrades, wird die gleiche Einteilung eingerissen und das Laufrad dann nach Abb. 84 auf diese Platte aufgelegt. Die Achse des Laufrades steht dann genau senkrecht zu der Meßplatte, und darauf kommt es an.

Die Abstände der Fixpunkte der Flügelfläche von der Platte — in Abb. 84 mit h bezeichnet — werden mit einem Zirkel abgegriffen und unmittelbar in einer Zeichnung als Ordinaten über der Flügellänge aufgetragen.

So wie das fertige Rad kontrolliert werden kann, ist dies natürlich auch mit dem Modellflügel möglich und vor allem bei Versuchsrädern dringend zu empfehlen.

Herstellungszeit.

Die folgenden Angaben der bei normalem Arbeitsgang notwendigen Arbeitsstunden sind nach Beobachtungen in der Werkstatt gemacht.

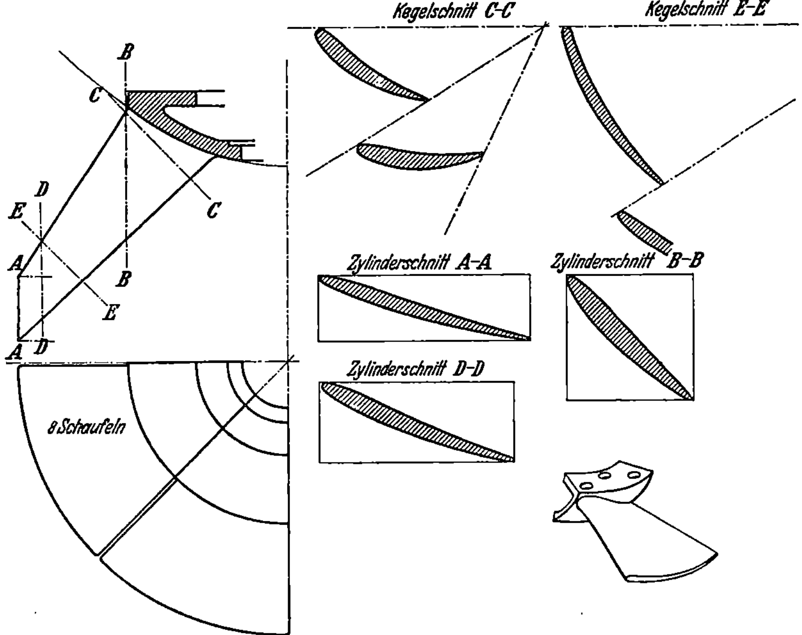

Abb. 85. Werkstattzeichnung für Modellrad mit 200 mm Durchmesser gependelte Erzeugende.

Es ist hierbei zu bemerken, daß einzelne Arbeiten von Lehrlingen getan wurden, und nur für das Schablonieren und Formen ein Facharbeiter herangezogen wurde.

Die Aufstellung bezieht sich auf ein Laufrad von 250 mm Durchmesser mit drei Laufradsektoren. Dafür wird benötigt:

1. Herstellung der Profilbleche und des Streichbleches . . . . .   4 Stunden
2. Schablonieren der Flügelfläche, Einformen des Nabenmodells und Guß des Modellflügels   6   „
3. Einformen des Modellflügels, dreimal je 2 Stunden   6   „
4. Guß und Bearbeitung der drei Sektoren und des Rades . . .   6   „

Gesamtherstellungszeit: 22 Stunden

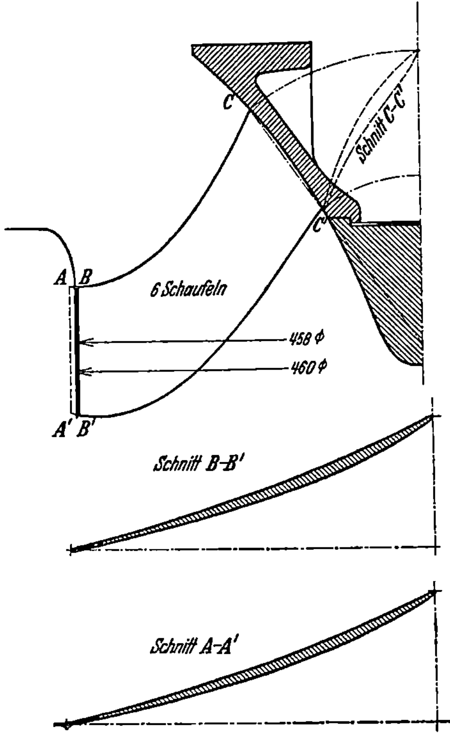

Abb. 86. Werkstattzeichnung für ein Laufrad $a = \infty$.

Für die Kontrollmessungen werden etwa $1^1/_2$ Stunden benötigt, so daß bei Kontrolle des Modellflügels und des fertigen Rades ein Mehraufwand von 3 Arbeitsstunden zu leisten ist.

Eine Werkstattzeichnung jedoch ohne Maße und mit für die Werkstatt unnötigen Studien für ein Rad für 200 mm Durchmesser ist in Abb. 85, eine andere Werkstattzeichnung für ein größeres in Abb. 86 gezeigt. Man erkennt daraus, wie sehr die Herstellung der Laufräder durch die Verwendung der Schraubenflächen vereinfacht ist. Das Wesentliche ist die genaue Aufzeichnung der Führungsschablonen für die Erzeugende. In Abb. 86 ist die Erzeugende parallel zu führen $(a = \infty)$, deshalb genügt die eine Schablone $A — A'$.

10. Ergebnisse der Entwicklungsversuche.

Auf Grund der guten Ergebnisse des ersten Rades, das in Charlottenburg geprüft worden war, entschloß sich die Königlich Schwedische Wasserfalldirektion Stockholm, weitere Versuche vornehmen zu lassen, um für das Kraftwerk Lilla Edet eine passende Turbine zu bekommen. Damit hatte es eine besondere Bewandtnis. Der Raum in dem Tal des Götælvs war beschränkt, und wollte man die nach Regulierung des Vänernsees zur Verfügung stehende Wassermenge von rund

1000 cbm/sec voll ausnützen, so brauchte man Einheiten, die wenigstens 10000 PS lieferten und demgemäß Wasser bis zu 150 cbm/sec verarbeiteten. Die Tourenzahl sollte nicht unter 62,5 Umdrehungen je Minute liegen. Die Francis-Turbine konnte, wie aus den eingelaufenen Angeboten hervorging, die Aufgabe nicht lösen. Es mußten neue Wege beschritten werden.

Das Erreichen der Garantiewerte zu sichern, führten wir Versuchsreihen mit drei Raddurchmessern durch. Die kleinsten Modellräder erhielten 200 mm Durchmesser, 20 KL genannt, die mittleren 460 mm Durchmesser, 50 KL genannt, und die größeren 1000 mm Durchmesser, 100 KL genannt. Die 20 KL-Räder erreichten maximale Wirkungsgrade von 82 bis 83%, die 50 KL-Räder von 87—88%, die 100 KL-Räder 89%. Das Sechsmeterrad erreichte maximal 92,5% (s. Abb. 87).

Ein großer Teil der von der Turbinenfabrik Finshyttan Aktiengesellschaft, Finshyttan, Schweden, durchgeführten Versuche ist in den Tabellen 1—5 zusammengestellt.

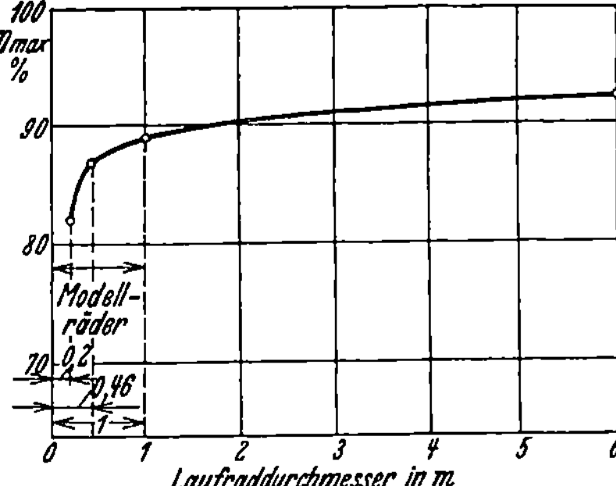

Abb. 87. Abhängigkeit des jeweils höchsten Wirkungsgrades vom Laufraddurchmesser.

Es bedeuten die Überschriften der Zahlenreihen in den Tabellen:

Q_I^I
η_{max}
die Wassermenge in l/sec, die bei einem dem untersuchten modellähnlichen Laufrad von 1 m Durchmesser bei 1 m Gefälle bei bestem Wirkungsgrad aufgetreten wäre.

n_I^I
η_{max}
die dementsprechende Umlaufzahl bei bestem Wirkungsgrad in Uml./min.

$Q_{I max}^I$
$n_I^I = 147$
die wie oben umgerechnete bei $n_I^I = 147$ Uml./min auftretende maximale Wassermenge.

$\dfrac{\eta_{max}}{n_I^I = 147}$ der bei $n_I^I = 147$ aufgefundene beste Wirkungsgrad.

$\eta_{1/2\,Last}$
$n_I^I = 147$
der bei halber Belastung bei $n_I^I = 147$ Uml./min gefundene Wirkungsgrad.

$n_I^I = 147$ Uml./min war die dem 6-m-Rad bei $n = 62,5$ Uml./min und 6,5 m Gefälle entsprechende Tourenzahl, reduziert auf ein Laufrad von 1 m Durchmesser und auf ein Gefälle von 1 m. Das war also die Tourenzahl, auf die die Garantien abgegeben waren.

Die Abb. 88 zeigt eine Zusammenstellung der geprüften Nabenformen, Erzeugenden, Leitschaufeln und Krümmer, gekennzeichnet durch Nummern und Buchstaben, so daß die Versuchsergebnisse verfolgt werden können.

Tabelle 1. Versuche mit Lawaczeck-Turbinen

Laufrad Nr.	$\operatorname{tg}\gamma_2$	$\operatorname{tg}\gamma_1$	Schaufelanzahl	t/λ	R/a	Nabenform Type	Erzeugende Type	Leitschaufel Type	Saugrohr Type	Q_I^I η_{max}	n_I^I η_{max}	$Q_I^{I}{}_{max}$ $n_I^I=147$
50 KL-1	0,26	0,425	8	1,0	0	A	1	L_{1a}	R	800	100	1150
50 KL-2	0,34	0,40	8	1,0	0	A	2	L_{1a}	R	900	102	1400
50 KL-2	0,34	0,40	8	1,0	0	A	2	L_{1a}	KI	890	93	1425
50 KL-2	0,34	0,40	6	1,33	0	A	2	L_{1a}	R	1200	114	1675
50 KL-2	0,34	0,40	6	1,33	0	A	2	L_2	R	1350	120	1700
50 KL-3	0,34	0,70	8	1,0	1,35	C	4	L_{1a}	R	1355	104	2025
50 KL-3	0,34	0,70	8	1,0	1,35	C	4	L_{1a}	KI	1525	108	1950
50 KL-3	0,34	0,70	8	1,0	1,35	C	4	L_{1a}	R	1460	102	1990
50 KL-3	0,34	0,70	8	1,0	1,35	C	4	L_{1a}	R	1500	110	1990
50 KL-4	0,34	0,425	8	1,0	1,50	B	3	L_{1a}	R	1325	92,5	1675
50 KL-4	0,34	0,425	8	1,0	1,50	B	3	L_{1a}	KI	1375	110	1900
50 KL-4	0,34	0,425	6	1,33	1,50	B	3	L_{1a}	R	1750	117,5	2000
50 KL-5$^\mathrm{I}$	0,33	0,24	8	0,935	1,50	B	3	L_{1a}	R	1075	103	1560
50 KL-5$^\mathrm{II}$	0,34	0,20	8	0,935	1,50	B	3	L_{1a}	R	1100	112	1600
50 KL-5$^\mathrm{III}$	0,34	0,20	8	1,02	1,50	B	3	L_{1a}	R	1150	111	1600
50 KL-5$^\mathrm{III}$	0,34	0,20	6	1,38	1,50	B	3	L_{1a}	R	1500	125	1750
50 KL-5$^\mathrm{III}$	0,34	0,20	7	1,18	1,50	B	3	L_{1a}	R	1350	124	1670
50 KL-6	0,41	0,24	8	0,95	1,0	D	5	L_{1a}	R	1200/1440	106/133[1]	1740
50 KL-6	0,41	0,30	8	1,12	1,0	D	5	L_{1a}	R	1250/1490	95/135[1]	1825
50 KL-6	0,41	0,30	8	1,24	1,0	D	5	L_{1a}	R	1360	109	1800
50 KL-6	0,41	0,30	8	1,24	1,0	D	5	L_2	R	1355	113	1755
50 KL-7	0,42	0,42	8	1,0	0	A	1	L_{1a}	R	950	97	1450
50 KL-7	0,42	0,42	8	1,12	0	A	1	L_{1a}	R	1060	94	1560
50 KL-8	0,30	0,515	8	1,0	1,50	B	3	L_{1a}	R	825	96	1350
50 KL-8	0,30	0,515	7	1,15	1,50	B	3	L_{1a}	R	940	91	1450
50 KL-8	0,30	0,515	6	1,35	1,50	B	3	L_{1a}	R	1250	115	1510
50 KL-8	0,30	0,515	6	1,35	1,50	B	3	L_{1a}	R	1200/1315	110/127[1]	1575
50 KL-8	0,30	0,515	6	1,35	1,50	B	3	L_2	R	1280	122,5	1610
50 KL-8	0,30	0,515	6	1,35	1,50	B	3	L_2	R	1290	124	1640
50 KL-9	0,33	0,425	8	1,0	1,35	B	3	L_{1a}	R	800	84,5	1315
50 KL-9	0,33	0,425	6	1,33	1,35	B	3	L_{1a}	R	1180	101	1550
50 KL-9	0,33	0,425	6	1,33	1,35	B	3	L_{1a}	R	1200/1375	102/135[1]	1580
50 KL-9	0,33	0,425	6	1,33	1,35	B	3	L_2	R	1250	112	1575
50 KL-9	0,33	0,425	6	1,33	1,35	B	3	L_2	K_2	1275	115	1630
50 KL-9	0,33	0,425	6	1,33	1,35	B	3	L_2	K_3	1300	117	1630
50 KL-9	0,33	0,425	6	1,33	1,35	B	3	L_2	K_4	1300	126	1630
50 KL-9	0,33	0,425	6	1,33	1,35	B	3	L_{1b}	R	1260	117	1625
50 KL-9	0,33	0,425	6	1,33	1,35	B	3	L_{1c}	R	1280	117	1685
50 KL-9	0,33	0,425	6	1,33	1,35	B	3	L_{1c}	R	1375	128	1570
50 KL-9	0,33	0,425	6	1,33	1,35	B	3	L_{1c}	R	1290	120	1580
50 KL-9	0,33	0,425	6	1,33	1,35	B	3	L_{1c}	R	1325	112	1570
50 KL-9	0,33	0,425	6	1,33	1,35	B	3	L_3	K_2	1270	123	1605
50 KL-9	0,33	0,425	6	1,33	1,35	B	3	L_4	K_2	1310	127	1640
50 KL-10	[0,26	0,40]	6	1,06	1,35	B	3	L_{1a}	R	1175	102,5	1600
50 KL-10	0,30	0,45	5	1,26	1,35	B	3	L_{1a}	R	1475	122,5	1775
50 KL-10	0,30	0,45	5	1,26	1,35	B	3	L_{1a}	R	1500	125	1770
50 KL-10	0,30	0,45	5	1,26	1,35	B	3	L_2	R	1500	125	1950
50 KL-10	0,30	0,45	6	1,06	1,35	B	3	L_2	R	1475/1175	130/102	1810

R bedeutet Geradachsiges Saugrohr. K bedeutet Saugrohr-Krümmer.

[1] Unsichere Tourenzahl deutet auf nahegelegenes Turbulenzgebiet.

aus dem Prüffeld der Aktiengesellschaft Finshyttan (Schweden).

η_{max}	η_{max} $n_I^I = 147$	$\eta_{1/_2 Last}$ $n_I^I = 147$	Bemerkungen	Prüf-Proto-koll Nr.
84,0	77,0			257
84,5	76,0			258
83,5	78,5			259
82,2	76,0	54,0		282
84,0	80,5	57,0		307
80,3	72,0			262
78,7	65,0			261
74,0	64,2		Schaufel an der Einlaufkante geändert	261
76,0	70,0			295
79,0	64,0			266
80,0	71,0			272
75,7	70,0			284
82,0	75,5			274
83,0	75,5		Schaufel an der Einlaufkante geändert	275
83,7	75,5		Schaufel 15 mm an der Auslaufseite weggenommen	281
78,0	76,5			283
79,0	76,5			291
78,0	73,0			276
80,0	75,0		Einlaufkante der Schaufel 3 mm gekürzt	278
81,7	74,0		„ „ „ 15 mm „	280
84,7	80,3	53,0		303
81,9	70,7			277
82,7	75,0		Schaufel Einlaufkante 20 mm gekürzt	279
82,7	71,0	54,0		285
82,5	74,0	52,0		290
83,2	79,0	56,0		286
81,4	77,0	55,0	Einlaufkante der Schaufel geändert	296
85,5	81,0	58 0		304
86,5	82,0	60,0	Schaufel bedeutend dünner, Einlaufkante scharf	358
82,5	73,5	52,0		289
83,0	77,0	55,0		288
81,4	79,0	56,0	Oberseite der Schaufel am Auslauf abgefeilt	293
87,2	83,0	59,0		305
85,1	81,5	55,5		317
85,3	81,5	57,0		318
83,5	79,0	54,0		321
84,5	81,4	58,0		327
85,3	81,4	58,5		328
83,0	80,5	55,5	Leitradhöhe verringert auf 160 mm. Normal 135 mm hoch	348
81,5	78,0	55,0	„ „ „ 140 „ . „ 135 „ hoch	349
82,3	75,6	53,0	„ „ „ 120 „ . „ 135 „ hoch	350
85,7	81,2	54,0		341
82,0	78,0	52,3	Fortsetzung siehe Tabelle II	342
82,7	78,0	54,0		297
80,0	78,0	52,5		298
79,5	76,0	53,0	Abgefeilt um größere Konvexität zu erreichen	300
85,2	82,0	58,0		375
83/86,7	82,5	59,0	1 Schaufel fehlerhaft (ungeändert)	376

Tabelle 2. Versuche mit Lawaczeck-Turbinen

Laufrad Nr.	$tg\,\gamma_2$	$tg\,\gamma_1$	Schaufel-anzahl	t/λ	R/a	Naben-form Type	Erzeu-gende Type	Leit-schaufel Type	Saug-rohr Type	$\dfrac{Q_I^I}{\eta_{max}}$	$\dfrac{n_I^I}{\eta_{max}}$	$\dfrac{Q_I^{Imax}}{n_I^I=147}$
50KL-11	0,41	0,25	6	1,16	1,0	D	5	L_{1a}	R	1240	119	1700
50KL-11	0,41	0,25	5	1,39	1,0	D	5	L_{1a}	R	1485	127,5	1850
50KL-11	0,41	0,25	5	1,39	1,0	D	5	L_2	R	1550	135	1850
50KL-12	0,22	0,35	6	1,08	1,35	B	3	L_2	R	850	122,5	1075
50KL-12	0,22	0,35	5	1,30	1,35	B	3	L_2	R	1050	127,5	1250
50KL-12	0,26	0,39	5	1,30	1,35	B	3	L_2	K_2	1260	124	1545
50KL-13	0,25	0,34	4	1,03	—	A	2	L_2	R	870	106	1340
50KL-13	0,25	0,34	4	1,25	—	A	2	L_2	R	1065	126	1410
50KL-13	0,25	0,34	4	1,25	—	A	2	L_2	K_2	1100	135	1415
50KL-13	0,25	0,34	4	1,25	—	A	2	L_2	K_3	1130	133	1450
50KL-13	0,25	0,34	4	1,25	—	A	2	L_2	K_4	1160	135	1430
50KL-14	0,30	0,35	6	1,33	1,35	A	2	L_2	R	1210	120	1690
50KL-14	0,30	0,35	6	1,33	1,35	A	2	L_2	K_2	1300	130	1670
50KL-14	0,30	0,35	6	1,33	1,35	A	2	L_3	K_2	1275	125	1660
50KL-14	0,30	0,35	6	1,33	1,35	A	2	L_{1b}	K_2	1275	120	1690
50KL-14	0,30	0,35	6	1,33	1,35	A	2	L_{1c}	R	1350	127	1765
50KL-14	0,30	0,35	6	1,33	1,35	A	2	L_4	K_2	1325	127	1730
50KL-14	0,30	0,35	6	1,33	1,35	A	2	L_5	R	1270	120	1725
50KL-14	0,30	0,35	6	1,33	1,35	A	2	L_6	R	1325	125	1690
50KL-14	0,30	0,35	6	1,33	1,35	A	2	L_7	R	1375	127,5	1750
50KL-14	0,30	0,35	6	1,33	1,35	A	2	L_7	K_2	1350	125	1705
50KL-15	0,26	0,35	5	1,0	0	A	2	L_2	R	1135	112	1555
50KL-15	0,26	0,35	5	1,0	0	A	2	L_2	K_2	1150	115	1650
50KL-15	0,26	0,35	5	1,0	0	A	2	L_2	R	1225	117	1700
50KL-16	0,355	0,425	8	1,0	1,35	B	3	L_2	R	1250	115	1740
50KL-16	0,355	0,425	8	1,0	1,35	B	3	L_2	K_2	1350	133	1725
50KL-16	0,355	0,425	6	1,33	1,35	B	3	L_2	K_2	1500	125	1900
50KL-16	0,355	0,425	8	1,0	1,35	B	3	L_2	R	1250	115	1720
50KL-17	0,345	0,41	4	0,98	0	A	2	L_2	K_2	1300	130	1720
50KL-17	0,345	0,41	4	1,135	0	A	2	L_2	K_2	1325	128	1740
50KL-18	0,58	0,31	6	1,36	0,5	A	2	L_2	K_2	1375	133	1650
50KL-18	0,58	0,31	6	1,36	0,5	A	2	L_2	K_2	1375	130	1650
50KL-19	0,38	0,47	8	1,0	—	E	6	L_2	K_2	1400	125	1900
50KL-19	0,38	0,47	8	1,0	—	E	6	L_2	R	1275	110	1900

— bedeutet $a = \infty$.

Tabelle 3. Versuche mit Lawaczeck-Turbinen

Laufrad Nr.	$tg\,\gamma_2$	$tg\,\gamma_1$	Schaufel-anzahl	t/λ	R/a	Naben-form Type	Erzeu-gende Type	Leit-schaufel Type	Saug-rohr Type	$\dfrac{Q_I^I}{\eta_{max}}$	$\dfrac{n_I^I}{\eta_{max}}$	$\dfrac{Q_I^{Imax}}{n_I^I=147}$
50 KL-9	0,33	0,425	6	1,33	1,35	B	3	L_5	R	1350	127	1630
50 KL-9	0,33	0,425	6	1,33	1,35	B	3	L_6	R	1325	122	1620
50 KL-9	0,33	0,425	6	1,33	1,35	B	3	L_7	K_2	1290	124	1625
50 KL-10	0,30	0,45	6	1,06	1,35	B	3	L_2	K_2	1390	130	1770

aus dem Prüffeld der Aktiengesellschaft Finshyttan (Schweden).

η_{max}	η_{max} $n_I^I = 147$	$\eta_{1/2\,Last}$ $n_I^I = 147$	Bemerkungen	Prüf-Proto-koll Nr.
80,3	77,3	53,0		299
76,3	75,0	52,0		301
82,0	81,0	54,0		302
84,5	79,2	57,0		306
86,0	83,0	61,0		308
84,7	82,5	56,0	Schaufeln verdreht	381
87,0	83,3	66,0		311
86,0	83,0	63,0		313
87,0	83,5	62,5		316
85,2	83,5	64,0		319
86,3	84,0	62,0		320
85,7	83,5	62,5		312
86,3	84,3	60,0		314
85,4	84,0	58,0		340
82,0	79,0	58,0		326
84,5	82,0	61,0		329
83,8	81,0	56,5		343
86,0	81,8	61,2		353
85,5	82,0	60,0		354
83,8	81,0	61,5		413
84,8	83,0	58,5		414
83,0	78,0	61,0		322
83,7	81,0	59,5	Neuausführung	411
83,5	79,0	—		412
86,0	81,0	59,0		323
86,4	82,5	56,0		324
83,0	79,0	54,0		325
85,0	83,0	58,2		351
85,0	82,0	59,5		330
84,0	80,0			332
81,0	79,2	56,0		333
81,5	79,0	56,0	Schaufeln abgerundet	334
87,0	81,0	55,0		356
87,0	80,2	55,0		357

aus dem Prüffeld der Aktiengesellschaft Finshyttan (Schweden).

η_{max}	η_{max} $n_I^I = 147$	$\eta_{1/2\,Last}$ $n_I^I = 147$	Bemerkungen	Prüf-Proto-koll Nr.
86,6	84,0	59,5		352
85,0	82,0	58,0		355
85,0	81,5	54,0		415
83,0	80,0	55,0	1 Schaufel geändert	377

Fortsetzung der Tabelle 3. Versuche mit Lawaczeck-Turbinen

Laufrad Nr.	$\operatorname{tg}\gamma_2$	$\operatorname{tg}\gamma_1$	Schaufelanzahl	t/λ	R/a	Nabenform Type	Erzeugende Type	Leitschaufel Type	Saugrohr Type	Q_I^I η_{max}	n_I^I η_{max}	$Q_I^{I\,max}$ $n_I^I=147$
50 KL-20	0,30 (0,27)	0,67	8	1,0	—	F	7	L_2	R	1550	113	2060
50 KL-20	0,30 (0,27)	0,67 (0,00)	8	1,0	—	F	7	L_2	R	1350	100	2060
50 KL-21	0,34	0,425	8	1,0	—	B	8	L_2	R	1450	120	2010
50 KL-21	0,34	0,425	8	1,0	—	B	8	L_2	K_2	1300	112,5	1960
50 KL-21	0,34	0,425	8	1,0	—	B	8	L_2	K_3	1400	117,5	1965
50 KL-21	0,34	0,425	8	1,0	—	B	8	L_2	R	1400	115	2010
50 KL-21	0,34	0,425	8	1,0	—	B	8	L_2	R	1225	114	1800
50 KL-22	0,41	0,48	8	1,0	1,50	F	3	L_2	R	1455	107	>1940
50 KL-22	0,41	0,48	8	1,0	1,50	F	3	L_2	K_2	1500	105	>1850
50 KL-22	0,41	0,48	8	1,0	1,50	A	3	L_2	K_2	1500	107,5	>2070
50 KL-22	0,41	0,48	8	1,0	1,50	B	3	L_2	K_2	1510	113,5	>2015
50 KL-22	0,41	0,48	8	1,0	1,50	B	3	L_2	K_2	1510	113,5	>2030
50 KL-23	0,34	0,425	8	1,0	—	G	8	L_2	R	1150	103	1800
50 KL-23	0,34	0,425	8	1,0	—	G	8	L_2	K_2	1200	115	1800
50 KL-24	0,30	0,37	8	1,0	—	B	8	L_2	R	1425	125	1895
50 KL-24	0,30	0,37	8	1,0	—	B	8	L_2	K_2	1350	125	1855
50 KL-25	0,30	0,36	8	1,0	—	B	8	L_2	R	950	117,5	1500
50 KL-25	0,30	0,36	6	1,33	—	B	8	L_2	R	1440	130	1755
50 KL-25	0,30	0,36	6	1,33	—	B	8	L_2	K_2	1340	125	1740
50 KL-26	0,31	0,37	8	1,0	—	B	9	L_2	R	1090	112	1445
50 KL-27	0,28	0,315	8	1,0	—	H	10	L_2	K_2	1180	124	1575
50 KL-27	0,28	0,315	6	1,0	—	H	10	L_2	K_2	1500	124	1870
50 KL-27	0,28	0,315	8	1,0	—	H	10	L_2	K_2	1150	115	1635
50 KL-28	0,27	0,37	5	1,59	1,35	B	3	L_2	K_2	1400	121	1825
50 KL-28	0,31	0,40	5	1,59	1,35	B	3	L_2	R!	1470	129	1855
50 KL-28	0,31	0,40	6	1,33	1,35	B	3	L_2	R	1290	117,5	1720
50 KL-28	0,31	0,40	5	1,59	1,35	B	3	L_2	K_2	1550	122,5	2035
50 KL-28	0,31	0,40	5	1,59	1,35	B	3	L_2	K_2	1250	125	1635
50 KL-29	0,38	0,43	8	1,0	—	E	6	L_2	K_2	1320	120	1760
50 KL-29	0,38	0,43	8	1,0	—	E	6	L_2	R	1390	116	1760
50 KL-30	0,34	0,425	6	1,35	—	A	2	L_2	K_2	1410	128	1810
50 KL-30	0,34	0,425	6	1,33	—	I	2	L_2	K_2	1400	122,5	1790
50 KL-30	0,34	0,425	6	1,33	—	A	2	L_2	R	1535	130	1910
50 KL-30	0,34	0,425	6	1,33	—	A	2	L_2	K_2	1540	135	1900
50 KL-30	0,34	0,425	6	1,33	—	EA	2	L_2	K_2	1520	125	1870
50 KL-30	0,34	0,425	6	1,33	—	A	2	L_2	K_2	1390	126	1790
50 KL-31	0,27	0,34	4	1,0	—	A	1	L_2	K_2	1415 1200	135 117	1770
50 KL-31	0,27	0,34	4	1,0	—	A	1	L_2	K_2	1450	133	1810
50 KL-31	0,27	0,34	4	1,0	—	A	1	L_2	K_2	1350	120	1820

— bedeutet $a = \infty$.

aus dem Prüffeld der Aktiengesellschaft Finshyttan (Schweden).

η_{max}	η_{max} $n_I^I = 147$	$\eta 1/_2\text{Last}$ $n_I^I = 147$	Bemerkungen	Prüf-Protokoll Nr.
74,7	64,0	45,0	Schleift stark	359
76,5	62,1	—	Innere Schaufelstücke weggenommen	361
86,0	81,6	60,0		360
80,0	75,5	53,5		362
> 83,5	79,5	56,0		363
> 84,0	81,4	60,0	Kontrolle	366
86,0	80,0	59,0	Schaufeln konisch abgeschliffen	371
82,0	73,0	50,0		364
80,0	68,0	—		365
82,0	76,0	47,0	Nabe nach Typ A geändert	378
82,8	76,0	48,0	„ „ „ B „	385/86
—	75,5	49,5		
84,4	78,0	57,5		370
83,0	78,0	54,0		369
85,0	82,0	59,0		367
> 82,0	79,5	57,0		368
82,1	75,5	59,0	Konvex	372
82,5	81,0	60,0	„	373
80,0	79,0	56,0	„	380
83,8	76,0	61,0		374
82,1	~76,0			387
77,6	70,8	50,0		388
81,5	78,0	54,0	Nabe geändert I	391
80,8	77,5	55,5		382
85,0!	82,5	59,5		383
85,8	83,0	58,5		384
82,5	80,6	52,0	Schaufel aufwärts verwunden	389
82,0	78,0		„ abwärts „	390
83,0	77,0	52,5		393
> 82,2	77,0	53,0		394
86,0	82,0		Nabe durch Zugießen weiterverstärkt, später Probe 407	410
82,0	78,0	56,0	Laufrad hoch gesetzt	398
84,3	82,0	60,0	„ mittelhoch gesetzt	395
78,3	83,0	56,0	„ „ „	396
83,1	81,5	56,0	„ tief gesetzt	399
84 (?)	81,5	56,5	Nabe verstärkt aber Form beibehalten	407
82,0	81,5	58,5		400/08
85,0	81,0	57,5	408 Kontr. von 400	
82,5	81,5	56,0	Einlaufkante geändert	416
83,1	82,5	59,0	Auslaufkante im Zentrum weggenommen	489

Tabelle 4. Versuche mit Lawaczeck-Turbinen

Laufrad Nr.	$\operatorname{tg}\gamma_2$	$\operatorname{tg}\gamma_1$	Schaufel-anzahl	t/λ	R/a	Naben-form Type	Erzeu-gende Type	Leit-schaufel Type	Saug-rohr Type	Q_I^I η_{max}	n_I^I η_{max}	$Q_I^{I\,max}$ $n_I^I=147$
50 KL-32	0,24	0,34	8	1,0	—	A	8	L_2	R	1320 (1475?)	136 (153?)	1700
50 KL-32	0,24	0,34	8	1,0	—	A	8	L_2	K_2	1270	129	1670
50 KL-33	0,30	0,38	6	1,22	—	A	2	L_2	K_2	1300	120	1740
50 KL-33	0,30	0,38	6	1,22	—	A	2	L_2	R	1350	113	1745
50 KL-33	0,30	0,38	6	1,22	—	A	2	L_2	K_2	1325	120	1740
50 KL-34	0,34	0,40	6	1,22	—	A	2	L_2	K_2	1240	112	1760
50 KL-34	0,34	0,40	6	1,22	—	A	2	L_2	K_2	1375	122	1750
50 KL-34	0,34	0,40	6	1,22	—	A	2	L_2	R	1350	115	1835
50 KL-35	0,27	0,37	8	1,0	—	A	8	L_2	K_2	1360	122	1850
50 KL-35	0,27	0,37	8	1,0	—	A	8	L_2	R	1380	122	1845
50 KL-35	0,27	0,37	8	1,0	—	A	8	L_2	K_2	1360	122	1845
50 KL-35	0,27	0,37	8	1,0	—	A	8	L_2	K_2	1360	125	1810
50 KL-35	0,27	0,37	8	1,0	—	A	8	L_2	K_2	1400	117	1805
50 KL-35	0,27	0,37	8	1,0	—	A	8	L_2	K_3	1350	124	1810
50 KL-37	0,25	0,34	4	1,03	—	A	1	L_2	K_2	1125	122	1500
50 KL-38	0,335	0,335	6	1,22	—	A	2	L_2	K_2	1300/1440	116/142	1730
50 KL-38	0,335	0,335	6	1,22	—	A	2	L_2	K_2	1300	122	1740
50 KL-38	0,335	0,335	6	1,22	—	A	2	L_2	R	1310	117	1750
50 KL-38	0,335	0,335	6	1,22	—	A	2	L_2	K_3	1340	122	1750
50 KL-14	0,30	0,35	6	1,33	—	A	2	P_2	K_2	1440	122	1730
50 KL-14	0,30	0,35	6	1,33	—	A	2	L_2	K_2	1290	122	1670
50 KL-14	0,30	0,35	6	1,33	—	A	2	L_2	K_2	1300	124	1685
50 KL-14	0,30	0,35	5	1,33	—	A	2	L_2	K_2	1370	130	1630
50 KL-16	0,355	0,425	8	1,0	1,35	B	3	L_2	R	1200	110	1740
50 KL-16	0,355	0,425	8	1,0	1,35	B	3	L_2	R	1190	112	1740
50 KL-X	—	—	6	1,35	—	C	4	L_1a	R	1300	103	1850
50 KL-X	—	—	8	1,0	—	C	4	L_1a	R	1000	97	1725
60 KL-16	—	—	8	1,0	1,35	B	3	—	K_3	1000 1175	91 113	1575

— bedeutet $a = \infty$.

Tabelle 5. Versuche mit Lawaczeck-Turbinen

Laufrad Nr.	$\operatorname{tg}\gamma_2$	$\operatorname{tg}\gamma_1$	Schaufel-anzahl	t/λ	R/a	Naben-form Type	Erzeu-gende Type	Leit-schaufel Type	Saug-rohr Type	Q_I^I η_{max}	n_I^I η_{max}	$Q_I^{I\,max}$ $n_I^I=147$
50 KL-14	0,30	0,35	6	1,33	1,35	A	2	L_2	K_2	1275	123	1650
50 KL-14	0,30	0,35	6	1,33	1,35	A	2	L_2	K_2	1260	120	—
50 KL-35	0,27	0,37	8	1,0	—	A	8	L_2	K_2	1250	116	1755
50 KL-38	0,335	0,335	6	1,22	—	A	2	L_2	R	1275	103	1725
50 KL-38	0,335	0,335	6	1,22	—	A	2	L_2	K_2	1270	113	1740
50 KL-39	0,335	0,335	6	1,22	—	A	2	L_2	K_2	1325	123	1760
50 KL-39	0,335	0,335	6	1,22	—	A	2	L_2	R	1325	116	1780
50 KL-39	0,335	0,335	6	1,22	—	A	2	L_2	R	1325	118	1750
50 KL-40	0,335	0,200	6	1,35	—	A	2	L_2	R	1380	118	1800

aus dem Prüffeld der Aktiengesellschaft Finshyttan (Schweden).

η_{max}	η_{max} $p_I^I = 147$	$\eta_{1/2\,Last}$ $n_I^I = 147$	Bemerkungen	Prüf- Proto- koll Nr.
84,0 (84,3?)	84,0 (83,0?)	61,5		405
84,0	80,5	60,0		406
84,0	82,0	58,5	.	417
84,0	81,5	60,5		418
84,5	81,5	58,5	Auslaufkante an der Nabe geändert	421
85,0	80,0	58,5	Noch mehr an der Auslaufkante geändert	422
86,0	81,0	54,5		419
85,0	81,5	55,0		420
83,0	79,0	57,0		423
85,0	84,0	62,5		424
83,0	81,0	57,5	Kontrolle	426
82,5	80,0		Neuer Ring 1	428
83,0	77,0		,, ,, 2	431
86,0	83,0	60,0		438
83,0	80,0	59,5		432
86,3 85,8	83,0	58,0	Scharfe Einlaufkante	433
87,0	84,5	60/58	Abgerundete Einlaufkante	434
87, 5	83,0	60,5		435
85,0	81,5			439
82,5	79,0		Neuer Ring 2	430
84,5	81,7		,, ,, 1	429
86,0	82,5	60,0	Kontrolle	427
85,0	83,0	59,0		402
83,0	78,0	56,0		403
82,9	78,0			404
78,5	71,0	—		287
81,0	70,0	—		294
85,2	76,0	—	Adak",,-Gußeisenschaufel	397

aus dem Prüffeld der Aktiengesellschaft Finshyttan (Schweden).

η_{max}	η_{max} $n_I^I = 147$	$\eta_{1/2\,Last}$ $n_I^I = 147$	Bemerkungen	Prüf- Proto- koll Nr.
86,0	83,0	57,0	Kontrollprüfung	477
85,0	80,3	56,0	Nabe verstärkt durch Holzeinsatz	484
80,5	76,5	56,0	Ring eingesetzt in Leitapparat	480
86,0	82,0	56,0	Kontrolle von Prüfung Nr. 435	459
86,0	82,0			481
84,5	75,0	54,0		454
84,0	81,0	58,0		455
84,5	81,0	58,5	Einlaufkante der Schaufel geändert	456
84,5	80,5	58,0		458

Fortsetzung der Tabelle 5. Versuche mit Lawaczeck-Turbinen

Laufrad Nr.	$\operatorname{tg}\gamma_2$	$\operatorname{tg}\gamma_1$	Schaufelanzahl	t/λ	R/a	Nabenform Type	Erzeugende Type	Leitschaufel Type	Saugrohr Type	$\dfrac{Q_I^I}{\eta_{max}}$	$\dfrac{n_I^I}{\eta_{max}}$	$\dfrac{Q_{I\,max}^I}{\eta_I^I=147}$
50 KL-41	0,350	0,425	8	0,92	—	J	11	L_2	R	1375	118	1825
50 KL-41	0,350	0,425	7	1,05	—	J	11	L_2	R	1500	126	1900
50 KL-41	0,350	0,425	8	0,92	—	J	11	L_2	K_2	1275	116	1825
50 KL-41	0,350	0,425	8	0,92	—	J	11	L_2	K_2	1250	116	—
50 KL-41	0,350	0,425	8	0,92	—	J	11	L_2	K_2	1250	115	—
50 KL-42	0,290	0,570	9	0,85	—	A	8	L_2	K_2	1130	96	—
50 KL-43	0,380	0,690	9	0,85	—	A	2	L_2	K_2	1180	96	—
50 KL-44	0,325	0,375	8	0,95	—	K	11	L_2	K_2	1180	111	1540
50 KL-44	0,325	0,375	6	1,25	—	K	11	L_2	K_2	1200	111	1675
50 KL-44	0,325	0,375	6	1,25	—	K	11	L_2	K_2	1200	116	1640
50 KL-44	0,325	0,375	6	1,25	—	K	11	L_2	K_2	1270	117	1690
50 KL-44	0,325	0,375	6	1,25	—	K	11	L_2	K_2	1240	123	—
50 KL-44	0,325	0,375	6	1,25	—	K	11	L_2	K_2	1240	122	—
50 KL-45	0,300	0,380	6	1,20	—			L_2	K_2	1180	116	—
50 KL-45	0,300	0,380	6	1,20	—			L_2	K_2	1180	110	—
50 KL-46	0,290	0,290	6	1,22	—	A	2	L_2	K_2	1300	118	1730
50 KL-46	0,290	0,290	6	1,22	—	A	2	L_2	K_2	1280	113	1760
50 KL-46	0,290	0,290	6	1,22	—	A	2	L_2	K_2	1350	115	1790
50 KL-47	0,335	0,335	6	1,38	—	A	2	L_2	K_2	1300	117	1730
50 KL-47	0,335	0,335	6	1,38	—	A	2	L_2	K_2	1300	117	1730
50 KL-48	0,34	0,34	4	0,99	—	A	1	L_2	K_2	1175	127	1575
50 KL-48	0,34	0,34	4	0,99	—	A	1	L_2	K_2	1150	120	1565
50 KL-48	0,34	0,34	4	0,99	—	A	1	L_2	R	1110	116	1610
50 KL-48	0,34	0,34	4	1,06	—	A	1	L_2	K_2	1100	112	1600
50 KL-48	0,34	0,34	4	1,13	—	A	1	L_2	K_2	1200	120	1620
50 KL-50	0,39	0,39	4	1,0	—0,5	A	3	L_2	K_2	1055	114	1485
50 KL-50	0,39	0,39	4	1,0	—0,5	A	3	L_2	K_2	1085	110	1495
50 KL-51	0,34	0,34	4	1,0	—	A	3	L_2	K_2	1100	111	1575
50 KL-52	0,39	0,39	4	1,0	—	A	1	L_2	K_2	1300	127	1670
50 KL-52	0,39	0,39	4	1,0	—	A	1	L_2	K_2	1255	114	1670
50 KL-52	0,39	0,39	4	1,0	—	A	1	L_2	K_2	1290	127	1670
50 KL-52	0,39	0,39	4	1,0	—	E	1	L_2	K_2	1250	120	1710
50 KL-52	0,39	0,39	4	1,0	—	A	1	L_2	R	1200	115	1700
50 KL-52	0,39	0,39	4	1,0	—	A	1	L_2	K_2	1300	127	1670
50 KL-52	0,39	0,39	4	1,0	—	A	1	L_2	K_2	1340	125	1700
50 KL-53	0,39	0,39	4	1,0	—	B	3	L_2	K_2	1125	118	1540
50 KL-54	0,37	0,37	4	1,03	—	A	3	L_2	K_2	1410	138	1700
50 KL-55	0,39	0,34	4	0,99	—	A	1	L_2	K_2	1175	111	1640
50 KL-56	—	—	4	—	—	—	—	L_2	K_2	1190	113,5	1672
50 KL-57	0,355	0,41	4	1,05	—	A	1	L_2	K_2	1250	125	1510
50 KL-57	0,355	0,41	4	1,05	—	A	1	L_2	K_3	1335	125	1650
50 KL-57	0,355	0,41	4	1,05	—	A	1	L_2	K_3L	1130	106	1625
50 KL-57	0,355	0,41	4	1,05	—	A	1	L_2	R	1200	115	1665
50 KL-57	0,355	0,41	4	1,05	—	A	1	L_2	R	1200	117	1680
50 KL-57	0,355	0,41	4	1,05	—	A	1	L_2	RK_2	1140	109	1635

aus dem Prüffeld der Aktiengesellschaft Finshyttan (Schweden).

η_{max}	η_{max} $n_I^I = 147$	$\eta_{1/2\,Last}$ $n_I^I = 147$	Bemerkungen	Prüf-Proto-koll Nr.
85,0	81,5	55,0		460
84,5	82,0	54,0		462
82,0	77,0	54,0		463
82,0	77,0	52,0	Deckeleinsatz	464
82,0	78,0	54,0	Kontrolle von Prüfung Nr. 463	465
84,5	—	—		485
84,5	—	51,0		466
84,5	74,0	55,0		467
84,5	81,0	57,5		468
81,0	79,0	55,0	Deckeleinsatz	469
84,0	78,0	56,0	Geänderte Einlaufkanten	472
82,0	79,0	53,0	Nach der Änderung Deckeleinsatz	473
82,0	76,5	54,0	„ „ „ neuer Deckeleinsatz	474
83,5	79,5	54,0		470
80,0	72,0	—	Ring im Leitapparat eingesetzt	478
83,5	75,0	54,0		471
82,0	71,0	52,5	Einlaufkante geändert I	476
82,0	73,0	52,0	Nach Änderung I Auslaufkante geändert II	479
86,0	77,5	54,0		482
85,5	80,0	55,0	Einlaufkante geändert	483
87,0	83,5	60,0		490
85,0	80,0	—	Füllkörper im Saugrohr	491
87,8	82,5	62,0	„ weggenommen	492
86,6	82,5	60,0	Einlaufkante gekürzt	493
85,6	83,0	60,0	„ „	
85,5	81,0	59,5		495
84,3	79,0	59,5	100 mm hoher Ring im Leitapparat	496
86,3	83,5	59,5		603
85,3	82,5	59,5		498
84,7	82,0	—	100 mm hoher Ring im Leitapparat	497
84,0	82,5	59,0	12 „ „ „ „ „	604
82,3	78,5	58,0	Deckel vom Rad 15 mm hoch	602
84,7	80,6	61,0		609
84,0	82,5	58,5	Schaufelspitzen 12 mm abgerundet	616
84,0	82,0	59,0	Schaufelauslaufkante gekürzt	617
81,5	79,0	56,0	12 mm hoher Ring im Boden des Leitapparates	605
81,7	81,4	58,5		613
83,5	81,3	58,5		610
85,8	82,6	58,5		618
87,6	83,5	60,7		620
85,5	83,0	62,0		621
88,2	84,4	63,0		625
85,6	79,7	59,5	Geprüft mit einem Gefälle $H = \sim 2100$ bis 2200 mm	626
85,2	81,6	62,0	„ „ „ „ $H = \sim 3350$ mm	627
83,9	80,0	56,5	Gerades Saugrohr zwischen Leitapparat und Krümmer geprüft mit $H = \sim 3600$ mm	628

Fortsetzung der Tabelle 5. Versuche mit Lawaczeck-Turbinen

Laufrad Nr.	$\operatorname{tg} \gamma_2$	$\operatorname{tg} \gamma_1$	Schaufel-anzahl	t/λ	R/a	Naben-form Type	Erzeu-gende Type	Leit-schaufel Type	Saug-rohr Type	Q_I^I η_{max}	n_I^I η_{max}	$Q_I^{I}{}_{max}$ $\eta_I^I = 147$
50 KL-57	0,355	0,41	4	1,05	—	A	1	L_2	RK_2	1200	120	1710
50 KL-57 B	0,30	0,485	4	1,05	—	A	1	L_2	K_2	1025	100	1530
50 KL-57 B	0,30	0,485	4	1,05	—	A	1	L_2	K_2	1100	105	1617
50 KL-58	0,34	0,505	6	1,0	—	A	2	L_2	K_2	1175	110	1660
50 KL-59	—	—	9	—	—	—	8	L_2	K_2	1130	116	1610
50 KL-59	—	—	9	—	—	—	8	L_2	R	1125	110	1625
50 KL-59	—	—	8	—	—	—	8	L_2	K_2	1200	115	1665
50 KL-17	0,355	0,41	4	1,135	—	A	1	L_2	K_2	1250	115	1720
50 KL-38	0,335	0,335	6	1,22	—	A	2	L_2	K_2	1200	105	1730

Die ersten Versuchsräder wurden für parabolische Begrenzung des Durchflußraumes ausgebildet, auf Grund der Erkenntnis, daß längs einer Parabel die axiale Geschwindigkeit konstant ist. Das Wasser wird auf seinem Weg durch den Wirbel deshalb gemäß Abb. 89 durch zwei kongruente Parabeln hindurchgeführt. Auf einer Zylinderfläche mit dem Radius r (s. Abb. 89) wird, wegen des Gesetzes $c_r \cdot r =$ konst, c_r überall gleich groß. Die Winkel, unter welchen die Strömungsparabeln bzw. Paraboloide diesen Zylinder schneiden, sind wegen der Kongruenz der Parabeln konstant, so daß mit $\operatorname{tg} \delta = \dfrac{c_r}{c_z}$ auch $c_z =$ konst wird für den innerhalb der Parabelbegrenzungen liegenden Strömungsraum.

Die parabolische Strömung wird erzwungen durch die Form der Nabe, die im Gegensatz zu den im Turbinenbau bis dahin üblichen konkaven Nabenprofilen konvex gestaltet wurde. Daß die Nabe konvex sein muß, folgt daraus, daß das Wasser nach außen verdrängt werden muß, wenn es imstande sein soll, der äußeren Begrenzungslinie zu folgen. Eine konkave Nabe setzt an der äußeren Begrenzungslinie Zugkräfte voraus.

Die äußere parabolische Begrenzung des Profils (s. Abb. 90) ist stark gekürzt, um eine einfache zylindrische Bearbeitung der Schaufelenden sowie einen zweckmäßigen Anschluß an das Saugrohr zu ermöglichen.

Da wir ohne jede Erfahrung waren, mußten auch die unwichtigeren Teile untersucht werden, die Nabenformen. Die geprüften Formen sind in dem Übersichtsblatt, Abb. 88, zusammengestellt. Die Versuche ergaben keine deutliche Überlegenheit der einen oder anderen Naben-form, es wurde jedoch klar, daß die Ausnutzung des Innenraums des Laufrades keinen Nutzen bringt, wohl aber sehr erhebliche Gefahren. Wohl weil die Tendenz des Wirbels dahin geht, auf kleinerem Durch-messer sehr rasch zu wachsen, tut man gut, diesen gefährlichen Raum auszufüllen durch eine möglichst dicke Nabe. Es sollte D_0 wenigstens $0,4\,D_1$ sein. Ihre Form ist im übrigen ziemlich gleichgültig.

aus dem Prüffeld der Aktiengesellschaft Finshyttan (Schweden).

η_{max}	$\dfrac{\eta_{max}}{n_I^{I}=147}$	$\dfrac{\eta_{1/2\,Last}}{n_I^{I}=147}$	Bemerkungen	Prüf-Proto-koll Nr.
82,1	76,0	60,5	Gerades Saugrohr zwischen Leitapparat und Saugkrümmer geprüft mit $H = 2200$	629
85,2	81,0	56,0		633
86,6	81,8	58,0	Schaufeln dünner gemacht	636
85,7	79,0	56,0		634
86,8	81,0	58,0		637
86,7	80,5	58,5		638
84,7	82,5	56,0		639
86,5	83,4	58,0	Kontrolle	601
87,7	82,0	57,5		499

Sodann wurden verschiedene Formen der Erzeugenden untersucht (s. Übersichtsblatt Abb. 88). Die Parabelform der Erzeugenden wurde zunächst bevorzugt, weil in dem Eintrittsparallelepiped Abb. 62, S. 75 der Winkel $\varepsilon = \delta$ ist. Das heißt, es sollte deshalb jeweils die Erzeugende spiegelbildlich zu der Stromlinie stehen. Wenn die Begrenzung parabolisch war, waren es auch die Stromlinien, also wurden die Erzeugenden als spiegelbildliche Parabel gewählt. Diese parabolischen Erzeugenden lieferten den überhaupt höchsten Wirkungsgrad mit 88,2 % bei 50 KL 57. In dem Sonderfall $\varepsilon = \delta$ ist das aus den Geschwindigkeiten eines Punktes der Schaufelfläche, c_{r_s}, c_{z_s} und u_s, aufgebaute Geschwindigkeitsparallelepiped identisch mit dem der Bewegung eines Wasserpunktes entsprechenden Parallelepiped. Es ist aber gar nicht nötig, diesen Sonderfall zu verwirklichen. Denn, ist z. B. tg $\delta \gtrless$ tg ε, so wird die radiale Geschwindigkeitskomponente des Wassers c_r im Verhältnis zu c_z größer oder kleiner als sie wäre, wenn tg $\delta =$ tg ε ist. Das ist aber für die Arbeitsleistung, die Energieübertragung, ganz und gar belanglos. Denn Beschleunigungen oder Verzögerungen in Richtung c_r können keinen Hebelarm ergeben, haben somit das Drehmoment Null. Änderungen dieser Geschwindigkeitsrichtung ergeben also nur Änderungen des hydraulischen Druckes. Deshalb ist nicht anzunehmen, daß die Tatsache der Winkelgleichheit das Wirkungsgradmaximum verschuldet hat. Jedoch scheint vielleicht die Parabelform der Erzeugenden deshalb besonders günstig, weil der zwischen zwei Parabeln liegende Raum eine konstante axiale Geschwindigkeit gewährleistet.

Da man die Nabe sehr dick zu machen vorteilhaft fand, konnte es indessen nichts verschlagen, die Parabelerzeugende durch eine Gerade zu ersetzen, die Tangente zur Parabel war.

Gependelte Erzeugende gestatten den Fehler der längs der Eintrittszone gegenüber der Bedingung stoßfreien Eintritts auftritt, zu mildern, auch gestatten sie größeren Durchfluß, diesen doch naturgemäß nur unter Wirkungsgradeinbuße. Denn der größere Durchfluß wird ja

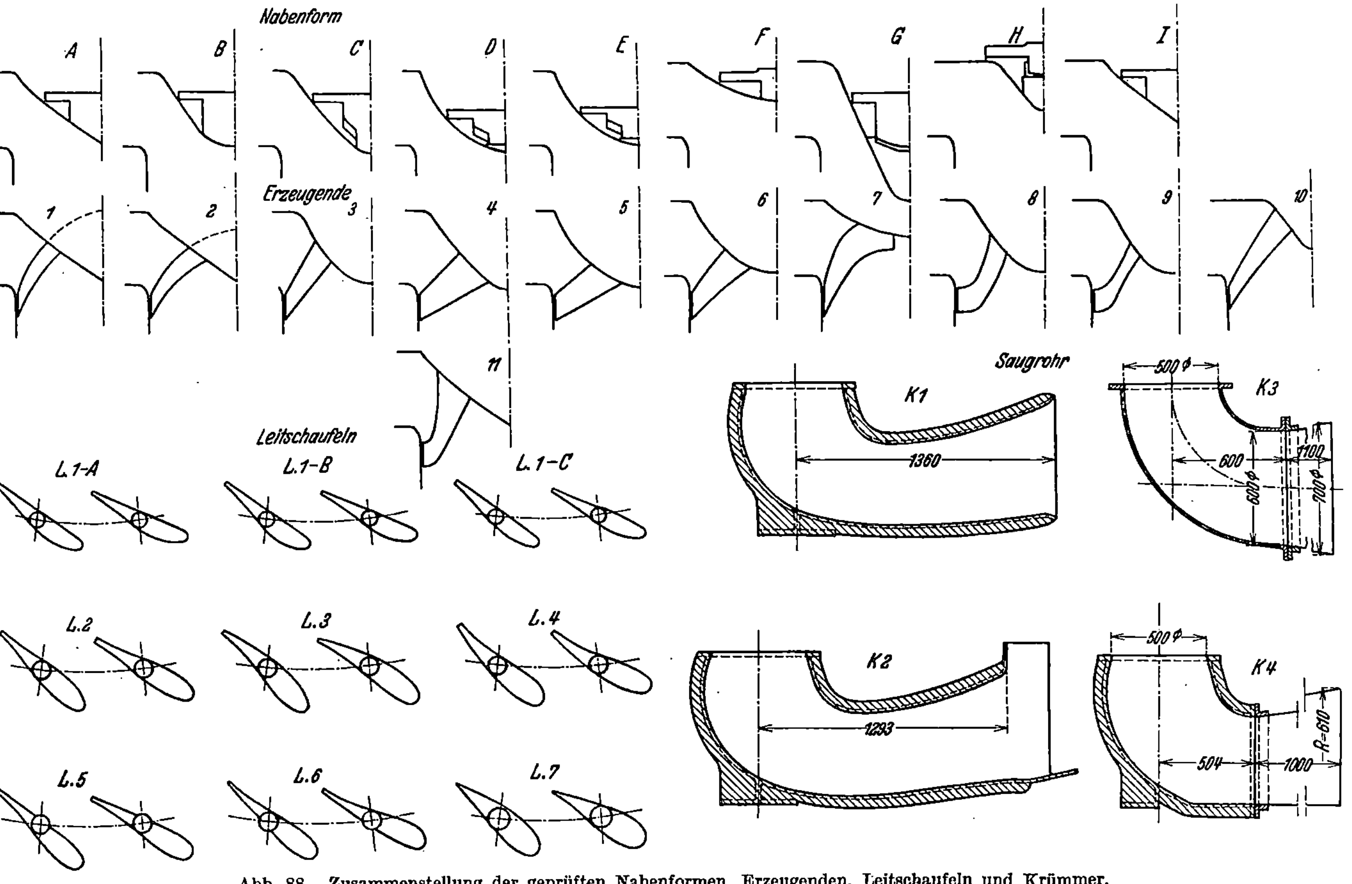

Abb. 88. Zusammenstellung der geprüften Nabenformen, Erzeugenden, Leitschaufeln und Krümmer.

letzten Endes nur durch größeren Austrittsverlust erzielt, dabei müssen
die Innenräume für solch größeren Durchfluß vergrößert werden, damit
in den Engpässen nicht
Ablösen der Strahlen
von Schaufel oder
Wandung durch zu
hohe Geschwindigkeit
eintritt.

Es mag sein, daß
eine günstige Wirkung
der gependelten Aus-
tritterzeugenden die
ist, daß c_z nach innen
wächst. Denn c_z wird
entsprechend der grö-
ßeren Steigung nicht
konstant bleiben, son-
dern nach innen wach-
sen (s. Abb. 91).

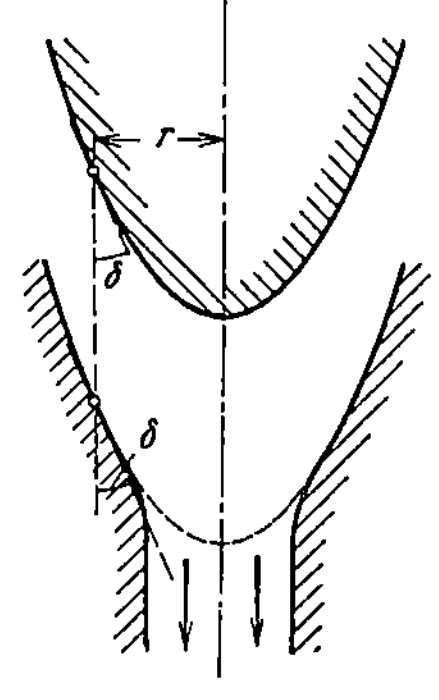

Abb. 89. Theoretische Be-
grenzung des Rotations-
hohlraumes durch kon-
gruente Parabeln.

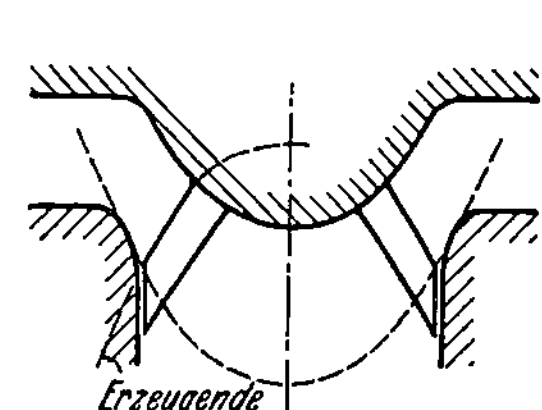

Abb. 90. Praktische
Begrenzung.

Eine solch größere Axialgeschwindigkeit innen könnte der Neigung
des Wassers, bei Teilbeaufschlagung hauptsächlich die äußeren Radteile
zum Durchfluß zu benutzen, wirksam entgegenarbeiten und c_{u_2} dort
bereits zu Null werden lassen, wenn an den äußeren Teilen noch ein

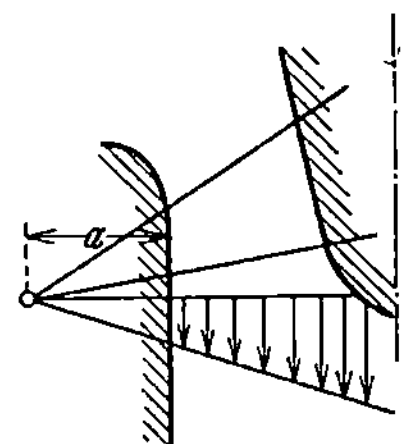

Abb. 91. Geschwindigkeitsverteilung am Austritt bei gepen-
delter Erzeugenden.

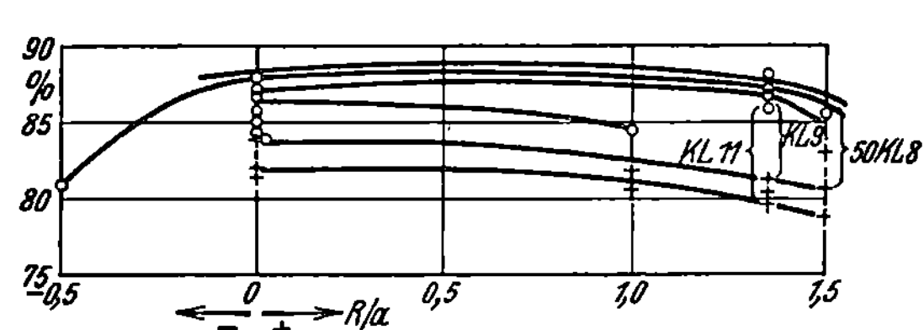

Abb. 92. Einfluß der Pendelung auf den Nutzeffekt.

positives c_{u_2} vorhanden ist, wenigstens dachten wir so und hofften,
so bessere Teilwirkungsgrade zu erreichen. Wir hatten damals die
Erkenntnis noch nicht, daß die schlechten Teilwirkungsgrade durch
den Leitradwinkel, bei dem $c_{u_2} = 0$ wird, im wesentlichen bedingt
wird, weshalb die Hoffnung unerfüllt bleiben mußte.

Wir fanden, daß eine mäßige Pendelung bis zu $\dfrac{R}{a} = 1{,}35$ nichts
schadet. Im allgemeinen scheint die Pendelung eine um so stärkere
Wirkungsgradeinbuße zu bedingen, je größer $\dfrac{R}{a}$ ist (s. Abb. 92).

Einige Räder wurden auch mit „negativer Pendelung" ausgeführt,
d. h. mit der größeren Steigung außen und der kleineren Steigung innen.
Das gab eine immerhin deutliche Verschlechterung. Erfahrene, vor-
urteilslose Forscher sind über negative Ergebnisse, sofern sie nur wirklich

eindeutig und deutlich sind, froh; nur Unerfahrene und unsachlich denkende Geldleute werden traurig und pflegen die Fehlschläge zu verschweigen oder zu tadeln.

Die Pendelung der Erzeugenden ist sicherlich ein Mittel, mit dem man die Geschwindigkeitsverteilung innerhalb des Rades und somit die Verteilung der Geschwindigkeiten längs der Austrittskante einigermaßen beeinflussen kann; die Möglichkeiten, die sich darin ergeben, scheinen mir noch keineswegs erschöpft.

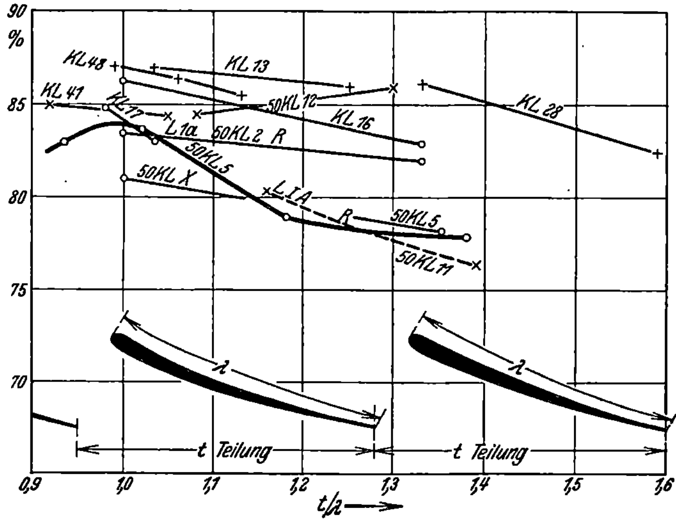

Abb. 93. Abhängigkeit des Nutzeffektes von dem Verhältnis t/λ (Kaplan-Patent).

In der damaligen Zeit, 1923, stand das Patent Kaplans im Vordergrund des Interesses, jenes, das die Ursache der höheren Schnelläufigkeit darin sehen wollte, daß die Schaufellänge kürzer als die Teilung sei. Deshalb untersuchten wir diese Behauptung, indem wir dieselbe Schaufel in verschiedener Zahl zu einem Laufrad zusammensetzten oder auch die arbeitslosen Enden der Schaufeln besonders groß machten und für verschiedene Versuche alsdann die Schaufeln kürzten. In der Abbildung sind einige Ergebnisse aufgetragen, die die jeweils erreichten maximalen Wirkungsgrade als Funktion des Verhältnisses der Teilung t zur Schaufellänge λ, also als Funktion von $\dfrac{t}{\lambda}$ zeigt. Es ist in Abb. 93 deutlich zu sehen, daß die maximalen Wirkungsgrade in der Nähe oder bei $\dfrac{t}{\lambda} = 1$ liegen. Mit größerer Teilung fällt mit einer Ausnahme der Wirkungsgrad sehr stark, so daß jene Ansicht, für die eine theoretische Begründung nicht gegeben werden kann, selbst wenn sie richtig wäre, keinen praktischen Wert hätte.

Nun scheint es allerdings, als ob die Tourenzahl sich bei größerer Teilung erhöht hätte. Aber die absolut höchste Tourenzahl ist bei den Versuchen, die in den Tabellen aufgeführt sind, mit $u_1 = 138$ von einem Rad mit vier Schaufeln und einem $\frac{t}{\lambda} = 1,03$ erreicht, ferner eine nahezu so hohe, allerdings bei schlechtem Wirkungsgrad, dagegen wurde bei gutem Wirkungsgrad 136 bei $\frac{t}{\lambda} = 1$ bei 50 KL 32 und der Schaufelzahl von 8 erzielt; wo indessen bei größerer Teilung eine höhere Tourenzahl eingetreten ist, konnte sie durch die verringerte Schaufelzahl viel besser erklärt werden als durch die vergrößerte Teilung. Man könnte die Versuche mit 50 KL 13, Nr. 311, 313 und 316, als Beweis für obige These Kaplans anführen. Bei vier Schaufeln gab dies Rad zunächst mit $\frac{t}{\lambda} = 1,03$ bei $\eta = 87$, $u_j^1 = 106$. Sodann wurde das Rad durch Verkleinern der Schaufeln auf $\frac{t}{\lambda} = 1,25$ gebracht, womit sich ein $u_j^1 = 126$ einstellte.

Jedoch könnte der Grund für diese beträchtliche Erhöhung in der Verdünnung der Schaufel, der besseren Zuschärfung am Austritt und des günstiger veränderten Winkels am Eintritt liegen. Diese beiden Versuche wurden über geradem Saugrohr vorgenommen. Über dem Saugkrümmer erhöhte sich die Tourenzahl auf 135. Wie denn überhaupt gelegentlich der Krümmer oder auch das gerade Saugrohr günstigere Verhältnisse schafft. Die gelegentliche Erhöhung der Tourenzahl durch Saugrohr oder Krümmer liegt in denselben Grenzen wie die bei Verringerung der Schaufelzahl oder Vergrößerung der Teilung gefundenen Veränderungen der Tourenzahl. Bei eingehendem Studium der Versuchsergebnisse erhält man durchaus den Eindruck, daß das Verhältnis $\frac{t}{\lambda}$ nichts mit der Tourenzahl zu tun hat, was ganz im Einklang mit der Theorie steht.

Unter sonst genau gleichen Verhältnissen wird jeweils das Rad mit der geringsten Schaufelzahl die größte Tourenzahl ergeben, jedoch nur innerhalb der Grenzen des Einflusses des Radwiderstandskoeffizienten, der wie früher gezeigt, nur ganz untergeordnet sein kann. Sodann wurden verschiedene Saugrohrkrümmerformen (Abb. 88) untersucht und mit geradem Saugrohr verglichen. Nicht immer gab das zylindrische Saugrohr mit gerader Achse die besten Wirkungsgrade.

Für das Saugrohr gilt, daß der Konstrukteur vermeiden muß, daß irgendeine Wandbegrenzung im Saugrohrteil, in dem der Druck sich erhöhen soll, eine größere Neigung als 7—10° gegenüber der Achse aufweist. Diese Grenze gibt schon verhältnismäßig kurze Saugkrümmer und so kann man damit schon viel an Baulänge sparen, ohne Wirkungsgradeinbuße, wie das Kraftwerk Lilla Edet zeigt. Die beiden genau gleichen L-Turbinen haben dort verschieden langes Saugrohr, das eine ist 28 m lang, das andere um 8 m kürzer. Es scheint der geringere Reibungsweg den besten Wirkungsgrad um ein weniges verbessert zu haben, während die geringere Länge bei Halblast den Lauf etwas unruhiger werden läßt.

Den wesentlichsten Fortschritt in der Erkenntnis ergaben die Erfahrungen mit den verschiedenen Leitapparaten.

Wie mit den Leitapparaten die Erfahrungen gewonnen wurden, gestaltete sich geradezu dramatisch. Der Auftrag auf die große 6-m-Turbine, die in jeder Sekunde an Wasser den Rauminhalt eines mittleren Saales, 150 cbm, schlucken sollte, war erteilt; unter schweren Garantieverpflichtungen an mich persönlich, nachdem das erste Rad 50 KL 1 vorweg probiert worden war und im großen und ganzen befriedigt hatte. In der technischen Hochschule in Stockholm war die erste große Reihe von Versuchen mit Laufrädern von 200 mm Durchmesser erfolgreich beendet. Wenn die Vergrößerung des Rades auf 6 m einigermaßen früher gewonnene und theoretisch begründete Erfahrungen bestätigte, wonach man bei vergrößertem Rade auf erheblichen Wirkungsgrad-

Laufrad	L_{1a}	L_2	Zunahme an
	max. Wirkungsgrad η_{max}		η_{max}
50 KL 2	82,2 %	84,0 %	1,8
50 KL 6	81,7 %	84,7 %	3,0
50 KL 8	81,4 %	85,5 %	4,1
50 KL 9	81,4 %	87,2 %	5,8
50 KL 10	79,5 %	85,2 %	5,7

zuwachs rechnen konnte, so durfte man zuversichtlich auf das gute Gelingen der Großturbine hoffen.

Man ging also guten Mutes an die Vergrößerung eines der besten Räder auf 460 mm Raddurchmesser heran. Die Prüfung hatte ein unerwartet schlechtes Ergebnis. Ein zweites, drittes bis zwölftes Rad wurde von 200 mm auf 460 mm vergrößert mit dem gleich schlechten Erfolg. Die Wirkungsgrade stiegen durchaus nicht, ja sie sanken sogar trotz der bedeutenden Vergrößerung des Laufrades in manchen Fällen ganz erheblich.

So wurde eine Jagd nach den Fehlern begonnen, die vorliegen mußten. Jedes Meßinstrument verfiel dem Verdacht, falsch zu messen. Alles wurde kontrolliert und noch einmal geeicht. Die Proben wurden wiederholt, kein besseres Ergebnis; die früheren wurden voll bestätigt. So wurden die Räder selbst peinlichst genau nachgemessen, ob sie modellähnlich waren, ob sie ordentlich eingebaut waren. Es fand sich kein Anhalt für den Grund des Versagens. So fing man an, die Versuchsergebnisse der Hochschule zu bezweifeln. Auch deren Meßinstrumente wurden noch einmal nachgeprüft, kein Fehler fand sich; so wurden einige Proben in der Hochschule wiederholt und sechs neue 20 KL-Räder gebaut und geprüft. Alle neuen Proben bestätigten die früheren guten Ergebnisse am kleinen Rad von 200 mm. Die Hochschulergebnisse waren sicher richtig, die von Finshyttan schienen es auch! Die allgemeine Ratlosigkeit wurde vergrößert, da ich selbst mitten in der Versuchsarbeit, rätselhaft erkrankt, auf den Operationstisch geschleppt wurde. Endlich entdeckte man, daß die Leitapparatschaufeln für die Prüfturbine in der Hochschule der kleinen Ausführung wegen aus Bequemlichkeit symmetrisch, die größeren in Finshyttan aber streng korrekt nach der Zeichnung unsymmetrisch durchgebildet waren. L_{1a} in der Abb. 88 ist die unsymmetrische Leitschaufel der Finshyttanprüfturbine, L_2 die symmetrische der Hochschule. Kein Mensch glaubte, daß der geringfügige Unterschied schuld an dem Versagen sein könnte. Ich selbst glaubte es auch nicht. Aber um nichts zu versäumen, wurde mutlos und müde der Leitapparat mit symmetrischen Schaufeln genau dem der Hochschule

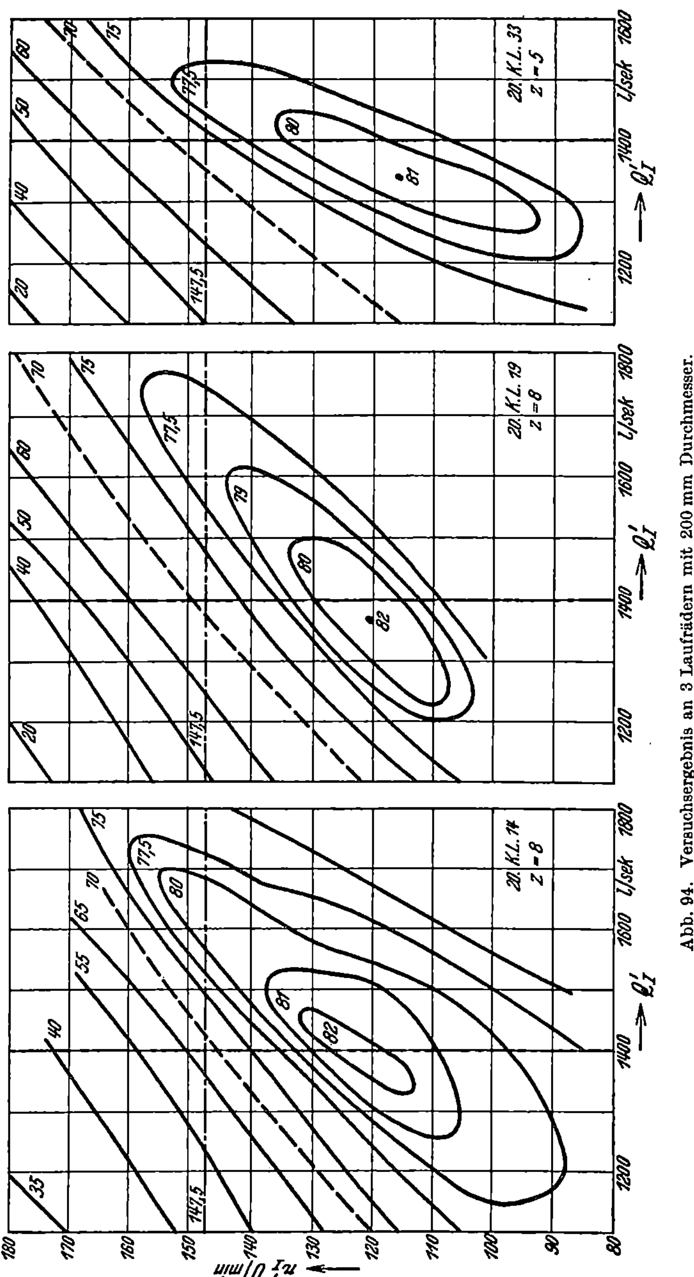

Abb. 94. Versuchsergebnis an 3 Laufrädern mit 200 mm Durchmesser.

entsprechend ausgerüstet. Die Probe brachte entgegen aller Erwartung den Beweis, daß der Leitapparat L_{1a} der schuldige Teil war. Aus der Liste sind einige der peinlichst genau vorgenommenen Vergleichsver-

suche auf S. 108 zusammengestellt. Der Wirkungsgradzuwachs betrug
bis zu 6 %! Wir waren gerettet!

Es wurden nun noch andere Leitschaufeln hergestellt und untersucht
(s. Plan, Abb. 88), keine war so gut wie die vollkommen symmetrische

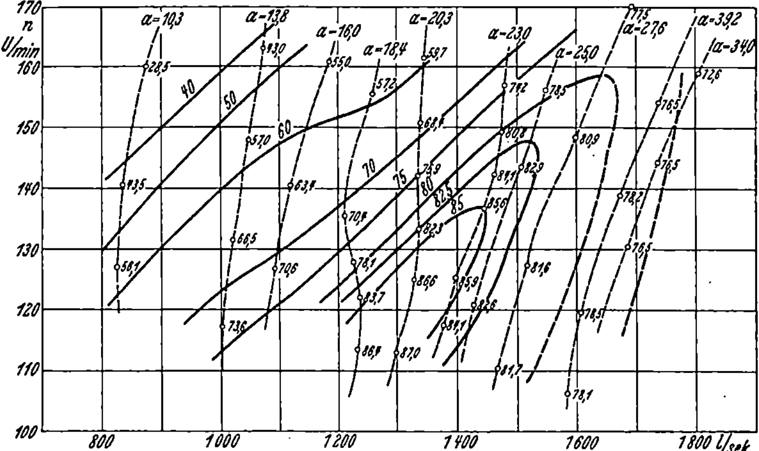

Abb. 95. Versuchsergebnis am Laufrad 460 mm Durchmesser.

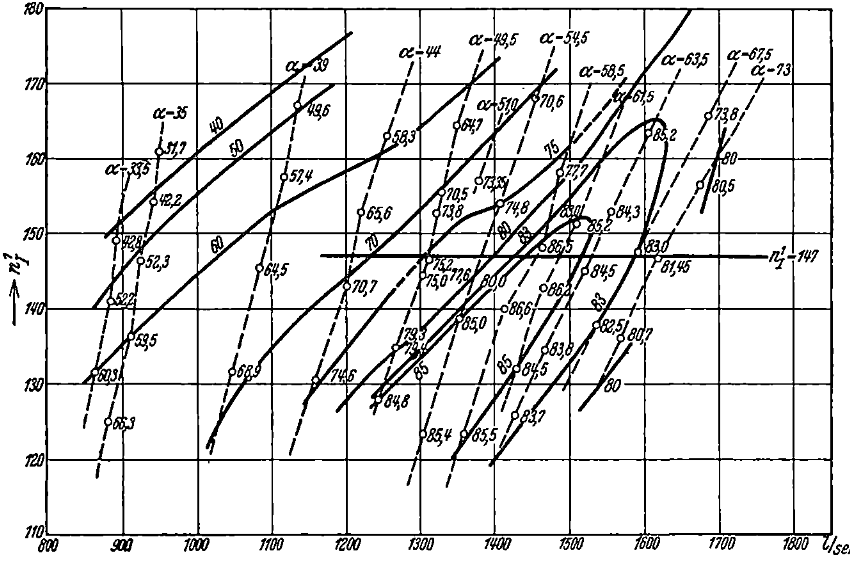

Abb. 96. Versuchsergebnis am Laufrad 100 KL 9 mit 1000 mm Laufraddurchmesser.
Beachte die erhebliche Verbesserung des Nutzeffektes bei 147 U. p. M.

Schaufel. Indessen sind die Versuche nicht vollständig zu Ende geführt.
Daß noch manches zu klären ist, zeigt Abb. 45 auf S. 55. Durch genaue
Messung der Winkel α_1 und der lichten Weiten a zwischen den Leit-
schaufeln wurden die c_{u_1}-Werte als Funktion von Q bestimmt. Von allen

dort eingetragenen Linien für $c_{u_1} = f(Q)$ liegt die L_{1a}-Linie am tiefsten. Das erklärt das Versagen dieses Leitapparates vollkommen.

Die Muschelkurven für die drei Modellräder mit 200, 460, 1000 mm Durchmesser sind in den Abb. 94, 95, 96 gezeigt. Zugefügt ist das Ergebnis der Messungen an den Turbinen in Lilla Edet selbst (Abb. 97).

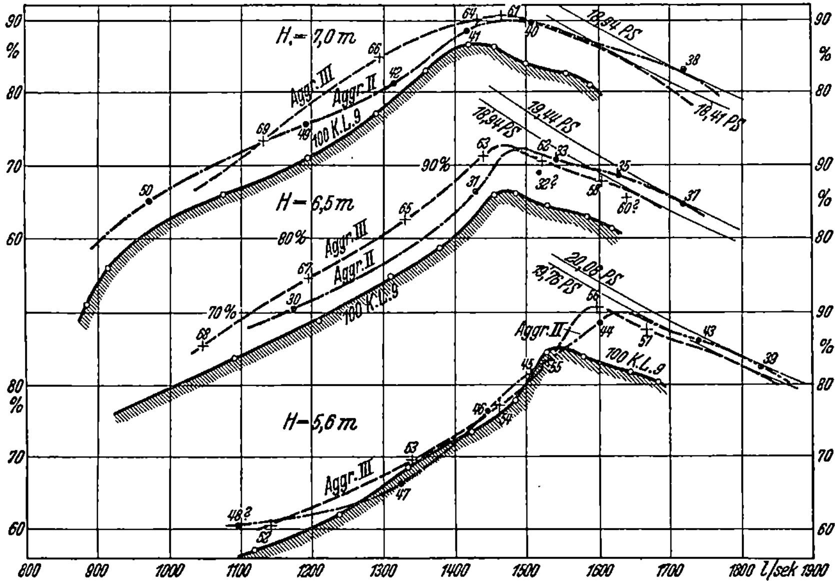

Abb. 97. Prüfergebnis am 6-m-Rad gewonnen. ⊓⊓⊓⊓ Kurven zeigen das am 1-m-Rad gleicher Art gewonnene Ergebnis.

Ebenso sind Lichtbilder gezeigt von einem kleinsten Rad, dessen Werkstattzeichnung in Abb. 85 gegeben wurde, in Abb. 98, vom großen Rad in Lilla Edet in Abb. 99.

Die wesentlichsten Erfahrungen lassen sich in drei Sätzen zusammenfassen:

1. Um den höchst möglichen Nutzeffekt zu erreichen, genügt die aus Schraubenflächen bestehende Schaufel, die ohne langwierige Zeichenarbeit und ohne Modellklotz rasch und genau hergestellt werden kann.

Abb. 98. Ein Versuchsrad von 200 mm Durchmesser mit gradliniger Erzeugenden.

2. Die symmetrisch zur Mittelachse durchgebildete Leitschaufel ist bei Schnelläufern wesentlich für die Erreichung hohen Nutzeffektes und hoher Umlaufzahl.

3. Wirkungsgrad, Schluckfähigkeit und Schnelläufigkeitsfaktor ψ wachsen mit dem Laufraddurchmesser bei modellähnlicher Vergrößerung des Rades.

Abb. 99. Das Laufrad von 6 m Durchmesser fertig zum Einbauen.

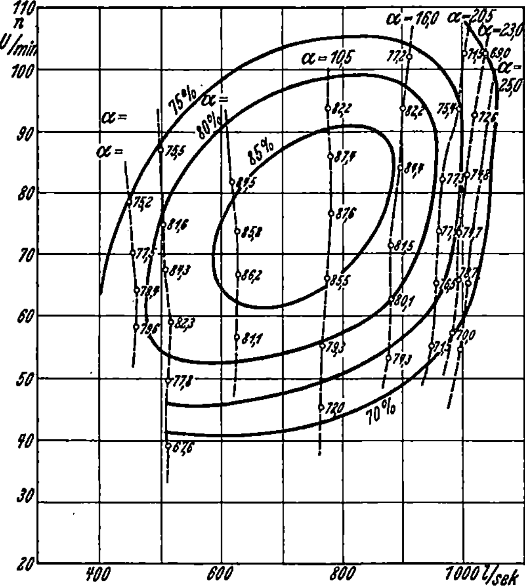

Abb. 100. Laufrad 460 mm Durchmesser. Geringe Schnelläufigkeit $\psi = 1{,}6$. .

Der einfache Aufbau der Schaufel auf den klar zu übersehenden
Elementen, Schaufelprofil mit Ein- und Auslaufwinkel und Erzeugende,
gestattet die so sehr einfache und rasche Herstellung der Schaufel
sowie vor allem die systematische klar übersichtliche Einreihung der

neu gewonnenen Erfahrung in den alten Erfahrungsschatz. Da mit
solch einfacher Schaufel bei entsprechend großem Durchmesser und
vor allem entsprechend großem, dazu passendem Saugrohraustritts-
querschnitt der Wirkungsgrad bis auf 95 oder 96 % getrieben werden
kann, besteht kein Bedürfnis zur Herstellung komplizierterer Schaufeln.
Solch vereinfachte Schaufel ist auch bei geringer spezifischer Umlaufzahl
durchaus am Platz. Vgl. das in Abb. 100 gezeigte Prüfergebnis eines
Rades 50 KL 36 für $\psi = 1{,}6$.

Die so eindringlichen Erfahrungen mit dem Leitapparat führten
weiterhin zu der Erkenntnis, daß die Erreichung hoher ψ-Werte nur
von der Erreichung großer Leitschaufelwinkel α_1 abhängt, durch die
genügend kleiner Impuls bei $c_{u_2} = 0$ und genügend große Vergrößerung
des Impulses c_{u_1} bei Teillast gewährleistet wird. Diese Erkenntnis
verlangt gebieterisch die möglichst axiale Zuführung des Wassers durch
einen möglichst axialen Leitapparat und eine Schaufelkopfausbildung,
die kein zusätzliches c_{u_1} erzeugt. Diese Entwicklung harrt noch der
Vollendung.

Zweiter Teil

Pumpen.

11. Äußere Formen.

Der Unterschied zwischen Kreiselpumpe und Turbine liegt darin, daß das Pumpenlaufrad Energie an das Wasser abgibt, während das Turbinenrad Energie dem Wasser entzieht. Art und Formel für den Energieaustausch ist für beide genau übereinstimmend. Die Richtung des Energieaustausches wird durch das Vorzeichen gekennzeichnet. Dieses hat man bei Pumpen also entgegengesetzt dem der Turbine festzusetzen.

Demgemäß können wir uns die Wirkung einer Kreiselpumpe ebenfalls an der Abb. 1 und 2 klar machen, und für die Berechnung und jedes tiefere Eindringen in die Probleme, die sich auftun werden, genügt die Kenntnis des Wirbelgesetzes, aus dem ja die Hauptarbeitsgleichung unmittelbar folgt.

Das Laufrad, das wir zum Heben der Flüssigkeit aus dem Unterwasser in das Rohrsystem der Abb. 2 einsetzen, hat also als Pumpe die Aufgabe, den Wirbel zu erzeugen, der sich bei der Turbine durch die Fallhöhe eingestellt hatte. So ergibt sich der Unterschied, daß die Fließrichtung umgekehrt wird. Es wird die radiale Fließkomponente im Wirbel nach außen gerichtet sein, während das Laufrad gleichsinnig mit der Rotationskomponente der Absolutgeschwindigkeit gleichsinnig mit dem Wirbel sich umdreht.

Wenn das Wasser der Turbine zuläuft, nicht wie in der Abb. 2 angesaugt werden muß, so kann infolge dieser Zulaufhöhe ein Wirbel genau wie bei der Turbine vor dem Laufrad eingestellt werden.

Das Laufrad, das mit dem Wirbel gleichsinnig umläuft, hat nunmehr die Aufgabe, den Eingangswirbel nicht zu vernichten, sondern zu verstärken. Fängt man den verstärkten Wirbel hinter dem Laufrad kunstgerecht ab, so steigt seine Wassermasse über die Höhe, die vor dem Laufrad liegt, hinaus. Das Laufrad hat durch die Wirbelverstärkung dem Wasser die Energie H je Kilogramm Wasser zugeführt (s. Abb. 101).

Es ist gleichgültig, ob man das einzige Laufrad in die obere oder untere Spirale legt. Liegt das Laufrad in der oberen, so wird es von außen beaufschlagt, in der unteren von innen. Beide Durchflußrichtungen sind ebenso wie bei der Turbine grundsätzlich möglich (Abb. 102).

Bei der Turbine hatte sich zunächst gleichwie bei der Kreiselpumpe die Innenbeaufschlagung allgemein durchgesetzt; Francis' Vorschlag, die Turbine von außen zu beaufschlagen, fand jahrzehntelang keine Beachtung; wohl weil man irgendwie die Zentrifugalkraft im Verdacht hatte, daß sie einen wesentlichen Teil der Arbeit leiste oder jedenfalls den Durchfluß des Wassers günstig beeinflusse. Da jedoch die Zentrifugalkraft immer radial gerichtet ist, so kann sie niemals ein Drehmoment ergeben und muß folglich für den Energieaustausch vollständig gleichgültig sein.

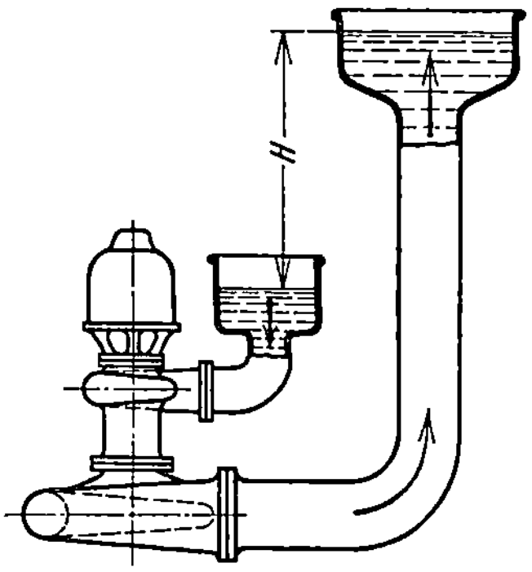

Auch bei der sogenannten „Zentrifugal"-pumpe spielt die Zentrifugalkraft nicht die geringste Rolle, und deshalb sollte man die Pumpen ebensowenig Zentrifugalpumpen nennen, wie man die Turbinen Zentripetal oder Zentrifugalturbinen nennt. Es ist nicht ausgeschlossen, daß die falsche Namensgebung die Entwicklung der außen beaufschlagten Kreiselpumpe hintangehalten hat,

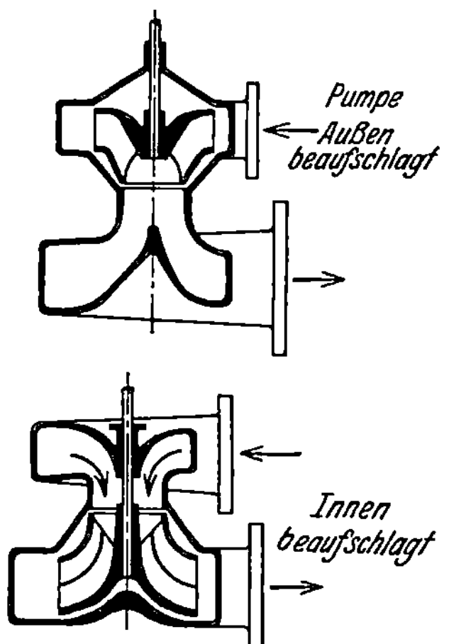
Abb. 101. Obere Spirale erzeugt einen Einlaufwirbel. Untere Spirale fängt den durchs Laufrad verstärkten Wirbel ab.

die der innen beaufschlagten Fällen haben mag, wie die Francis-Turbine sie der innen beaufschlagten Turbine gegenüber besitzt.

Ich habe mir mit der außenbeaufschlagten Kreiselpumpe viel Mühe gegeben, ohne daß bisher den Arbeiten ein Erfolg beschieden war. Wie immer das dem Erfinder so geht, er hält den neuen Weg, den er vorschlägt, für ganz neu, und so war ich einigermaßen erstaunt, als ich eines Tages zum Nil kam und dort die außenbeaufschlagte Kreiselpumpe in vielen uralten Ausführungen verwirklicht im Betrieb vorfand. Allerdings waren die Nilpumpen nur für partielle Beaufschlagung ausgeführt.

Die Aufgabe des Pumpenlaufrades ist also, dem Wasser einen Drall zu erteilen. Das Pumpenlaufrad übernimmt somit die Aufgabe, die bei der Turbine der Fallhöhe zukam. Je kräftiger der Drall ist, desto höher wird das Wasser steigen. Dabei ist

Abb. 102. Außen- und innenbeaufschlagte Pumpen.

größte Sorgfalt darauf zu verwenden, daß die kinetische Energie des neu entstandenen Wirbels möglichst vollständig in potentielle Energie übergeführt wird.

Am einfachsten wäre dies: den Strudel zwischen zwei ebenen Wänden bis zu Durchmessern zu führen, die ein Mehrfaches des Laufraddurchmessers sind und dort erst das Wasser durch das Steigrohr tangential

zur Drehebene abzufangen (Abb. 103). Die Rotationsgeschwindigkeit
wird so am einfachsten sich auf einen Bruchteil der am Laufradaustritt

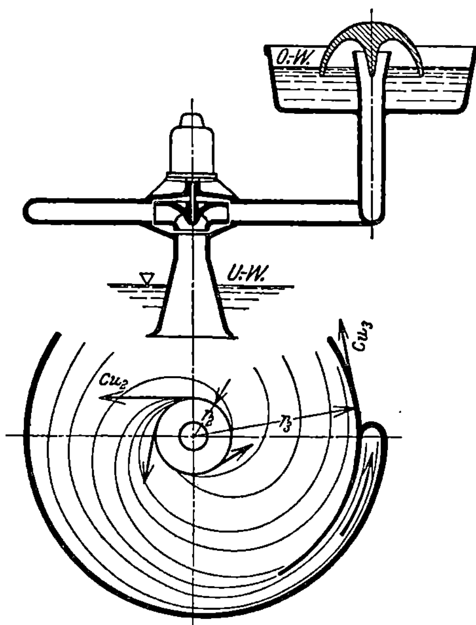

herrschenden verringern und
die kinetische Energie wird
folglich mit dem Quadrat
der Geschwindigkeiten ab-
nehmen und die potentielle
dementsprechend zunehmen.
Das Gewicht der ebenen
Platten wächst jedoch stärker als mit dem Quadrat des
Durchmessers, und deshalb
würden solche Pumpen sehr
teuer. Außerdem würde wohl
die Strömung beim Austritt
aus dem Laufrad längs der
Peripherie außerordentlich
ungeordnet werden, so daß
ohne zwangläufige Führung
ein geordneter Strudel sich
nicht einstellen wird, sobald
das Laufrad eine gewisse
Winkelgeschwindigkeit über-
schreitet.

Abb. 103. Bei großem r_3 wird c_{u_3} sehr klein.

Ferner würde die Reibung
des langen Weges, den die
einzelnen Strahlen zurücklegen, sie müssen ja das Laufrad mehrfach
umkreisen, unerträglich stark werden, zumal die Entfernung der beiden

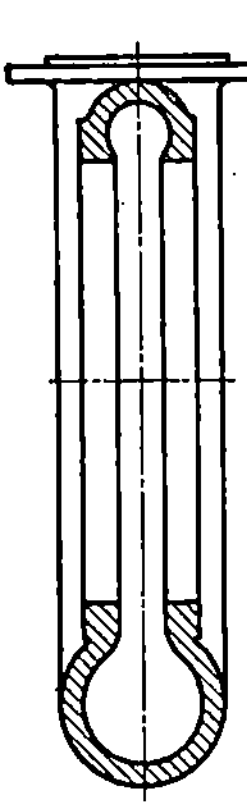

Führungsplatten voneinander in den meisten praktischen
Fällen sehr gering wird. Es war deshalb der Gedanke an
und für sich richtig, die Führungsplatten lose zentriert auf
die Welle zu setzen und durch die Wasserreibung mitnehmen zu lassen. Sie werden sich dann auf etwa halbe
Winkelschnelle einstellen und dadurch den Reibungsverlust
auf etwa $^1/_8 = (^1/_2)^3$ des Betrages verringern, den man bei
feststehenden Führungsplatten hätte erwarten müssen.
Das ist versucht worden, aber die Konstruktion hat sich
gegenüber dem Leitapparat mit festen Schaufeln nicht
durchsetzen können. Man soll grundsätzlich nie mehr Teile
beweglich gestalten als unbedingt nötig.

Ein Umsetzungsraum nach Abb. 103 zwischen zwei
Platten ohne senkrecht dazu stehende Führung, wie sie

Abb. 104. Spiral-
gehäuse nicht gut
für große Druck-
höhen.

Leitschaufeln geben, ist durchaus unzulänglich. Die Wasserstrahlen schießen in diesem zu großen Raum kunterbunt
durcheinander. Auch die Einengung dieses Raumes durch
eine spiralige Begrenzung ist noch nicht genügend. Brauchbare Umsetzung liefert eine solche Spirale, wie sie Abb. 104 zeigt, nur
bei geringen Druckhöhen, bei geringer Winkelgeschwindigkeit. Auch in

ihr macht das Wasser was es will, es bleibt zu wenig gezügelt, wie wir noch sehen werden. Eine einzige Führungsschaufel, die gerade den theoretisch verlangten Raum frei gibt, ist in bezug auf die Druckumsetzung das einzig richtige. Eine solche Spirale liefert eine solch vorzügliche Druckumsetzung, daß ein anderer Nachteil entsteht: bei Teilbeaufschlagung tritt ein solcher Querschub auf, daß die Lager heißlaufen (s. S. 155). Deshalb muß eine zweite Führungsschaufel angeordnet werden. Diese beseitigt den Querschub, ohne einen anderen Nachteil hervorzurufen. So ergibt sich die Kreiselpumpe (Abb. 105).

Dieser zweischaufelige Leitapparat sollte auch für mehrstufige Pumpen durchgeführt sein, er ist für mehrstufige Pumpen jedoch noch

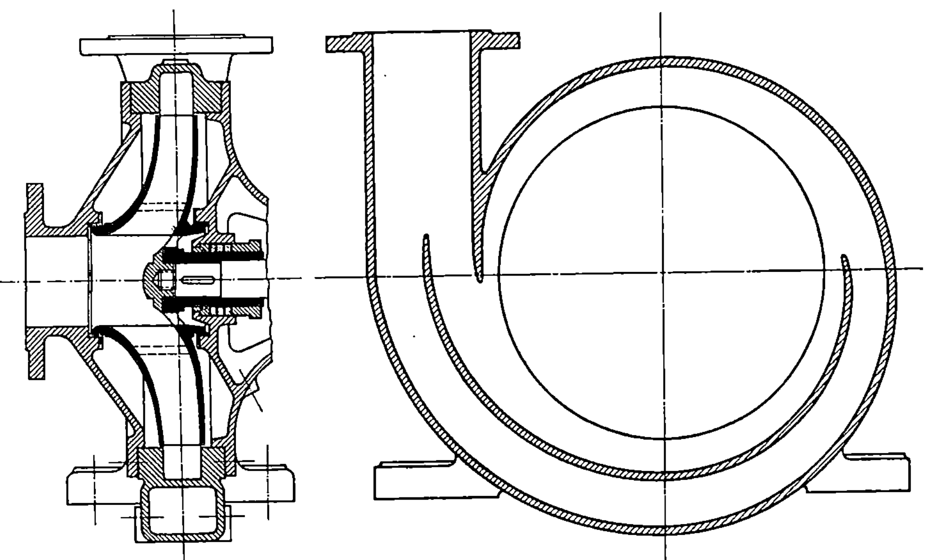

Abb. 105. Spiralgehäuse mit Rechteckquerschnitt für höchste Druckhöhen geeignet.

nicht durchentwickelt, weil die Umlenkung von einer zur anderen Stufe zu schwierig ist. Mehrstufige Pumpen sind bisher mit Leitapparaten ausgerüstet, die eine viel zu hohe Schaufelanzahl haben. Das ist im Verein mit der schwierigen, verlustbringenden Umführung und Umlenkung um 180° in jeder Stufe der Grund, warum der Wirkungsgrad der mehrstufigen Pumpen namentlich bei verhältnismäßig großer Wassermenge ungebührlich schlecht ist.

Hier ist noch eine Lücke, die auszufüllen sich wohl lohnen würde. Die mehrstufige Kreiselpumpe großer Leistung ist keineswegs auf der Höhe der übrigen.

Wir versuchten deshalb, Leitapparate mit nur zwei Leitschaufeln, wie sie bei einstufigen Pumpen so ausgezeichnete Ergebnisse lieferten, in mehrstufigen Pumpen. Mit verschiedenen Proberädern 200—500 mm wurden zweischaufelige Leitapparate versucht. Das Ergebnis war sehr schlecht, $\eta_{\text{max}} = 62\text{—}64\,\%$. Der Wirkungsgrad wurde erst besser bei sechs bis acht Schaufeln, $\eta_{\text{max}} = 70\,\%$, blieb aber dann noch immer etwa $10\,\%$ hinter dem auf Grund der Ergebnisse bei einstufigen Pumpen Erwarteten zurück.

Man mußte folgern: die Umführungsverluste, die bei der einstufigen Pumpe ja nicht auftreten, sind um so größer, je weniger die Wasser-

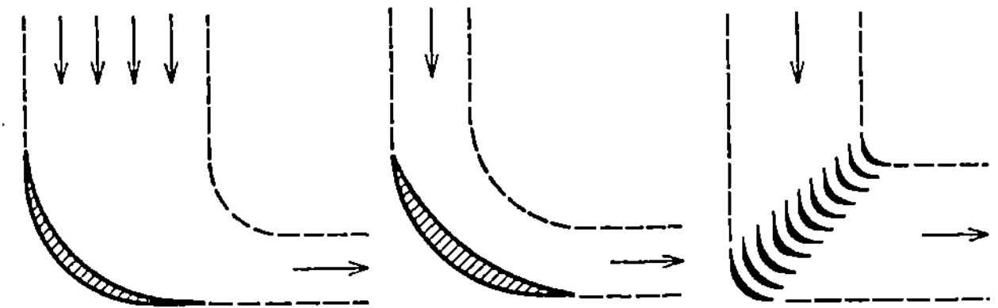

Abb. 106. Führungsschaufeln verhindern schädliche Geschwindigkeit bei Umlenkung.

masse bei der Umführung von einer zur anderen Stufe geführt ist. Bei dicken Strahlen, erstes Bild der Abb. 106, wird der Umlenkungsdruck eine weit größere Geschwindigkeitszunahme im abströmenden Strahl erzwingen, als bei dünnen Strahlen, zweites Bild der Abb. 106.

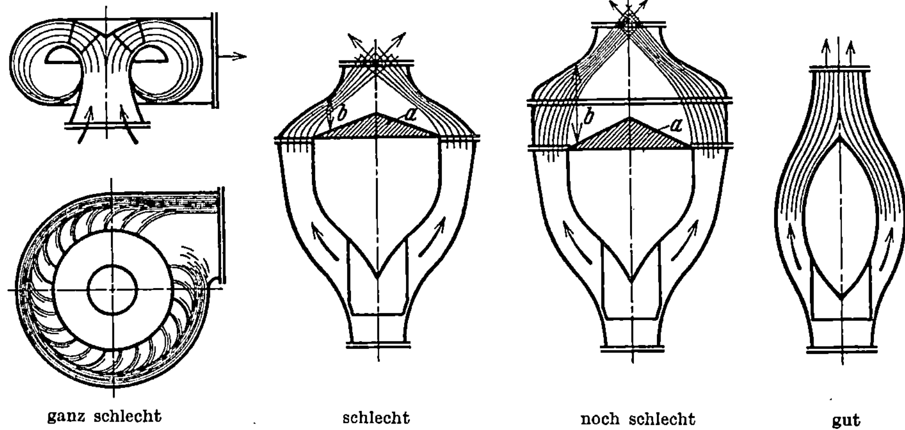

Abb. 107. Achtung bei Umlenkung dicker Wasserstrahlen!

Diese Geschwindigkeit hat bei der Form der Führungskanäle in mehrstufigen Pumpen keine Gelegenheit, sich wieder in Druck umzusetzen. Dieser Druckverlust würde durch Führungen gemäß dem dritten Bild der Abb. 106 fast vollkommen vermieden werden können (s. darüber Prandtl, Heft 1 der Nachrichten der Göttinger Aerodynamischen Versuchsanstalt).

Diese Annahme wird bestätigt durch Erfahrungen an Großwasserpumpen, bei denen unerträgliche Verluste auftreten, wenn man das Wasser umzulenken sucht, s. Abb. 107, deren erstes Bild eine ganz schlechte Form zeigt; der Stutzen drosselt die Wassermenge so ab, daß nur die Hälfte des erwarteten Wassers hindurchgeht; sehr schädlich ist der Wirbel, der senkrecht zur Durchflußrichtung in der Spirale erzeugt wird. Die nächste Form in Abb. 107 ist auch noch schlecht. Der Deckel lenkt das Wasser zu plötzlich um. Die radialen Komponenten erhalten zu große Geschwindigkeit, treffen im Stutzeneintritt aufeinander und zerstören sich dort gegenseitig. Die nächste Form ist aus eben diesem Grunde auch noch schlecht. Der Innenkegel a konnte nichts nützen. Ebensowenig nützte aus dem gleichen Grund die Vergrößerung von b durch Einschieben des Ringes. Die letzte Form der Abb. 107, die eine gute Führung bis in den Stutzen hineingibt, brachte erst vollen Erfolg.

Diese Erfahrungen machen es verständlich, daß bei der Umführung von einer zur anderen Stufe in mehrstufigen Pumpen so große Verluste

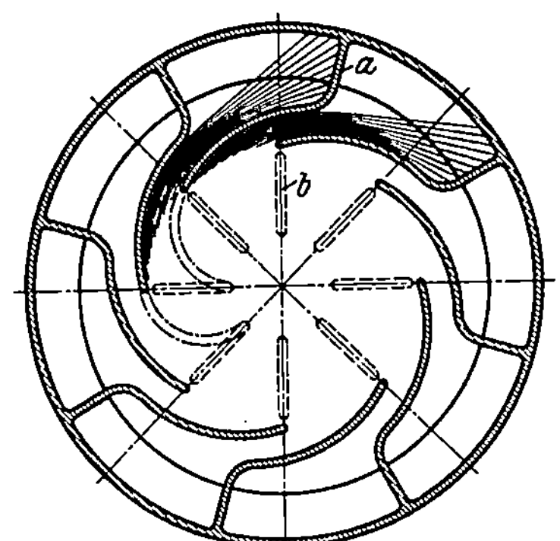

Abb. 108. Die wesentlichste Fehlerquelle bei mehrstufigen Pumpen.

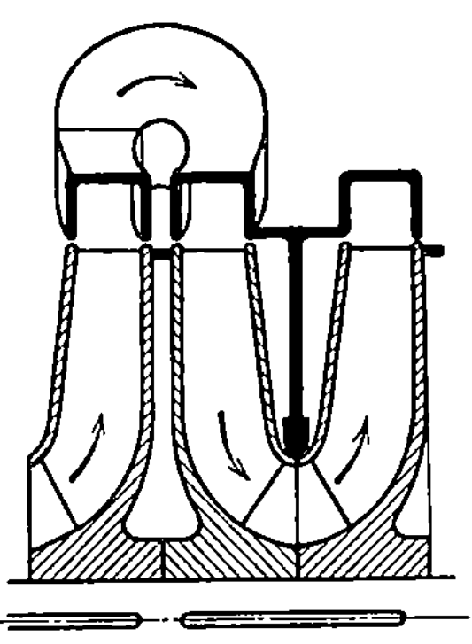

Abb. 109. Mehrstufige Pumpe mit außenbeaufschlagten Rädern.

eintreten. Es gelingt nicht, die Rotationskomponente, die im Leitapparat hart vor der Umlenkung noch vorliegt, zu beseitigen. Die Rippen a (Abb. 108) können aus Festigkeits- und Gußrücksichten nicht gut entbehrt werden, und so wird das Wasser sich in einer Ecke zusammendrängen, die andere freilassend. So lange dort bei a der wesentlichste Verlust auftritt, kann durch Krümmung der radialen Stege b, wie strichpunktiert angedeutet, nicht viel gewonnen werden, wenngleich diese gekrümmten Leitschaufeln grundsätzlich richtig sind.

Trotz der großen Verluste nimmt die Umlenkung und Wiedereinführung des Wassers in die nächste Stufe die Hälfte des Gesamtvolumens einer mehrstufigen Pumpe ein. Da die Energiezufuhr durch das außenbeaufschlagte Laufrad (s. Abb. 102) theoretisch genau so groß ist wie durch das innenbeaufschlagte, würde die Förderhöhe der Pumpe bei gleichem Konstruktionsvolumen verdoppelt, wenn man jeden Umführungsraum durch ein außenbeaufschlagtes Laufrad ersetzte. Die Vorteile einer solchen Pumpe, etwa nach Abb. 109, könnten wohl Ersatz bieten für das Lehrgeld, das man für die Entwicklung noch zu zahlen hätte.

12. Ableitung der Hauptarbeitsgleichung mit Hilfe der Coriolisbeschleunigung und der Relativbahn.

Es besteht ein Lehrsatz in der Mechanik: Bewegt sich ein Massenpunkt längs einer Bahnlinie, die selber eine Bewegung erfährt, so bestimmt sich der Absolutweg aus der Absolutkraft, die sich als Schlußlinie eines Kraftecks ergibt, dessen Seiten sinngemäß aneinandergereiht die erste und zweite Ergänzungskraft sowie die Relativkräfte des Massenpunktes darstellen.

Dieser Lehrsatz der Mechanik war mir der unverständlichste von allen. Man möge mir deshalb verzeihen, wenn ich in seiner Betrachtung und Anwendung auf Pumpen etwas länger verweile.

Zunächst, was versteht die Mechanik unter den Ergänzungskräften? Die erste ist die von der Zentrifugalbeschleunigung herrührende Kraft von der Größe $r\omega^2 = \dfrac{u^2}{r}$, die zweite ist die von Coriolis in die Mechanik eingeführte Kraft, die bei der Drehung einer Bahnlinie dadurch entsteht, daß der auf der Bahnlinie sich bewegende Massenpunkt sich verändernde Umfangsgeschwindigkeiten erreicht, je nachdem er von dem Mittelpunkt, um den die Bahnlinie sich dreht, sich mehr oder weniger entfernt. Es ist der Mühe wert, darauf etwas näher einzugehen.

Es sei A—B die Bahnlinie, die sich um 0 dreht. Sie sei etwa ein gekrümmtes Rohr, das auf einer mit der Winkelgeschwindigkeit ω sich drehenden Scheibe befestigt ist. In der Zeit t legt die Scheibe einen Winkel von ωt zurück, das Rohr befindet sich alsdann in der Stellung C—D. Während der Zeit t sei ein im Rohr befindlicher Massenpunkt von A nach B gekommen. Wenn seine Relativgeschwindigkeit w war, so ist A—$B = wt$. Er befindet sich nach t Sekunden also in D. Die Absolutbahn des Massenpunktes geht also irgendwie von A nach D (Abb. 110).

Um den Punkt infolge seiner Bewegung auf der Bahnlinie und infolge der Drehung der Bahnlinie von A nach D zu bringen,

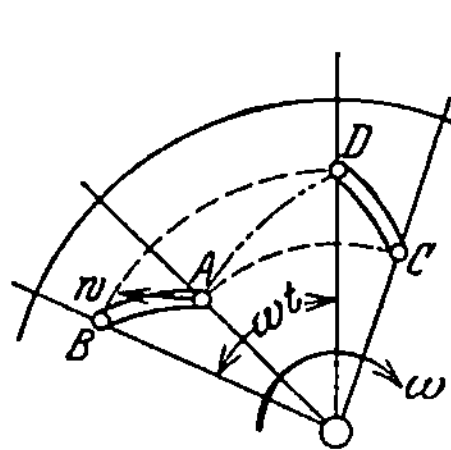

Abb. 110. Massenpunkt im Rohr auf sich drehender Scheibe.

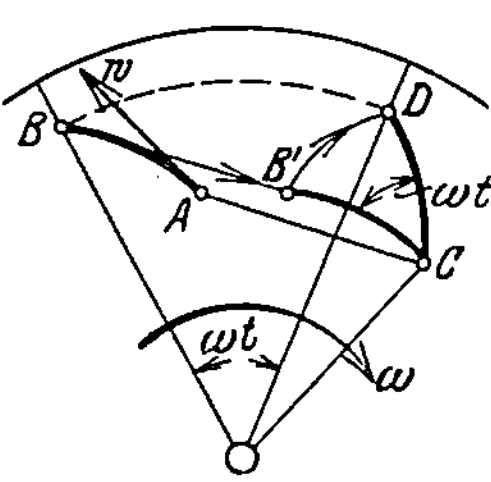

Abb. 111. $B'D$ ist der durch die Coriolisbeschleunigung hervorgerufene Weg.

könnte man auch die Bahnlinie zunächst sich selbst parallel verschieben, bis A nach C kommt (Abb. 111), und dann die Drehung zusätzlich vornehmen. B wäre durch die Verschiebung nach B' gekommen und das Rohr läge in C—B'! Nunmehr muß man um Punkt C die Bahnlinie so weit drehen, daß B' nach D kommt, damit sie mit C—D zusammenfällt. Die zuerst vorgeschlagene Parallelverschiebung erfaßt jeden Punkt der Bahnlinie mit der gleichen Geschwindigkeit, und jeder Punkt gibt, in der Endlage angekommen, im Übergang zur Ruhe die gleiche Geschwindigkeit wieder ab. Eine Änderung im Energieinhalt kann durch die Parallelverschiebung somit nicht auftreten.

Der Massenpunkt bleibe während der Parallelbewegung im Rohr in C liegen. Er soll nach D. Wir haben also die Bahnlinie um C zu drehen, und zwar um den Drehwinkel ωt. Während dieser Bewegung soll der Massenpunkt innerhalb des Rohres vorschreiten, also wächst offenbar seine Geschwindigkeit mit dem Abstand von C, entsprechend der jeweils vorhandenen größeren Drehgeschwindigkeit des Rohres. Es muß also in der Umfangsrichtung infolge der zusätzlichen Drehung der Bahnlinie eine Beschleunigung des Massenpunktes erfolgen. Diese Beschleunigung verlangt natürlich eine Kraft. Diese muß immer in gleicher Größe auftreten, gleichgültig, in welcher Weise man die Bahnlinie A—B nach CD brachte. Denn die Endenergie, die der Punkt in D hat, ist immer dieselbe, und die Zeit, in der sie erreicht wird, ebenfalls, solange w und ω gleich bleiben. Diese Zusatzkraft ist die zweite Ergänzungskraft, die von Coriolis in die Mechanik eingeführt ist.

Wie groß ist sie? Die Geschwindigkeit, mit der der Bogenweg $B'D$ des Winkels am Halbmesser CB' zurückgelegt wird, ist von der Corioliskraft innerhalb der Zeit t hervorgerufen. CB' ist gleich $w \cdot t$, der Winkelweg ist ωt. Also ist $B'D = wt \cdot \omega t = w \cdot \omega t^2$. Wir könnten für jedes beliebige kleinere Zeitteilchen dasselbe Bild entwerfen, wenn wir entsprechend vergrößerten Maßstab anwenden. Die Beschleunigung für solch unendlich kleine Unterteilung ist dann immer von gleichem Betrag, da ein gleicher Weg in der gleichen Zeit zurückgelegt und die gleiche Geschwindigkeit erreicht wird, denn wir ändern ja weder w noch ω. So müssen wir uns den Zusatzweg $B'D$ unter dem Einfluß einer konstanten Beschleunigung p zurückgelegt denken, also gilt: Weg $= \frac{1}{2}pt^2$ oder $\frac{1}{2}pt^2 = wt\omega t$; woraus sich $p = 2w\omega$ ergibt. Dies ist die Größe der Coriolis-Beschleunigung.

Aus dieser Betrachtungsweise erhellt ferner, daß diese Beschleunigung immer senkrecht zur Relativbahnlinie gerichtet sein muß: Die Coriolis-Beschleunigung äußert sich als Bahndruck, als Schaufeldruck senkrecht zur Schaufel.

Wir betrachten einmal ein gerades Rohrstück, das sich um einen Mittelpunkt dreht, um darauf nachher den vorhin erwähnten Satz aus der Mechanik anzuwenden. Ein Massenpunkt befinde sich in dem Rohr (Abb. 112). So wie der Punkt von der Rohrwand erfaßt wird, erhält er die Umfangsgeschwindigkeit des Berührungspunktes. In diesem Moment verspürt er auch die Zentrifugalkraft, die ihn nach außen drängt. Unter dem Einfluß der Zentrifugalkraft erhält er eine radiale Geschwindigkeitskomponente, die ihn mit immer neuen Punkten der Rohrwand in Berührung bringt, die ständig steigende Umfangsgeschwindigkeit haben und ständig steigenden Berührungsdruck veranlassen. Es wird auf diese Weise also dem Massenpunkt eine Energie übermittelt, die er vorher nicht besaß. Der Druck äußert sich für das Drehmoment, indem

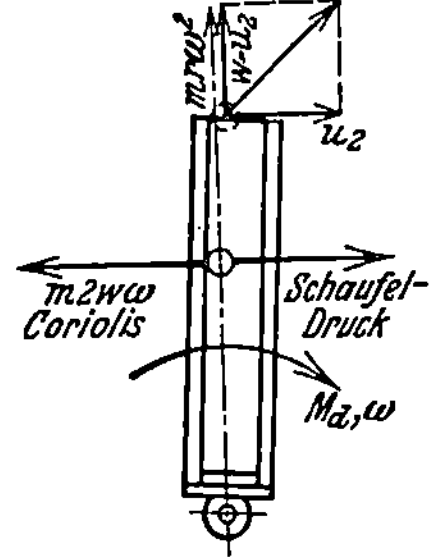

Abb. 112. Massenpunkt im geraden sich drehenden Rohr.

er ein ständig wachsendes Drehmoment erfordert zu seiner Überwindung. Wie groß ist dieses? Wie groß ist die Energieübertragung auf den Massenpunkt, wie groß ist die vom Drehmoment geleistete Arbeit?

Die Zentrifugalkraft liefert keinen Beitrag zum Drehmoment. Die Coriolis-Kraft liefert das Moment $2w\omega \cdot r$.

Das Drehmoment leistet für die Masseneinheit $m = 1$ die Arbeit in einer Sekunde:

$$M_d\omega = 2w\omega \cdot r \cdot \omega; \qquad \text{da} \qquad w = \frac{dr}{dt} = c_r,$$

wird

$$M_d\omega = 2\omega^2 \frac{r \cdot dr}{dt} \quad \text{bzw.} \quad M_d\omega \cdot dt = 2\omega^2 r \cdot dr.$$

Das ist die Arbeit im unendlich kleinen Zeitteilchen dt für den Winkelweg $\omega\,dt$, die Arbeit wird für den zu betrachtenden endlichen Winkel also

$$\int M_d\omega\,dt = A = \int 2\omega^2 r\,dr = [r^2\omega^2]_{r_1}^{r_2} = r_2^2\,\omega^2 - r_1^2\,\omega^2 = u_2^2 - u_1^2.$$

Für die Gewichtseinheit wird die Masse $\dfrac{1}{g}$, also die Arbeitszufuhr $= \dfrac{u_2^2 - u_1^2}{g}$. Falls die Bewegung bei $r_1 = 0$ anfing, wird $u_1 = 0$ und $A = \dfrac{u_2^2}{g}$. Der sekundliche Weg, auf dem diese Arbeit geleistet würde, ist u_2, die Coriolis-Kraft hat also, bis der Massenpunkt die Umfangsgeschwindigkeit u_2 bekommt, in Richtung der Umfangsgeschwindigkeit eine Größe von $\dfrac{u_2}{g}$, die Geschwindigkeitszunahme infolge Coriolis die Größe u_2 erreicht, weil ja die Geschwindigkeit des Massenpunktes von 0 auf u_2 gekommen ist und eben diese Geschwindigkeitszunahme durch die Ergänzungskraft Coriolis hervorgerufen gedacht wird.

Es kann auch die Relativgeschwindigkeit w ermittelt werden: Sie wird im Falle der Abb. 112 durch die Zentrifugalbeschleunigung $r\omega^2$ hervorgerufen. Also ist $\dfrac{dw}{dt} = r\omega^2$, andererseits ist $w = \dfrac{dr}{dt}$ oder $dt = \dfrac{dr}{w}$. Setzt man den Wert von dt in die Beschleunigungsgleichung ein, so wird $\dfrac{dw}{dr} = r\omega^2$ oder $w\,dw = \omega^2 r\,dr$, woraus $\dfrac{w^2}{2} = \dfrac{\omega^2}{2} r^2$ bzw. $w = \omega r$ folgt, d. h., die Relativgeschwindigkeit w eines Massenpunktes in dem radial gerichteten Rohr wird an jedem Punkt gleich der Umfangsgeschwindigkeit u dieses Punktes, wenn man den Punkt der Wirkung der Zentrifugalkraft frei überläßt.

Die kinetische Energie der Relativgeschwindigkeit ist $\dfrac{w^2}{2g} = \dfrac{u^2}{2g}$, und dies scheint für einen Beschauer auf der Scheibe die Gesamtenergie der Relativbewegung des Punktes, da eine Druckänderung ja nicht in Frage kommt, weil der Massenpunkt frei den Druckkräften folgen kann. Die Relativbewegung ist jedoch nur ein Teil der Absolutbewegung, und die Absolutbewegung ist maßgebend für den Energieinhalt des Punktes.

Die Gesamtenergiezufuhr durch Coriolis hatten wir von der Größe $\dfrac{u_2^2}{g}$

errechnet. Die Differenz dieser und der kinetischen Energie der Relativgeschwindigkeit ist am Punkt r_2

$$\frac{u_2^2}{g} - \frac{u_2^2}{2g} = \frac{u_2^2}{2g}.$$

Diese Differenz ist die kinetische in der Umfangsgeschwindigkeit u_2 enthaltene Energie.

Wenden wir den obenerwähnten Lehrsatz an und zeichnen jetzt das Krafteck.

Wir haben als Kräfte für die Gewichtseinheit hindurchgehender Massen je Sekunde

1. die Zentrifugalkraft $= \dfrac{r\omega^2}{g}$,

2. die Coriolis-Kraft $= \dfrac{2w\omega}{g}$.

Wir müssen uns nun über den Kräftemaßstab klar werden. Wir hatten errechnet, daß infolge der Zentrifugalkraft eine radial gerichtete Geschwindigkeit der Größe u_2 aufträte. Dies war also zugleich die gesamte Geschwindigkeitszunahme während des betrachteten Zeitabschnittes t. Die Kraft ist also $\dfrac{u_2}{g} \cdot \dfrac{1}{t}$ proportional.

Die Arbeitsleistung der Coriolis-Beschleunigung war $\dfrac{u_2^2}{g}$ insgesamt, der durch sie erreichte Geschwindigkeitszuwachs ebenfalls u_2. Die Coriolis-Kraft ist diesem Zuwachs ebenfalls, nämlich $\dfrac{u_2}{t}\dfrac{1}{g}$, proportional. Der Proportionalitätsfaktor ist derselbe wie für die Zentrifugalkraft, weil für beider Wirkung der gleiche Zeitabschnitt betrachtet wird. Wir setzen nun den Maßstab $\dfrac{1}{g \cdot t} = 1$, indem wir den Zeitabschnitt 1 Sekunde und die Masse $m = \dfrac{1}{g} = 1$ betrachten. Also zeichnen wir zunächst $\dfrac{r\omega^2}{g} = u_2$ in radialer Richtung, schließen senkrecht dazu $\dfrac{2w\omega}{g} = u_2$ an, und so ergibt sich das nebenstehende Krafteck (Abb. 113). Wir ersehen, die Gesamtbeschleunigung ist $p = \dfrac{c_2}{g \cdot t} = c_2$, und davon die tangentiale Komponente $c_{u_2} = u_2$, alles, wie wir das früher aus dem Geschwindigkeitsdreieck abgeleitet hatten. Die Beschleunigungskraft p ist gleich $\dfrac{c_2}{g}$ und tangential zur absoluten Bahnlinie gerichtet, die absolute Geschwindigkeit ist c_2. Der absolute Winkel, unter dem der Massenpunkt aus dem Rohr austritt, ist $\operatorname{tg}\alpha_2 = \dfrac{c_{r_2}}{c_{u_2}}$, hier wird $\operatorname{tg}\alpha_2 = 1$ wegen $c_r = c_{u_2} = u_2$.

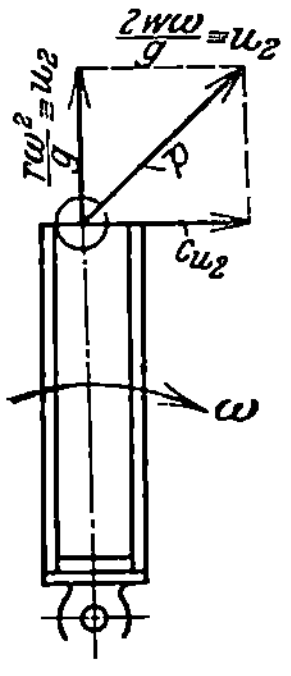

Wir sehen, daß das Krafteck mit dem Geschwindigkeitseck identisch ist, weil die Kräfte und Geschwindigkeiten sich lediglich im Maßstab unterscheiden.

Abb. 113. Austritt der Massenpunkte aus dem sich drehenden Rohr.

Um zu verfolgen, wie sich die Coriolis-Kraft ändert, wenn sich die Richtung des Rohres ändert, aus dem der Massenpunkt austritt, denken wir uns das Rohr mit einem beweglichen Knie versehen, so daß

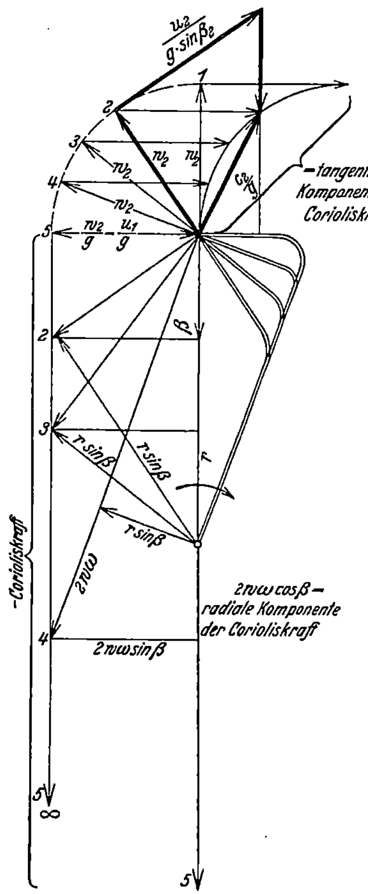

Abb. 114. Verschieden gebogenes Rohr verleiht dem Massenpunkt beim Austritt verschiedene Richtung. Krafteck.

wir das Rohrende von der Radialen bis zu 90° drehen können (Abb. 114). Da der Zentrifugalkraft keine Gegenkraft entgegenwirkt, wird zunächst die relative Austrittsgeschwindigkeit der Kugel aus dem Rohr bei allen Stellungen immer $w = u$.

Das läßt sich auch folgendermaßen beweisen: Ist eine Trommel mit Wasser gefüllt und kreist sie mit der Umfangsgeschwindigkeit u, so ist nach früherem der Druck auf die Flächeneinheit des Umfangszylinders $\dfrac{u_2^2}{2g}$. Dieser Druck wird, falls eine Öffnung in die Trommel gemacht wird, das Wasser im Austritt beschleunigen auf $w = \sqrt{2g \cdot \dfrac{u_2^2}{2g}} = u$.

Die Richtung dieser relativen Austrittsgeschwindigkeit w wird immer durch die Richtung der Austrittsöffnung gegeben, und die Größe der Austrittsgeschwindigkeit unabhängig von ihrer Richtung sein.

In der Abb. 114 sind fünf Stellungen des Austrittsrohres angedeutet. Die Relativbeschleunigung w jeweils eingetragen. Die Coriolis-Beschleunigung bleibt immer $2w\omega$ und immer senkrecht zu w. Ihr Hebelarm wird deshalb mit $\sin\beta$ kleiner. Um die gleiche Arbeit leisten zu können wie früher, muß folglich ihre in Richtung der Umfangsgeschwindigkeit liegende Komponente entsprechend größer werden. Da diese u_2 bleibt, da die Arbeitsleistung dieser allein arbeitsleistenden Komponente $\dfrac{u_2^2}{g}$ nach früherem bleiben muß, muß also die tangentiale Komponente der Coriolis-Kraft $\dfrac{u_2^2}{g} = \dfrac{u_2}{g}$ bleiben. So läßt sie sich leicht für alle Punkte im Anschluß an $\dfrac{u_2}{g}\,\dfrac{w_2}{g}$ einzeichnen.

Um das Krafteck zu zeichnen, bedenken wir, daß die radiale Komponente der Coriolis-Kraft keine Beschleunigung und keine Bewegung hervorbringt, sie muß also durch den Druck auf die Führung ausgeglichen sein. Es ist ja so, als ob der Massenpunkt durch eine Federkraft der Größe $2\,w\,\omega\,\cos\beta$ fest an die Bahnlinie angedrückt gehalten wäre.

So zeichnen wir also etwa für Rohrrichtung 2 (Abb. 114) das Krafteck; beginnen mit $\dfrac{w_2}{t \cdot g}$, schließen senkrecht dazu die Coriolis-Kraft $\dfrac{u_2}{t \cdot g \cdot \sin\beta}$ an, fügen den Bahndruck, der die radiale Coriolis-Kraft aufnimmt, in radialer Richtung hinzu und kommen so zu dem Schlußpunkt des Kraftecks, den wir mit dem Anfangspunkt zu verbinden haben, um in dieser Verbindungslinie die absolute Beschleunigungskraft $\dfrac{c_2}{g \cdot t}$ zu erhalten. Wie man sieht, geht diese für $t = 1$ und $\dfrac{1}{g} = 1$ von einem Wert $c_2 = u_2 \sqrt{2}$ bis auf $c_2 = 0$ zurück, wenn man den Rohraustritt von radialer Stellung um 90^0 schwenkt, bis der Austritt rein in Richtung der Umfangsgeschwindigkeit nach rückwärts liegt. Die radiale Geschwindigkeit c_{r_2} wird damit zu Null, ebenso wie $\sin\beta = 0$ wird. Die Coriolis-Kraft aber behält den endlichen Wert $2\,w\,\omega$ bei. Da $w_2 = u_2$ und $\omega = \dfrac{u_2}{r}$, wird im Maximum die Coriolis-Beschleunigung $2\,w\,\omega = \dfrac{2\,u_2^2}{r}$, ist dann also gleich dem doppelten der Zentrifugalbeschleunigung. Die Differenz zwischen Coriolis- und Zentrifugalbeschleunigung ist also gleich dieser und wird als Bahndruck empfunden und von der Bahnlinie aufgenommen. Es wird $c_2 = 0$ und $p = 0$. Wenn man zu allen fünf Rohrstellungen in Abb. 114 die Kraftecke einzeichnen wollte, so wären sie alle in verschiedenem Maßstab eingezeichnet. Denn es bleibt für alle $w = $ konst, aber c_r, die radiale Austrittsgeschwindigkeitskomponente ändert sich. Es bleibt die Coriolis-Kraft $2\,w\,\omega$ in Wirklichkeit konstant, in der Zeichnung ändert sie sich mit der Richtung des Austrittsrohres. In Wirklichkeit muß die Coriolis-Kraft bei gleicher Größe denselben radialen Abschnitt in gleicher Zeit zurücklegen. Wird dieser Abschnitt in den verschiedenen Diagrammen durch die verschieden große Strecke c_r bezeichnet, so muß also der dazugehörigen Zeit t ein entsprechend geänderter Wert zugelegt werden. Dieser Maßstabwert t der Kraftecke ändert sich umgekehrt proportional c_r. Es dauert ja die Zeit, die der Massenpunkt braucht, um vom Mittelpunkt bis zum Austritt zu gelangen, um so länger, je kleiner c_r ist.

Bei radialer Rohrstellung erreicht der Massenpunkt die radiale Geschwindigkeit $c_r = u$. Dieses Anwachsen von c_r wird verhindert durch die Schrägstellung des Rohres, indem der Bahndruck einen Teil der Zentrifugalbeschleunigung aufnimmt. Oder auch: die Zentrifugalbeschleunigung entlastet die Bahn vom Bahndruck in radialer Richtung, und der Bahndruck hat die Wirkung, daß nicht $c_r = u$ als endliche Wirkung der gedachten Zentrifugalkraft übrigbleibt, sondern eben ein Wert $c_r < u_2$.

Stimmt nun die Bewegung eines Massenpunktes in einem solchen Rohr, vor allem zunächst einmal in einem Rohr mit radialem Austritt, mit der Bewegung der Wasserteilchen in einer Kreiselpumpe überein? Nein! Das Wasser in einem sich drehenden Schaufelkanal ist nicht ungehemmt dem Einfluß der Zentrifugalbeschleunigung ausgesetzt. Es wirkt vielmehr der Druck am Außenumfang des Rades, der Spaltdruck, von außen auf die Wassermassen im Rad und hält der Zentrifugalkraft das Gleichgewicht. Wir bekommen also volle Übereinstimmung erst, wenn wir den Massenpunkt im Rohr ebenfalls nicht ungehemmt dem Einfluß der Zentrifugalkraft überlassen, sondern einen Gegendruck etwa dadurch ausüben, daß wir den Massenpunkt an eine Feder befestigen, die in jedem Zeitteilchen durch ihre größere Dehnung die größer gewordene Zentrifugalkraft im Gleichgewicht hält. Diese Federkraft ist dann eine Relativkraft, wie sie im Lehrsatz S. 120 an dritter Stelle

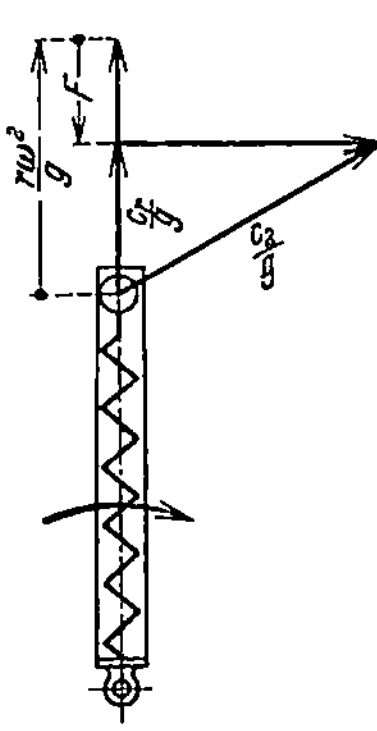

Abb. 115. Zentrifugalkraft am Massenpunkt durch Feder aufgenommen.

eingereiht ist (s. Abb. 115). Der Massenpunkt behält alsdann seine Geschwindigkeit w, die ihm einmal erteilt sei, gleichförmig bei, auch am Austritt. Das Austrittsdiagramm ändert sich alsdann, indem $c_r = w$ also kleiner wird, da von der Zentrifugalkraft die Federspannung abgezogen werden muß. Aber die zuzuführende Leistung ändert sich nicht! Denn die einzig arbeitsleitende Kraft ist nicht geändert. Nur ist die zugeführte Energie $\dfrac{u_2^2}{g}$ aufgeteilt in die potentielle Energie der Federspannung $\dfrac{\varphi}{\gamma}$ und den Restbetrag $\dfrac{u_2^2}{g} - \dfrac{\varphi}{\gamma}$. Die zuzuführende Leistung konnte sich nicht ändern, weil ja lediglich eine stets radial wirkende Kraft hinzugefügt wurde — die Federspannung, die keinen Hebelarm besitzt. So ist es auch für die zuzuführende Leistung der Kreiselpumpe gleichgültig, wie groß der Spaltdruck ist. Er wirkt wie die Zentrifugalkraft stets radial nur in entgegengesetzter Richtung wie diese.

Wenn in dem Raum, in dem die auf Seite 124 erwähnte mit Wasser gefüllte Trommel kreist, ein Druck herrscht, so wird das durch eine radiale Öffnung austretende Wasser eine geringere Relativgeschwindigkeit als u_2 annehmen. Es wird, wenn der Spaltdruck, das ist der Druck im Außenraum, H_{sp} ist, $c_r = \sqrt{2g\left(\dfrac{u_2^2}{2g} - H_{\mathrm{sp}}\right)}$ werden. Die radiale Komponente der Wassergeschwindigkeit im Austritt c_r ist also das Ergebnis von dem Gegenstreit der Zentrifugalkraft und des Spaltdruckes. Steht die Öffnung schräg, so wird nur die radiale Komponente von w durch die angeführten Kräfte bedingt, die horizontale Komponente wird durch die Relativbeschleunigungen erzeugt.

Wenn die Coriolis-Kraft eine radiale Komponente hat, wie das bei schrägem Rohr der Fall (Abb. 116), so wird dadurch, wie wir sahen, die Bahnlinie belastet. Diese Kräfte zusammen, nämlich Bahndruck, Coriolis-Komponente, Spaltdruck und Zentrifugalkraft, ergeben als Resultierende in radialer Richtung die Kraft $\dfrac{c_{r_2}}{g}$.

So haben wir nun nur noch die durch die Schrägstellung des Rohres bzw. den Spaltdruck neu hinzugekommene tangentiale Komponente, die Relativkraft w_{u_2} zu beachten. Der das Rohr schräg verlassende Massenpunkt übt nämlich auf dieses einen Rückstoß aus, der an einem Hebelarm wirkend, das zur Überwindung von Coriolis notwendige Drehmoment verkleinert, gemäß $\dfrac{w_{u_2} \cdot r_2}{g}$. Wir setzen wieder $t = 1$ sec und $m = \dfrac{1}{g} = 1$.

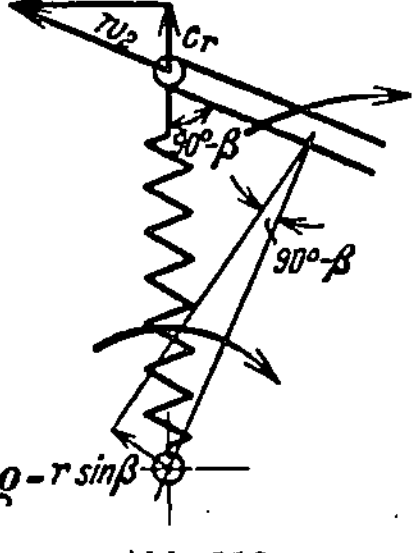

Abb. 116.
Zentrifugalkraft durch Feder aufgenommen, Rohr schief gestellt.

So können wir endlich das Krafteck Abb. 117 zeichnen: Zuerst die Relativkraft $\dfrac{w_2}{g}$ in Richtung des Rohrendes, dann fügen wir die Coriolis-Kraft, nunmehr $\dfrac{u_2}{g \cdot \sin\beta_2}$ groß, senkrecht zu w_2 hinzu und nun in radialer Richtung nach innen die Summe von radialer Coriolis-Bahndruckkompenente, Zentrifugalkraft und Spaltdruck. Der Endpunkt dieser Kräfte muß bis zur Basis um $\dfrac{c_{r_2}}{g}$ entfernt liegen. Zu diesem Endpunkt ziehen wir alsdann vom Anfangspunkt an die Schlußlinie, womit wir $\dfrac{c_2}{g}$ erhalten, die absolute Beschleunigungskraft und die absolute Austrittsgeschwindigkeit. Wir erhalten im Krafteck wieder zugleich das Geschwindigkeitseck, da die allein Arbeit leistende Komponente der Coriolis-Kraft immer $\dfrac{u_2}{g}$ sein muß und die übrigen Kräfte sich von den Geschwindigkeiten ja nur durch den Zeitfaktor t unterscheiden und den Massenwert $\dfrac{1}{g}$.

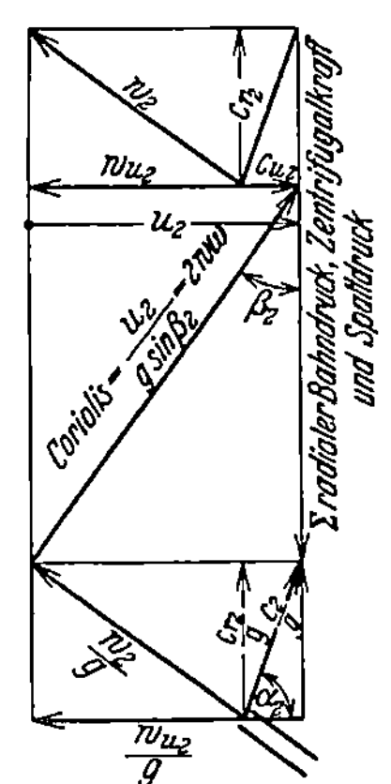

Abb. 117.
Krafteck (unten) und Geschwindigkeitseck (oben) beim Austritt aus schiefgestelltem Rohr.

Betrachten wir nun ein Pumpenlaufrad mit absolut gesehen, radialem Einlauf, Abb. 118, d. h. $c_{u_1} = 0$. Die Schaufel ist die relative Bahnlinie, auf der in jedem Punkt die Coriolis-Kraft senkrecht steht. Das Maß der relativen Ablenkung wird durch die Schaufel ebenfalls gegeben. Ist die Bahnlinie gekrümmt, so erfahren die Massenteilchen noch eine zusätzliche Zentrifugalbeschleunigung von der Größe $\dfrac{w^2}{\varrho}$, die nur den Bahndruck ändert.

Der Schaufelkanal bedingt durch seine Querschnitts- und Richtungsänderung die Änderung der Relativgeschwindigkeit von w_1 auf w_2.

Die Ablenkung, die die Massen durch das Befolgen der Schaufellinie erfahren, gibt eine relative Druckkraft, die ein Moment liefert, das wir am einfachsten berechnen, indem wir die jeweils tangentiale Komponente der Relativbeschleunigung betrachten. Diese Komponente ist am Einlauf $w_{u_1} = w_1 \cos \beta_1$, am Auslauf $w_{u_2} = w_2 \cos \beta_2$. Die Zunahme in der Zeiteinheit also $\dfrac{w_{u_2} - w_{u_1}}{t}$. Das Drehmoment der einen ist $w_{u_1} r_1$, der anderen $w_{u_2} r_2$. Also insgesamt wird das Moment der Ablenkungskraft beim Durchfluß von $\dfrac{Q\gamma}{g}$

$$M_d = (w_{u_2} r_2 - w_{u_1} r_1)\frac{Q\gamma}{g}\,.$$

Für $Q\gamma = 1$ wird also die Leistung des Momentes der Relativablenkung bei der Winkelschnelle ω

$$M_d\,\omega = (w_{u_2} r_2 - w_{u_1} r_1)\frac{\omega}{g} = \frac{w_{u_2} u_2 - w_{u_1} u_1}{g}\,.$$

Dieses ist nun lediglich die Arbeit der Relativbeschleunigungskräfte. Die bisherige Betrachtung erhellt aber, daß die Arbeit der Relativkräfte nur ein Teil der insgesamt zu leistenden Arbeit darstellt, daß vielmehr die wesentliche Arbeitsleistung durch Coriolis getan wird. Die Arbeit der Coriolis-Kraft ist aber, wie wir sahen, immer $\dfrac{u_2^2 - u_1^2}{g}$. Also ergibt sich die Gesamtarbeit zu

$$A = \frac{u_2^2 - u_1^2}{g} \mp \frac{w_{u_2} u_2 - w_{u_1} u_1}{g}\,.$$

In dieser Gleichung unterstützt die Arbeit der Relativbeschleunigung, das zweite Glied, das Motorendrehmoment, wenn der Austritt nach rückwärts gekrümmt ist. Dann gilt das negative Vorzeichen. Würde die Krümmung der Relativbahn umgekehrt liegen, so daß das Wasser in Richtung der Umfangsgeschwindigkeit austräte, so würde der Rückstoß das Motorendrehmoment belasten, in obiger Gleichung wäre das Moment der Relativkräfte zu dem von Coriolis zu addieren.

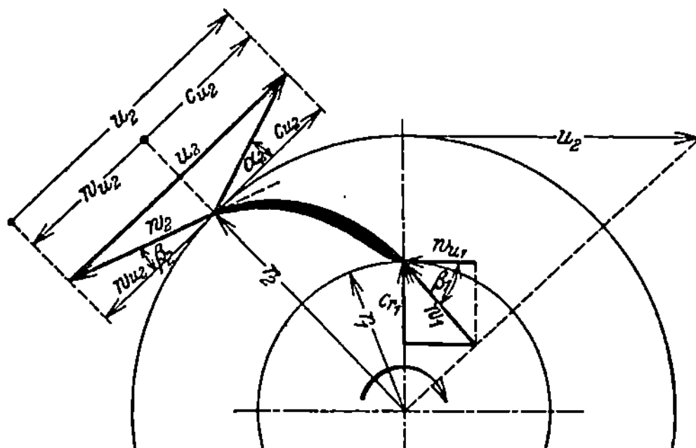

Abb. 118. Geschwindigkeitsdreieck bei Ein- und Austritt einer Pumpenschaufel.

Schreiben wir die obige Gleichung in folgender Art:

$$A = \frac{u_2(u_2 - w_{u_2}) - u_1(u_1 - w_{u_1})}{g}$$

und betrachten wir das Einlaufdiagramm (Abb. 118), so erkennen wir, daß $u_1 - w_{u_1} = 0$ ist.

Es wird also für stoßfreien Eintritt

$$A = \frac{u_2^2}{g} - \frac{u_2 w_{u_2}}{g}\,.$$

Das erste Glied $\dfrac{u_2^2}{g}$ stellt die Arbeit dar, die Coriolis allein leistet und die bei radialem Austritt, bei $w_{u_2} = 0$, die Gesamtarbeit wäre, $\dfrac{u_2 w_{u_2}}{g}$ ist die Ablenkungsarbeit der relativen Geschwindigkeit, die als Turbinenarbeit von der Coriolis-Arbeit $\dfrac{u_2^2}{g}$ in Abzug kommt und die nur auftreten kann, wenn der Austritt nicht radial erfolgt.

$\dfrac{w_{u_2} u_2}{g}$ ist die Ablenkungsarbeit, die im Relativkanal auftritt, wenn das Wasser mit dem Relativwert $w_{u_1} = u_1$ den Kanal betritt, also wenn stoßfreier Eintritt vorliegt.

Schreiben wir jetzt die Gleichung:

$$A = \frac{u_2}{g}(u_2 - w_{u_2}) = \frac{u_2}{g}(u_2 - w_2 \cos \beta_2)$$

und betrachten das Krafteck in Abb. 117, so sehen wir, daß

$$u_2 - w_{u_2} = c_{u_2}$$

ist und daß c_{u_2} die tangentiale Komponente der Absolutbeschleunigung ist. Damit erhalten wir die Hauptarbeitsgleichung nach einem fürchterlichen Umweg in der früheren Gestalt:

$$A = \frac{u_2 c_{u_2}}{g} = H_A .$$

Es folgt also wieder: Maßgebend für die Arbeitsübertragung ist einzig und allein die tangentiale Beschleunigung der Wassermasse, die Änderung der tangentialen Geschwindigkeitskomponente c_u. Die Änderung der übrigen Komponenten bedingt lediglich Änderung des hydraulischen Druckes am Austritt, Änderung des Spaltdruckes, aber keine Änderung des Energieinhaltes.

13. Wirkungsgradbegriffe.

Die Energiequelle des Laufrades hebt das Wasser bildlich gesprochen auf die ideelle Höhe H_{id} hinauf, von wo es unter Überwindung der dazwischenliegenden Widerstände auf H_{eff} herabfällt. Die ·Ausflußgeschwindigkeit bestimmt also auch bei Pumpen genau so wie bei Turbinen die Ausflußmenge und damit den sekundlichen Durchfluß. Was am Austritt noch an Fallhöhenrest vorliegen sollte, nachdem die Widerstände überwunden sind, muß sich dort in kinetische Energie umwandeln.

Sind wieder wie vorher die gesamten Reibungswiderstände vom Unterwasser bis zum Oberwasser $\Sigma \varrho H$, die gesamten Umlenkungs- und Umsetzungsverluste $\Sigma \delta H$, so ergibt sich die Austrittsgeschwindigkeit (s. Abb. 119) zu

$$c_a = \sqrt{2g[H_{id} - \Sigma \varrho H - \Sigma \delta H - H_{eff}]}$$

und die Geschwindigkeitsverlusthöhe

$$\frac{c_a^2}{2\,g} = H_{\mathrm{id}} - \Sigma\varrho H - \Sigma\delta H - H_{\mathrm{eff}}\,.$$

Die Austrittsgeschwindigkeitshöhe ist ein Verlust, also sollte sie so klein wie möglich gemacht werden. Freilich macht er sich erst nennenswert bemerkbar bei kleinen Förderhöhen. Es spielen in der Regel die Kosten für die Steigleitung, die umgekehrt proportional der Fördergeschwindigkeit abnehmen, die Hauptrolle für die Geschwindigkeitsfestsetzung. Immerhin sollte der Ausguß erweitert werden, damit die Ausgußgeschwindigkeit so klein wie möglich wird und keinen Schaden anrichtet. Es sollte auch immer der Ausguß als Saugheber unter den tiefsten Oberwasserspiegel geführt werden, damit das Oberwasserbecken nicht gelegentlich bei Stillstand der Pumpe auslaufen kann, andererseits kein Verlust in der Druckhöhe durch Freihang eintritt (Abb. 120).

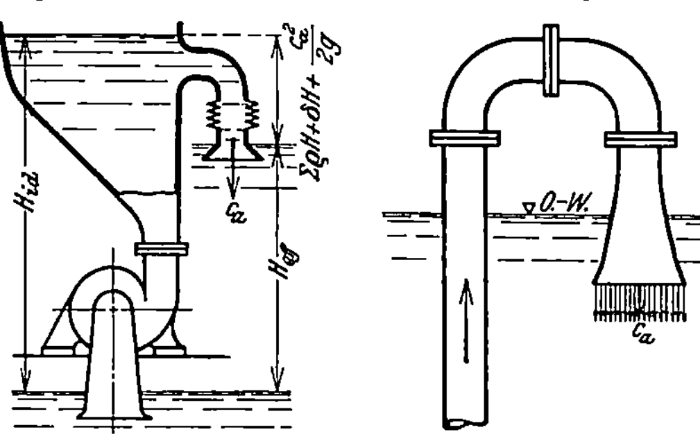

Abb. 119. Verlusthöhenbild.　　Abb. 120. Ende des Austrittsrohres.

Wenn große Wassermengen, wie das bei Be- und Entwässerungen häufig der Fall, nur sehr geringen Fallhöhen zugesellt sind, spielt die Gestaltung des Ausgusses eine sehr große Rolle. Bei 1 m Förderhöhe würde die Austrittsgeschwindigkeit von 3 m/sec 45 % der Effektivleistung ausmachen; ein Verlust, der durch ein 100 proz. Laufrad nicht gutzumachen ist.

Es ergibt sich aus Abb. 119

$$H_{\mathrm{id}} = \frac{c_a^2}{2\,g} + \Sigma\varrho H + \Sigma\delta H + H_{\mathrm{eff}}\,.$$

Das Verhältnis

$$\frac{H_{\mathrm{eff}}}{H_{\mathrm{id}}} = \eta_h$$

ist der hydraulische Wirkungsgrad.

Von den Verlustquellen ist in der Regel $\Sigma\delta H$ die bei weitem größte. Und dieser größte Verlustteil liegt fast vollständig im Leitapparat. Denn im Laufrad findet keine Umsetzung von kinetischer in potentielle Energie statt; umgekehrt wird die potentielle durch die Drehung zugeführte, teilweise beim Austritt in kinetische verwandelt, was mit fast ohne Verlust vor sich geht. Der Reibungsweg durch das Laufrad ist auch sehr viel kleiner als der übrige Strömungsweg, so daß auch dieser Verlustanteil beim Laufrad sehr klein ist. Zerlegen wir η_h dementsprechend in die Teilverluste, die auf Leitrad und Laufrad entfallen,

$\eta_h = \eta_{La} \cdot \eta_{Le}$, so erweist sich η_{Le} als der in erheblichem Maße geringere Wert.

Die besonderen Gründe werden wir kennenlernen.

Die Energie H_{id} muß dem Wasser durch das Laufrad zugeführt werden. Dies geschieht, wie wir früher sahen, durch den Zwang der Umlenkung. Gemäß der Krümmung der absoluten Bahnlinie, die die Schaufel erzwingt, drückt das Wasser auf die Schaufel, und diesen Druck überwindet die Schaufel bei der Winkelschnelle ω. Also gemäß der Hauptarbeitsgleichung, wonach

$$\frac{u_2 c_{u_2} - u_1 c_{u_1}}{g} = H_{id} = \frac{H_{eff}}{\eta_h} \quad \text{ist.}$$

Wäre $c_{u_1} = 0$, also vor dem Laufrad oder im Laufradeintritt kein Wirbel, so hieße die Gleichung:

$$\frac{u_2 c_{u_2}}{g} = H_{id} .$$

Das Laufrad hat also die Aufgabe, diesen Energiewert dem Wasser zuzuführen. Wir wissen von früher, daß die Energiezufuhr einzig und allein durch die Änderung von c_u erfolgt, daß in den übrigen Geschwindig-keitskomponenten lediglich Druckän-derungen, aber keine Energieänderun-gen enthalten sein können.

Damit aber das Laufrad bei seiner Umfangsgeschwindigkeit u_2 dem Wir-bel den Drall $\frac{c_{u_2} r_2}{g}$ erteilen kann, muß das ihm zugeführte Drehmoment grö-ßer sein.

Die Radwände geben eine Reibung, im Wasserstrom und an dem Austritt des Laufrades werden Wasserteilchen, weil sie nicht wirbelfrei strömen, wie-der ins Laufrad zurücktreten können. Diese Wirbelbahnen werden durch die Schaufeln durchschnitten (Abb. 121). Dadurch wird eine Bremskraft ausge-löst gemäß der mit dem Wirbel umlau-fenden Wassermassen, die ihrer Größe nach vollkommen unbekannt sind; fer-

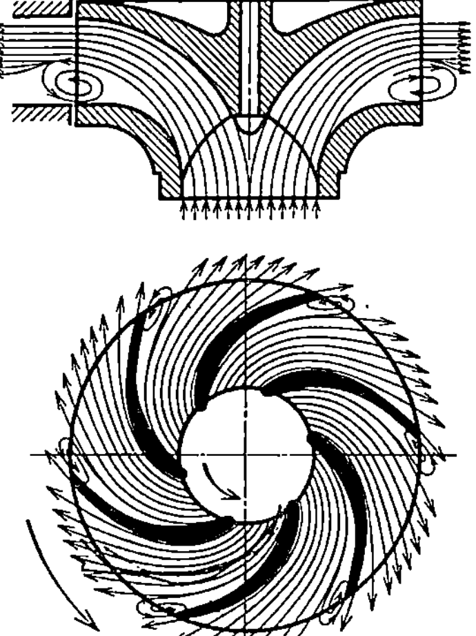

Abb. 121. Wirbelschnitte am Laufradaus-tritt bedingen Kraftverlust.

ner ist die Bremskraft proportional der Wirbelschnittzahl je Sekunde.

Diese Verlustarbeiten verlangen eine Erhöhung des von außen zuzuführenden Wellendrehmomentes. Die von dem Zuschuß geleistete Arbeit wird in Wärme umgesetzt und ist verloren.

Die Wirbelverluste K_{LA} sind um so größer, je größer die Schaufel-anzahl sowohl im Leitrad wie im Laufrad ist. Sie werden bei bester Be-aufschlagung ein Minimum, steigen also sowohl bei verringerter wie bei über Q_{opt} hinaus vergrößerter Wassermenge (Abb. 122).

Die Radreibung R_{LA} bleibt konstant, nimmt also prozentual proportional Q relativ zur Leistung ab. Diese Verluste Radreibung und Wirbelschnittarbeit zählen zu den mechanischen Verlusten. Zu diesen mechanischen Verlusten sind noch die Stopfbüchsen — und Lagerreibungen K_{Welle} zuzurechnen.

Das vom Antriebmotor ausgeübte Drehmoment muß also um das entsprechende Maß der Wirbelschnitt- und Radreibungsarbeit des Laufrades sowie Stopfbüchsen- und Lagerreibung größer sein, nämlich H'_{id} entsprechen, wobei

$$H'_{\text{id}} = H_{\text{id}} + K_{\text{La}} + R_{\text{La}} + K_{\text{Welle}}.$$

Somit ergibt sich ein weiterer Wirkungsgrad

$$\eta_m = \frac{H_{\text{id}}}{H'_{\text{id}}}.$$

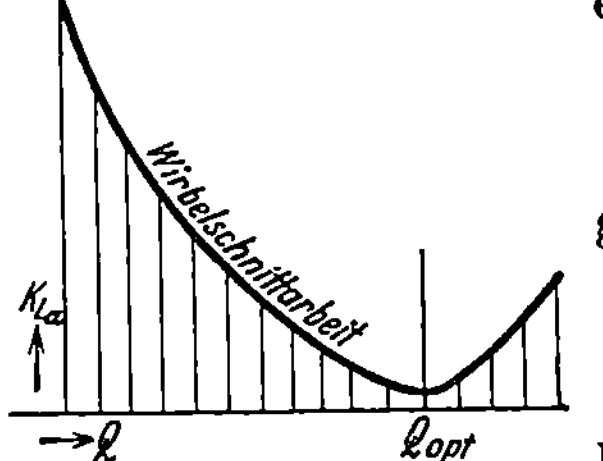

Abb. 122. Wirbelschnittarbeit veränderlich mit der Beaufschlagung.

Dieser Wirkungsgrad ist der sogenannte mechanische Wirkungsgrad. Der Gesamtwirkungsgrad der Pumpe ist also

$$\eta = \eta_h \cdot \eta_m.$$

Es fließt auch etwas von dem bereits geförderten Wasser in den Saugmund zurück durch den Schleifringspalt und durch die Entlastungslöcher im Laufrad. Dieser Spaltverlust wird gewöhnlich arg überschätzt; er ist eine Art volumetrischer Wirkungsgrad, weder der Gruppe mechanischer noch der hydraulischen zuzurechnen. Er ist im übrigen unwichtig.

14. Charakteristiken der Pumpen.

Wirkungsgrade sind Erfahrungswerte, sie sind also nicht errechenbar. Dagegen kann diejenige Druckhöhe, die unter Voraussetzung verlustloser Strömung auftritt, theoretisch gefaßt werden. Wir wollen also dieses

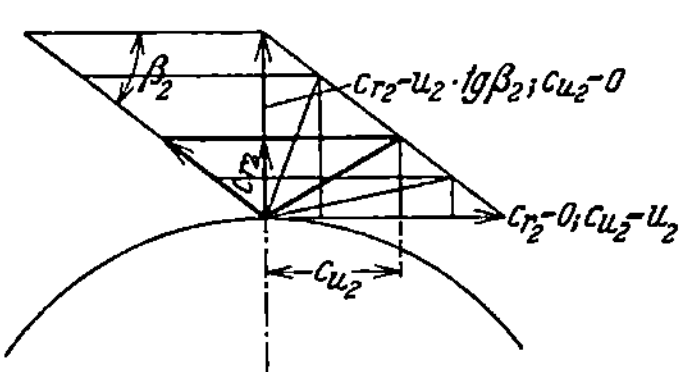

Abb. 123. Austrittdiagramme für $Q = 0$ bis Q_{max} bei $u = $ const.

$$H_{\text{id}} = \frac{u_2 c_{u_2}}{g} - \frac{u_1 c_{u_1}}{g}$$ diskutieren, zunächst für $c_{u_1} = 0$.

c_{u_2} ist unmittelbar aus dem Austrittsdiagramm gegeben (Abb. 123). Wir erkennen, daß sich c_{u_2} bei gegebenem Laufrad und gegebener Umlaufgeschwindigkeit nur mit c_{r_2}, also weil $Q = \varphi \pi D_2 b_2 c_{r_2}$, nur mit der Durchflußmenge ändert. $c_{u_2} = 0$ wird erreicht, wenn $c_{r_2} = u_2 \mathrm{tg}\beta_2$, und bei $c_{r_2} = 0$ wird $c_{u_2} = u_2$. Allgemein ist, wenn die radiale Geschwindigkeit bei $c_{u_2} = 0$ c_{r_0} genannt wird.

$$c_{u_2} : u_2 = (c_{r_0} - c_{r_2}) : c_{r_0}; \qquad c_{u_2} = u_2\left(1 - \frac{c_{r_2}}{c_{r_0}}\right) = u_2\left(1 - \frac{Q}{Q_0}\right).$$

c_{u_2} verläuft also geradlinig mit Q. Wenn man c_{u_2} als Winkelfunktion haben will, so bedenke man, daß

$$\frac{cu_2}{u_2} = \frac{c_{r_0} - c_r}{c_{r_0}} = \frac{u_2\,\mathrm{tg}\,\beta_2 - cu_2\,\mathrm{tg}\,\alpha_2}{u_2\,\mathrm{tg}\,\beta_2} = 1 - \frac{cu_2}{u_2}\frac{\mathrm{tg}\,\alpha_2}{\mathrm{tg}\,\beta_2},$$

woraus

$$\frac{cu_2}{u_2}\left(1 + \frac{\mathrm{tg}\,\alpha_2}{\mathrm{tg}\,\beta_2}\right) = 1 \quad \text{und} \quad \frac{u_2}{cu_2} = 1 + \frac{\mathrm{tg}\,\alpha_2}{\mathrm{tg}\,\beta_2},$$

welchen Wert wir ψ genannt hatten.

Es hatte sich daraus die Formel für die Umlaufgeschwindigkeit ergeben, die einer bestimmten Druckhöhe entsprach, in der Gestalt:

$$u_2 = \sqrt{g\,H_{\mathrm{id}}}\,\sqrt{\psi} = \sqrt{g\,H_{\mathrm{id}}}\,\sqrt{1 + \frac{\mathrm{tg}\,\alpha_2}{\mathrm{tg}\,\beta_2}}.$$

Wenn wir H_{id} auf der Ordinate, Q auf der Abszisse abtragen, so erhalten wir dieselben durch ψ charakterisierte Geraden, wie früher bei den Turbinen, nur daß dieses H_{id} bei Pumpen wirklich auftritt, während es bei Turbinen diejenige nur gedachte Druckhöhe darstellte,

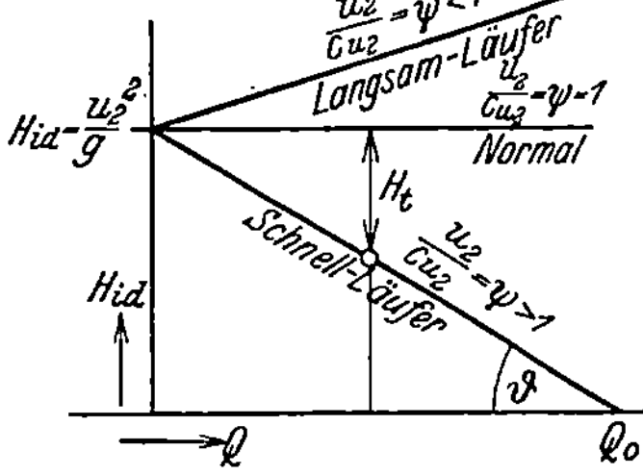

Abb. 124. Theoretische Pumpencharakteristiken für $\psi \lessgtr 1$.

die nötig wäre, jeweils stoßfreien Eintritt zu erzwingen (s. Abb. 124). Die Gleichung für $H_{\mathrm{id}} = f\,(Q)$ heißt also:

$$H_{\mathrm{id}} = \frac{u_2 c u_2}{g} = \frac{u_2^2}{g}\left(1 - \frac{Q}{Q_0}\right).$$

Die dadurch dargestellte Gerade schneidet bei $Q = 0$ $H_{\mathrm{id}} = \dfrac{u_2^2}{g}$ auf der Ordinate ab. Der Neigungswinkel dieser Geraden ergibt sich zu

$$\mathrm{tg}\,\vartheta = \frac{H_{\mathrm{id}}}{Q_0 - Q} = \frac{u_2^2}{g} : Q_0 = \frac{u_2^2}{g} : \varphi\pi D_2 b_2 u_2\,\mathrm{tg}\,\beta_2.$$

Daraus ersehen wir, daß diese Neigung sich mit dem Schaufelwinkel β_2 ändert — je flacher der Winkel, desto steiler fällt die Gerade ab, desto kleiner ist die Wassermenge, bei der $H_{\mathrm{id}} = 0$ wird; je größere Wassermengen man erreichen will, desto steiler muß man die Schaufel stellen. Bei $\mathrm{tg}\,\beta_2 = \infty$, also $\beta_2 = 90^0$ scheint es gar keine Grenze für Q zu geben, die Gerade läuft parallel zur Abszisse. Macht man β_2 noch größer, so wächst H_{id} mit wachsendem Q, bis durch irgendwelche anderen Bedingungen die Grenze gezogen wird.

Wir hatten früher $\dfrac{u_2}{cu_2} = 1 + \dfrac{\mathrm{tg}\,\alpha_2}{\mathrm{tg}\,\beta_2} = \psi$ gesetzt. In ψ hatten wir eine Übersetzung erkannt zwischen der Geschwindigkeit, mit der der Laufradumfang, und der Geschwindigkeit, mit der der Wirbel an gleichem Durchmesser umlief. Wir sehen auch jetzt wieder, daß das Übersetzungsverhältnis nur von dem Winkelverhältnis $\dfrac{tg\,\alpha_2}{tg\,\beta_2}$ abhängt, und sehen weiter, wie sich der Wert ψ hinsichtlich H_{id} auswirkt. Auch jetzt treten die charakteristischen Unterschiede in der Ausbildung der Kennlinien $H_{id} = f(Q)$ auf, wir haben Schnell-, Normal- und Langsamläufer, je nachdem $\psi \lessgtr 1$ ist. Für $\psi = 1$ muß tg $\beta_2 = \infty$ sein. Die Stellung der Laufschaufeln am Austritt ist radial (Abb. 125). Für solche Schaufeln ist die Förderhöhe unabhängig von Q. Die Umlaufgeschwindigkeit wird ver-

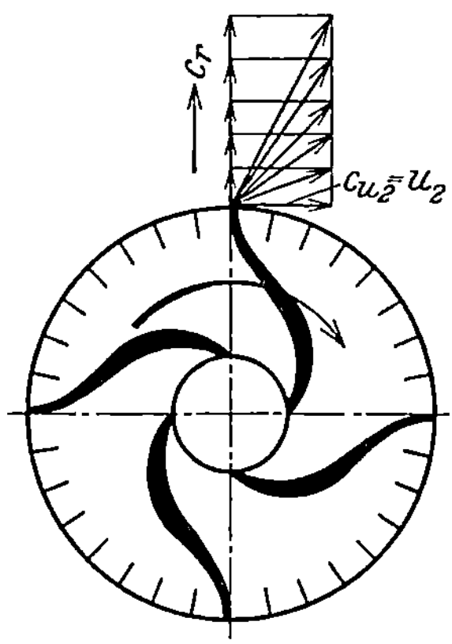

hältnismäßig gering. Das ist dann, wenn man möglichst hohen Druck haben will, eine sehr schätzenswerte Eigenschaft. Offenbar kommt man bei gegebener Drehzahl alsdann mit dem kleinsten Raddurchmesser aus.

Da der Raddurchmesser den Preis der Pumpe bestimmt, werden für gegebene Umlaufzahl und gegebene Förderhöhe die Pumpen mit radial gestellten Austrittsschaufeln am billigsten. Man sollte also meinen, daß diese die am meisten vorkommende Radtype sei. Das ist jedoch ganz und gar nicht der Fall. Der Grund ist: radial gestellte Schaufeln verursachen bei kleinen Wassermengen einen außerordentlich unruhigen Lauf. Die Druckhöhe H_{eff} springt wahllos hin und her und ist sehr schwer genau zu messen. Anstatt, daß diese parallel

zur Abszisse oder parallel zu H_{id} in der Höhe von ungefähr $\dfrac{u_2^2}{g}$ verliefe,

liegt der Anspringepunkt zumeist unterhalb $\dfrac{u_2^2}{2g}$, und erst in der Gegend

von $\tfrac{2}{3} Q_{opt}$ springt plötzlich der Druck auf einen Wert, der wenigstens einigermaßen in der Nähe von H_{id} liegt. Mit diesem Sprung hört der Lärm plötzlich auf, und nunmehr verläuft die Druckkurve der Pumpe sehr schön ruhig, bis die Grenze der Förderfähigkeit erreicht ist. Drosselt man nun die Fördermenge wieder

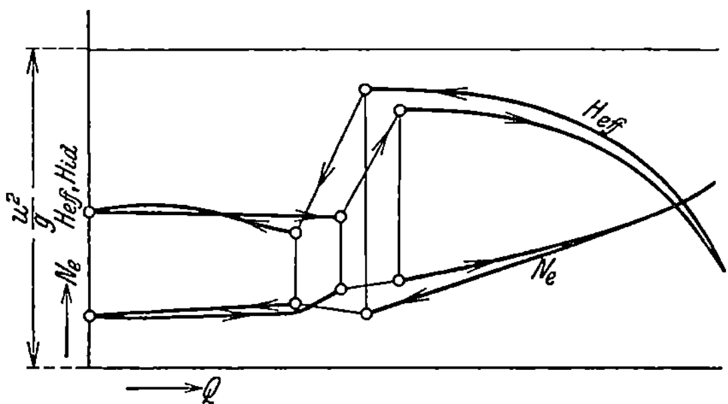

Abb. 126. Charakteristik eines Laufrades mit $\beta_2 = 90°$. Verschieden mit zu- und abnehmender Wassermenge.

ab, so erhebt sich die Druckhöhe ein wenig über das frühere Maß, die Pumpe erreicht bei noch lautlosem Betrieb etwas kleinere Fördermengen als früher, dann aber stürzt ebenso, wie früher der Druck sprang, die Förderhöhe hinab, und zwar ebenfalls tiefer als früher. Der Kraftbedarf verläuft entsprechend, nur daß der größeren Druckhöhe der geringere Kraftbedarf entspricht. Das Gebiet des unruhigen Laufes heißt man das Turbulenzgebiet. Es scheidet für praktischen Betrieb aus (s. Abb. 126).

Die Turbulenz ist der Grund, warum die 90°-Schaufel fast gar nicht verwendet wird.

Bei $\psi > 1$ Übersetzung ins Langsame — Schnelläufer — wird der Austrittswinkel rückwärts geneigt, die Druckhöhe vermindert sich mit Wachsen der Fördermenge je nach dem Grad der Rückwärtsneigung mehr oder weniger schnell, schließlich bis auf Null. Denkt man sich an das Rad mit $\beta_2 = 90°$ solche rückwärts geneigte Schaufeln vorgesetzt, die ja nur ganz kurz zu sein brauchen, wenn sie in genügender Zahl sind (Abb. 127), so bleiben die Durchmesser der beiden Räder nahezu gleich. Bei dem Beginn der Umlenkung hat man also einen Druck, der der parallel zur Abszisse durch

$$H_{\mathrm{id}} = \frac{u_2^2}{g}$$ gezogenen Drucklinie entspricht. Die

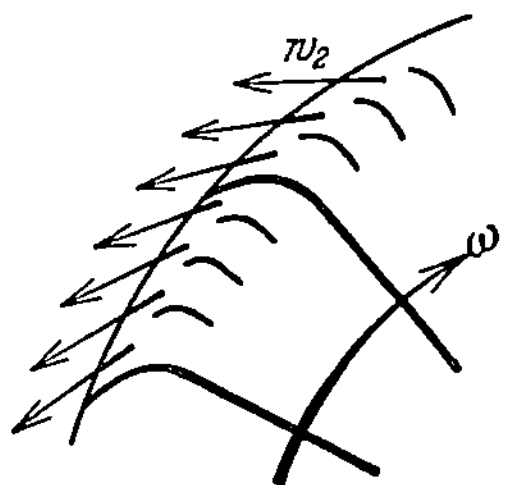

Abb. 127. Rückwärtsgerichtete Schaufel wirkt als Turbine, verbraucht Druckhöhe, unterstützt den Antrieb.

dann folgende Umlenkung wirkt infolge der Reaktion des schräg austretenden Strahles nunmehr jedoch als Turbine und gibt ein um so größeres Drehmoment an die Welle zurück, je größer die Austrittsgeschwindigkeit w_2, je größer Q wird. Die diesem zurückgegebenen Drehmoment entsprechende Druckenergie ist die Ordinatendifferenz der schrägen Kennlinie und derjenigen für $\psi = 1$ (s. Abb. 124, H_t). Solche Pumpen geben sozusagen einen Teil der gewonnenen Druckhöhe wieder preis und müssen deshalb rascher laufen als der Förderhöhe normalerweise entspricht, deshalb heißen sie mit Recht „Schnelläufer".

Ihre Laufräder haben einen größeren Durchmesser als an und für sich zur Erreichung der gewünschten Druckhöhe nötig ist. Sie sind am Platz, wenn kleine Förderhöhen mit möglichst hoher Umlaufzahl erreicht werden sollen. Für gleiche Leistung kommt man alsdann mit billigeren Motoren aus, und das ist der Grund, warum man die hohe Umlaufzahl erstrebt. Gewöhnlich sind die kleinen Förderhöhen mit großen Wassermengen verbunden und die Saugöffnung des Rades wird dadurch häufig schon so groß, daß die an ihr herrschenden Umfangsgeschwindigkeiten u_1 bereits Druckhöhen ergeben würden, die einem Vielfachen der gewünschten Förderhöhe entsprechen. Darin liegt eine reizvolle Schwierigkeit dieser Schnelläuferpumpen.

Ihre Gruppe ist in der Praxis die wichtigste geworden, im wesentlichen deshalb, weil diese Pumpen auch bei geringer Wassermenge ruhig laufen. Das Turbulenzgebiet ist weniger scharf ausgeprägt, wenngleich durchaus merkbar (s. Abb. 128, die aus peinlich genauer Messung gewonnen ist). Weil H_{id} schräg abwärts verläuft, wird der Sprung, um den die effektive Druckhöhe springt, geringer. Zudem ist erfahrungsgemäß die Anspringhöhe größer als $\frac{u_2^2}{2g}$. Bei sehr genauem Messen findet man auch bei Schnelläufern immer wieder grundsätzlich das gleiche Verhalten auch bei Wiederzurückgehen nach kleiner Wassermenge hin, wie es in Abb. 126 für Normalläufer gezeigt ist, aber bei weitem nicht mehr so ausgeprägt. Diese Pumpen haben also auch ihr Turbulenz-

gebiet, nur merkt man es nicht so wie bei den anderen. Deshalb hat
die rückwärts gerichtete Schaufel die radiale fast ganz verdrängt. An
und für sich lassen sich die radialen Pumpen durchaus ohne Turbulenz
bauen, wie wir später sehen werden. Aber das Gesetz der Trägheit
herrscht in der Industrie durchaus nicht weniger schroff als sonstwo.

Die dritte Pumpengattung $\psi < 1$ endlich hat vorwärts gekrümmte
Austrittschaufeln. Diese Vorwärtskrümmung fügt zu der Umlaufgeschwindigkeit des Laufrades noch die gesamte Relativgeschwindigkeit
des ausfließenden Wassers hinzu. Die Reaktion dieser Ausflußgeschwin-

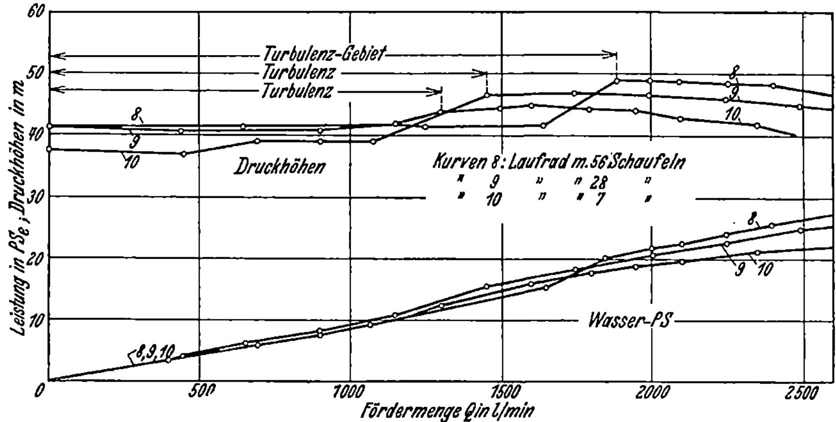

Abb. 128. Charakteristik eines Laufrades mit $\beta_2 < 90°$ zurückgelegte Schaufel im Turbulenzgebiet.

digkeit ist sehr stark, sie muß vom Drehmoment überwunden werden,
im Gegensatz zu rückwärts gerichteter Relativgeschwindigkeit, deren
Reaktion den Motor unterstützte.

Solche Laufräder müßten eine um so größere Druckhöhe erzeugen,
je mehr Wasser sie fördern. Das wäre für Feuerspritzen z. B. eine sehr
schätzenswerte Eigenschaft. Indessen ist die Pumpe mit vorwärts
gekrümmten Laufschaufeln noch nicht entwickelt, sie wird überhaupt
nicht angewandt. Die Schwierigkeit liegt in der noch schärfer als bei
der Pumpe mit radialem Austritt ausgeprägten Turbulenz.

15. Spaltdruck.

Feststellung der zweckmäßigen Fördermenge.

Für eine verlangte Druckhöhe H_{id} ergibt sich die notwendige Umfangsgeschwindigkeit des Laufrades mit Hilfe des Übersetzungsfaktors ψ
in übersichtlicher Weise, nämlich zu

$$u = \sqrt{g H_{\text{id}}}\,\sqrt{\psi}\ .$$

Der praktischen Erfahrung gemäß sind die zulässigen Werte von ψ
einzusetzen. Deshalb hat die Sammlung von Erfahrungen in erster

Linie mit der Feststellung des erreichten und erreichbaren Wertes $\psi = \dfrac{u^2}{g\,H_{\mathrm{id}}}$ zu beginnen.

Diese die Druckhöhe festsetzende Formel enthält nichts über die Bestimmung der Durchflußmenge, also der Fördermenge Q. Bei der Turbine wurde Q durch den Austrittsverlust, den man zuließ, bestimmt. Bei der Pumpe spielt $\dfrac{c_a^2}{2\,g}$, der Austrittsverlust, keine Rolle. Er kann also nicht zur Bestimmung der Fördermenge herangezogen werden. Die zulässige Fördermenge wird bei Pumpen vielmehr durch den zulässigen Spaltdruck gegeben.

Das behandelte H_{id} stellt eine Energie dar, die immer die Summe von potentieller, das ist die vom Spaltdruck aufgespeicherte Energie, und kinetischer Energie ist. Es muß uns interessieren: wie groß ist der Anteil der Energie des Spaltdruckes an der insgesamt zugeführten Energie beim Radaustritt, also bei Beginn des Leitapparatwirbels?

Wir können den Spaltdruck auf zweierlei Art bestimmen, nämlich, indem wir von der Gesamtzufuhr H_{id} den Wert der uns bekannten, berechenbaren kinetischen Energie abziehen oder indem wir die Druckzunahme im Laufrad berechnen.

Gehen wir den ersten Weg: Der absoluten Geschwindigkeit c_2 entspricht die kinetische Energie $\dfrac{c_2^2}{2\,g}$. Es ist $c_2^2 = c_{u_2}^2 + c_{r_2}^2$. c_{r_2} und c_{u_2} in ihrem gegenseitigen Verhältnis sind aus dem Austrittsdiagramm bekannt und ebenso die Größe von $c_r = \dfrac{Q}{\varphi\,\pi\,D_2\,b_2}$, also sind beide Geschwindigkeiten der Größe nach bekannt. Wir erhalten also:

$$H_{\mathrm{sp}} = H_{\mathrm{id}} - \frac{c_2^2}{2\,g} = H_{\mathrm{id}} - \frac{c_{u_2}^2 + c_{r_2}^2}{2\,g}\,.$$

Gehen wir den anderen Weg, so müssen wir uns sagen, daß der Druck in der Peripherie des Laufrades oder im Innenzylinder des Wasserwirbels gemessen, kleiner sein muß, als der Druck der im Laufrade zentrifugierten Wassermasse, und zwar kleiner um die Geschwindigkeitshöhe der Ausflußgeschwindigkeit aus dem Laufrade. Denn diese relativ zum Rad gemessene Ausflußgeschwindigkeit w_2 wird ja durch die Druckdifferenz des inneren Raddruckes und des außen im Wasserwirbel herrschenden Druckes erzeugt. Der Druck der zentrifugierten Wassermassen ist nach früherem $\dfrac{u_2^2}{2\,g} - \dfrac{u_1^2}{2\,g}$. Wenn das Wasser ohne Energieänderung in das Laufrad übertreten soll, muß ihm nach früherem der Druck $\dfrac{u_1^2}{2\,g}$ und außerdem die Geschwindigkeit u_1 vorher erteilt worden sein, also erhöht sich durch stoßfreien Übertritt der Druck der zentrifugierten Wassermassen um $\dfrac{u_1^2}{2\,g}$. Am äußeren Umfang herrscht also dann der Druck

$$\frac{u_2^2 - u_1^2}{2\,g} + \frac{u_1^2}{2\,g} = \frac{u_2^2}{2\,g}\,.$$

Bei stoßfreiem Eintritt des Wassers in einen zentrifugierten Wasserring ist also der Druck auf den Umfang genau so groß, als ob die Trommel vollständig mit Wasser gefüllt wäre.

Demnach erhalten wir jetzt für den Spaltdruck

$$H_{sp} = \frac{u_2^2}{2g} - \frac{w_2^2}{2g}.$$

Es muß also der früher erhaltene Ausdruck für H_{sp} dem jetzt erhaltenen gleich sein, d. h.

$$H_{id} - \frac{c_{u_2}^2 + c_{r_2}^2}{2g} = \frac{u_2^2}{2g} - \frac{w_2^2}{2g}$$

sein. Da nach dem Geschwindigkeitsdiagramm $w_2^2 = c_{r_2}^2 + (u_2 - c_{u_2})^2$, wird

$$H_{id} = \frac{2\,u_2\,c_{u_2}}{2g} = \frac{u_2 c_{u_2}}{g}, \quad \text{wie früher.}$$

H_{sp} ist die **Druckzunahme**, die das Wasser durch das Laufrad erfährt. Der Spaltdruck ist also die Druckdifferenz zwischen dem am Umfangsspalt und dem am Saugmund herrschenden Druck (Abb. 129).

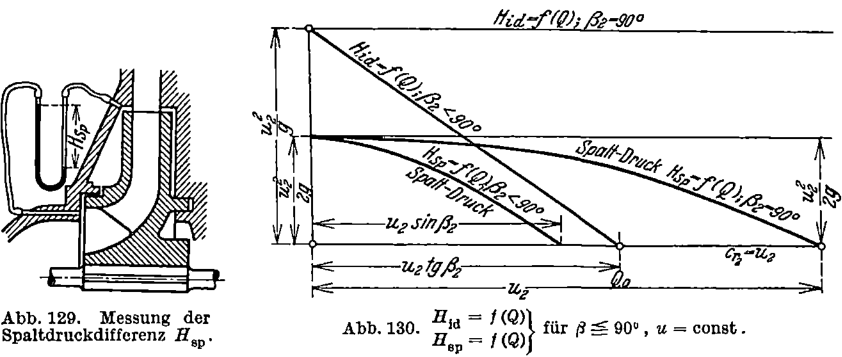

Abb. 129. Messung der Spaltdruckdifferenz H_{sp}.

Abb. 130. $\left.\begin{array}{l} H_{id} = f(Q) \\ H_{sp} = f(Q) \end{array}\right\}$ für $\beta \lessgtr 90^0$, $u = \text{const}$.

Bei gegebenem Laufrad ist die w_2 bestimmende Öffnung der Größe nach durch den Winkel β_2 gegeben; da $\frac{c_{r_2}}{w_2} = \sin\beta_2$ wird, wird $w_2 = \frac{c_{r_2}}{\sin\beta_2}$ $= \frac{Q}{\varphi\,\pi D_2 b_2 \sin\beta_2}$, eine durch die Abmessungen des Laufrades gegebene Größe. Wir schreiben also

$$H_{sp} = \frac{u_2^2}{2g} - \frac{Q^2}{2g(\varphi\,\pi D_2 b_2 \sin\beta_2)^2}.$$

Wenn wir β_2 kennen, können wir zu unserer H_{id}-Linie in der Abb. 124 auch den Verlauf des Spaltdruckes als Funktion von Q eintragen (Abb. 130).

Der Spaltdruck H_{sp} (siehe obige Gleichung) ist bei $Q = 0$ $\frac{u_2^2}{2g} = \frac{1}{2} H_{id}$ an dieser Stelle.

Der Spaltdruck, die Druckdifferenz zwischen Spalt und Saugmund, wird Null, wenn $w_2 = u_2$. Dann ist der gesamte Zentrifugaldruck $\frac{u_2^2}{2g}$

zur Beschleunigung des Wassers im Laufradaustritt verbraucht, und die gesamte Energieaufnahme H_{id} erfolgt in kinetischer Form.

Der größte Verlust in der Pumpe tritt bei der Umsetzung dieser kinetischen Energie in Druck auf. Der Umsetzungswirkungsgrad im Leitapparat ist von allen Teilwirkungsgraden in der Pumpe der kleinste. Wenn man guten Gesamtwirkungsgrad haben will, muß man deshalb darauf achten, die Größe des Verlustes im Leitapparat dadurch einzuschränken, daß man ihm möglichst geringe kinetische und möglichst viel potentielle Energie zuführt. Man erreicht offenbar den jeweils besten Wirkungsgrad mit Pumpen, die den Leitapparat gar nicht beanspruchen; also dann, wenn die kinetische Energie gerade der Stutzengeschwindigkeit im Druckstutzen entspricht. Diese Bedingung führt auf ziemlich stark zurückgeneigte Schaufel und große Stutzengeschwindigkeit, ist also nur bei mäßiger Förderhöhe zu verwirklichen.

Treibt man die Wassermenge so weit, daß der Spaltdruck Null wird, darf man nur schlechten Wirkungsgrad erwarten, sofern eine Saughöhe vorliegt. Freilich kann man die Fördermenge noch weiter treiben, so daß auch bei Saughöhe Null im Spalt ein Unterdruck gegen die Atmosphäre entsteht; die äußerste Grenze für Q wäre bei Spaltdruck absolut Null gegeben. Abgesehen davon, daß dann der ganze Atmosphärendruck erst in kinetische und im Leitapparat wieder in potentielle Form gebracht werden muß, wird die Druckumsetzung im Wasser, das durch einen Unterdruck gegangen ist, sehr schwierig. Immer enthält Wasser Luft in Lösung, und im Unterdruck fällt die Luft aus der Lösung aus; das Wiederübergehen in Lösung unter Druck braucht aber Zeit, die nicht vorhanden ist. Also hat der Leitapparat die kinetische Energie eines Luftwassergemisches in potentielle umzuwandeln. Das geht aber nur mit außerordentlich schlechtem Wirkungsgrad, weil die Luft sich zwischen Düsenwand und Wasser setzt und den Strahl zum Abreißen bringt, so daß er den Kanal nicht mehr ausfüllt.

Die alleräußerste Grenze für die Fördermenge sollte also $w_2 = u_2$, $c_{r_2} = u_2 \sin \beta_2$ sein. $H_{id} = 0$ tritt ein bei $c_{r_2} = u_2 \operatorname{tg} \beta_2$. Der Spaltdruck 0 wird somit immer auch bei Saughöhe $= 0$ v o r der Wassermenge erreicht, bei der $H_{id} = 0$ wird. Nur bei rein tangentialem Austritt ($\beta_2 = 0$) fallen beide Wassermengen zusammen (Abb. 130).

Bei $\beta_2 = 90^0$ war H_{id} eine Parallele zur Abszissenachse im Abstand $\dfrac{u_2^2}{g}$. Bei $\beta_2 = 90^0$ ist also von H_{id} aus keine Begrenzung von Q gegeben. Diese Begrenzung gibt aber der Spaltdruck, denn für $\beta_2 = 90^0$ wird $\sin \beta_2 = 1$. Also wird der Spaltdruck Null erreicht bei der Wassermenge, bei der $c_{r_2} = u_2$ wird.

Es ist bemerkenswert, daß alle Laufräder bei $Q = 0$ ein $H_{id} = \dfrac{u_2^2}{g}$ ergeben, ganz gleich wie groß der Winkel β_2 ist, ob rückwärts geneigte Schaufeln, vorwärts gekrümmte oder solche mit $\beta_2 = 90^0$ vorliegen. Stetig läuft H_{id} bei Rückgang der Wassermenge auf den gleichen Wert $H_{id} = \dfrac{u_2^2}{g}$, auf einen Wert also, der dem doppelten des Spaltdruckes bei $Q = 0$ entspricht. Es sollten also alle Pumpen den gleichen „Anspringepunkt" bei gleichem u_2 haben. Nun verhalten sich die Pumpen in Wirklichkeit ganz und gar nicht so; so sehr weichen sie bei $Q = 0$ von dem Druck $\dfrac{u_2^2}{g}$ ab, daß diese Nichtübereinstimmung vielfach dazu geführt hat, den theoretischen Anspringepunkt als eine Funktion von

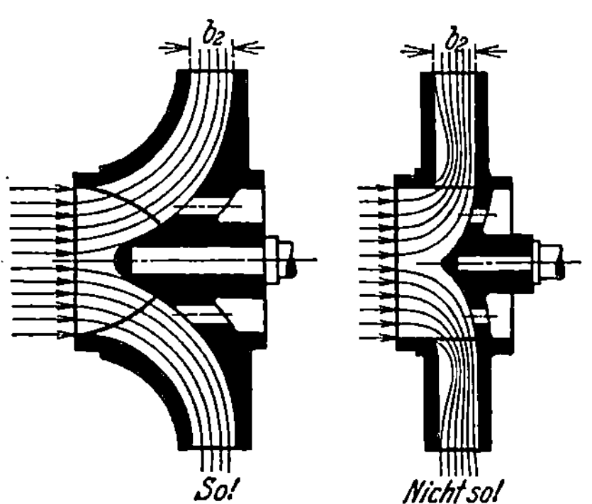

Abb. 131. Bei richtiger Form ist hohe Geschwindigkeit im Saugmund erlaubt.

$\dfrac{u_2^2}{2g}$ anzusehen. Das ist falsch. Die irreführende tatsächliche Abweichung von der Theorie ist auf fehlerhafte Konstruktion zurückzuführen, wie wir später sehen werden.

Dem Pumpenkonstrukteur werden die verlangte Förderhöhe und die zu fördernde sekundliche Wassermenge aufgegeben.

Gemäß der Formel

$$u = \sqrt{\psi}\,\sqrt{g\,\dfrac{H_{\text{eff}}}{\eta_h}}$$

bestimmt er zunächst die für die Förderhöhe notwendige Umlaufgeschwindigkeit; gemäß der für den Antriebsmotor passenden Umlaufzahl wird somit der Durchmesser gefunden, der je nach Wahl des Winkels β_2 verschieden groß wird.

Damit dieser Raddurchmesser die verlangte Fördermenge bewältigt, hat der Konstrukteur die Auslaufbreite b_2 festzusetzen so, daß $w_2 < u_2$ wird. Bis zu dieser Breite ist für das Maß b_2 großer Spielraum ge-

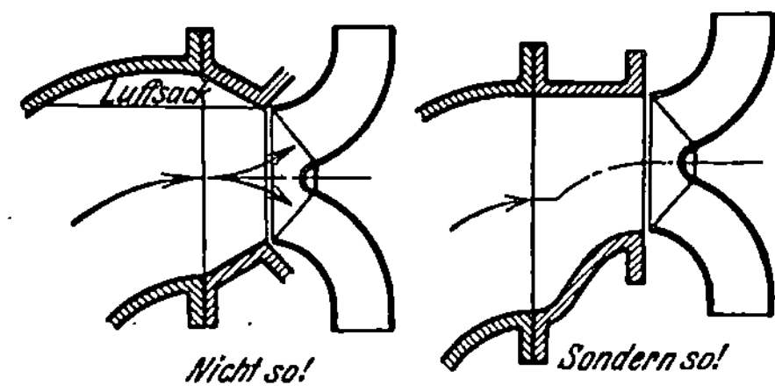

Abb. 132. Luftsack im Eintritt vermeiden.

geben. Doch soll man b_2 nicht unnötig groß machen, weil mit b_2 der Kraftbedarf für die Wirbelschnittarbeit, die nie ganz zu vermeiden ist, wächst.

Bei der Festsetzung des Durchmessers und der Wahl der Umlaufzahl spielt die Wassermenge insofern eine Rolle, als man die Wassergeschwindigkeit im Saugmund nicht allzu groß wählen soll. Immerhin darf diese Geschwindigkeit 4 m/sec, auch mehr, erreichen, wenn man den Übergang im Laufrad entsprechend sorgfältig mit mäßiger Krümmung durchführt. Auch soll hohe Geschwindigkeit nur auf kurzen Wegen zugelassen werden (Abb. 131).

Wenn der Saugmund das Ende einer Düse ist, soll man den größeren Durchmesser exzentrisch nach unten verlegen, um einen Luftsack im Saugrohrkrümmer zu vermeiden (Abb. 132).

Wenn die Breite b_2 groß wird im Verhältnis zum Durchmesser und Saugmund, sind eine oder mehrere Zwischenwände einzuführen

(Abb. 133). Durch den in axialer Richtung erfolgenden Austritt bei der schlechten Form wird die Druckhöhe viel kleiner als man sie haben

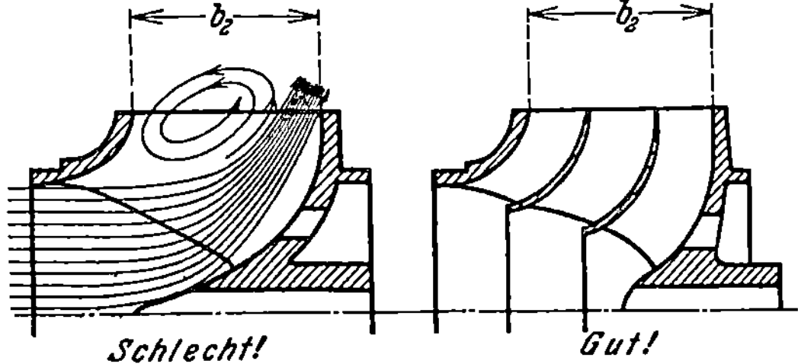

Abb. 133. Bei großer Breite sind Zwischenräume nötig.

möchte, der Kraftbedarf wird zwar auch etwas heruntergesetzt dadurch, aber in verhältnismäßig stärkerem Maß durch die Wirbelschnittarbeit wieder hinaufgesetzt.

16. Laufradeintritt und Regulierung.

Wie kommt es, daß das Wasser beim Rotieren des Laufrades in das Laufrad hineinfließt? Es muß im Laufrad ein Unterdruck auftreten, ähnlich wie im Zylinder einer Kolbenpumpe, wenn der Kolben zurückgeht, und in diesen Unterdruck drückt die äußere Atmosphäre das Wasser hinein. Den bewegten Kolben ersetzt die Schaufel. Die bewegte Schaufel verdrängt vor sich das Wasser, hinter sich ein Vakuum lassend, in das das Wasser der Umgebung hineinstürzt. Dem Atmosphärendruck entspricht eine Wassersäule von 10 m. Der Fallhöhe von 10 m entspricht eine Geschwindigkeit von $\sqrt{2g \cdot 10} = \sim 14$ m/sec. Bewegte man die Schaufel im ruhenden Wasser mit einer solchen oder gar höheren Geschwindigkeit, so müßte sich das Vakuum unmittelbar hinter der Schaufel unbedingt ausbilden — denn der Atmosphärendruck könnte das Wasser nicht so rasch nachdrücken wie die Schaufel davoneilt. Vor solch hohem Unterdruck wird man sich hüten, aber ein gewisser Unterdruck hinter der Schaufel entsteht, ohne daß man es will. Dieser Unterdruck wird irgendwo innerhalb des Schaufelraumes unmittelbar an der Rückseite der Schaufel am größten sein. Die Stelle größten Unterdrucks rotiert also mit den Schaufeln, dadurch offenbar dem ins Laufrad eingedrungenen, dem Vakuumnest nacheilenden Wasser, einen Drall erteilend! Dieser Drall wird erzielt auf Kosten des Atmosphärendruckes genau so, als wenn feststehende Leitschaufeln dem Wasser den Drall erteilten. Durch diese Drallerteilung ändert sich der Energieinhalt des Wassers gerade so wenig, wie bei dem durch den Leitapparat der Turbine erzeugten Drall, wenn die Druckdifferenz sich in Geschwindigkeit umsetzt.

Dafür ist allerdings Bedingung, daß keine Druckdifferenz auf die Schaufel innerhalb dieser sehr kurzen Zone wirkt, in der der Drall entsteht. Das ist leicht möglich. Die Schaufelrundung erzeugt ja durch

Zusammenballen der Stromfäden eine Geschwindigkeitserhöhung, eine Druckabnahme also dort, wo die Verdrängewirkung der Schaufel auf eine Druckzunahme hinarbeitet.

Wenn die Verdrängewirkung der Schaufel in der Tat einen Drall hervorruft, so kann dieser Drall erst innerhalb der Schaufelspitzen auftreten. Nicht vorher! Man kann die Wasserrichtung durch Fäden sichtbar machen oder durch Fähnchen. Dabei mußte ich immer und immer wieder feststellen, daß eine Rotationskomponente vor den Schaufelspitzen tatsächlich nicht auftritt. Aber sofort hinter dem Schaufelspitzenkreis oder in ihm muß das Wasser abgelenkt werden in der Umlaufrichtung des Laufrades.

Dadurch bekommt das Wasser also eine Rotationskomponente c_{u_1}. Deshalb ergibt sich die ideelle Druckhöhe auch bei äußerlich radialem Eintritt gemäß der Formel: $H_{\text{id}} = \dfrac{u_2\,c_{u_2}}{g} - \dfrac{u_1\,c_{u_1}}{g}$.

Der ungewollte Drall verringert also die ideelle Druckhöhe und somit auch die effektive. Die Verringerung wird unter sonst gleichen

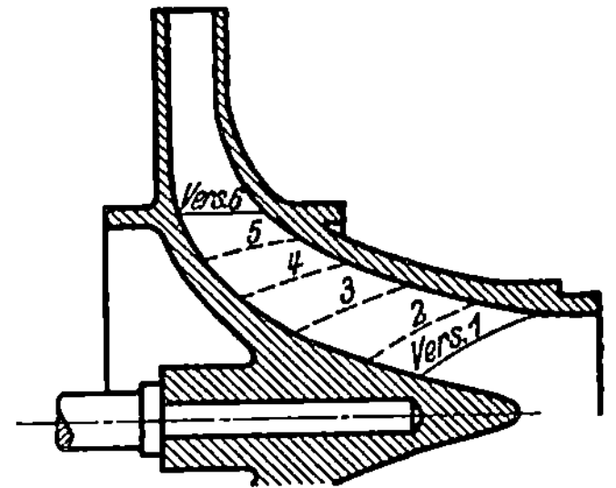

Abb. 134. Saugmundversuch.

Umständen um so größer sein, je größer u_1, je größer also der Saugmunddurchmesser.

Ein Experiment gab eindeutig die Bestätigung. Ich ließ den Laufradeintritt sorgfältig auf lange Schaufelstrecke hin für eine konstante absolute Radialgeschwindigkeit durchbilden (Abb. 134). Dann wurde die Pumpe immer wieder untersucht, nachdem die Eintrittszone mehr und mehr verkürzt worden war, so daß u_1 bei jedem neuen Versuch größer war. Es stellte sich heraus, daß H_{eff} deutlich und stetig abnahm, je größer u_1 wurde. Es ist überhaupt eine allgemeine Erfahrung, daß die Druckhöhe abnimmt, wenn der Saugmunddurchmesser zunimmt. Die Erklärung wird durch das vorstehende Saugmundexperiment gegeben.

Eine andere, sichere Bestätigung dafür, daß ein Eingangsdrall im Laufrad entsteht, wird durch jede sorgfältige Prüfung einer Pumpe mit rückwärts gerichteten Austrittsschaufeln gegeben. Aus dem Kraftbedarf läßt sich für jede Wassermenge eine Druckhöhe errechnen, die dem Wirkungsgrad $\eta = 100\,\%$ entspricht, nämlich

$$H' = C \cdot \frac{N_e}{Q} = \frac{H_{\text{eff}}}{\eta}.$$

Von diesem H' lassen sich die durch den Wirkungsgrad bestimmbaren mechanischen Verluste abziehen, so bleibt die ideelle Druckhöhe H_{id} übrig.

Andererseits lassen sich aus den Laufradabmessungen für jedes Q, c_{r_2}, w_2 und c_{u_2} errechnen, es läßt sich $H'_{\text{id}} = \dfrac{u_2\,c_{u_2}}{g}$ bestimmen. Nun findet man, daß diese um ein erkleckliches Maß größer ist als die durch die effektive und gemessene Kraftaufnahme bestimmte, wirkliche ideelle Druckhöhe H_{id}! Oder mit anderen Worten, würde wirklich die auf Grund der Annahme radialer Einströmung errechnete ideelle Druckhöhe auftreten, so müßte der Kraftbedarf $Q \cdot H'_{id}$ viel größer sein als er in Wirklichkeit ist. Die Verringerung des Kraftbedarfs wird durch die Rotationskomponente im Eintritt hervorgerufen, durch die entsprechende Verringerung der ideellen Druckhöhe um $H'_{id} - H_{id}$.

Diese bei jeder Prüfung feststellbare Differenz kann nur dadurch erklärt werden, daß eben c_{u_2} nicht gleich Null ist, sondern um das Maß

$$c_{u_1} = g \frac{H'_{id} - H_{id}}{u_1}$$ von Null verschieden ist.

Die Abb. 135 stellt das Prüfergebnis eines Rades dar. Die gemessenen Werte der Förderhöhe $H = H_{eff}$ und des Kraftbedarfes N_{eff}

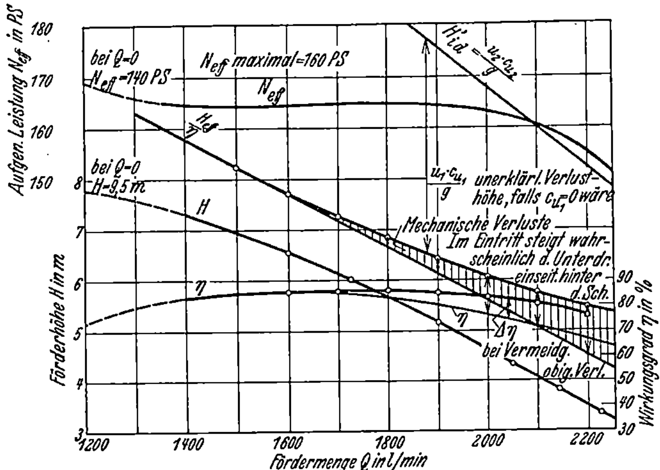

Abb. 135. Beweis, daß innerhalb der Schaufeln eine Rotationskomponente c_{u_1} auftritt.

sind in Abhängigkeit der Wassermenge für eine konstante Tourenzahl $n = 385$ Umdrehungen je Minute eingetragen. Ebenso der aus der Prüfung sich ergebende Wirkungsgrad $\eta = c \cdot \dfrac{Q \cdot H_{eff}}{N_{eff}}$.

Sodann wurde $H' = \dfrac{H_{eff}}{\eta}$ errechnet und dieser Wert ebenfalls eingetragen. Sofern die mechanischen Verluste, Radreibung, Wirbelschnittarbeit samt Lager und Stopfbüchsenreibung vernachlässigbar sind, stellt $\dfrac{H_{eff}}{\eta} = \sim H_{id}$ dar. Andererseits wissen wir, daß $H'_{id} = \dfrac{u_2^2}{g}$ bei $Q = 0$ sein muß, daß andererseits Q_{max} den Wert $D_2 \pi b_2 u_2 \operatorname{tg} \beta_2$ bei $H'_{id} = 0$ nicht überschreiten kann. Woraus sich also die eingezeichnete Gerade $\dfrac{u_2 c_{u_2}}{g} = f(Q)$ ergibt.

Der Wert von Q_{max} kann nur geschätzt werden: je größer die Teilung, desto dicker der Strahl, desto weniger wird der mittlere Austrittswinkel der Wasserstrahlen mit dem Schaufelwinkel übereinstimmen. Je größer

die Teilung, um so mehr wird der durchschnittliche, für $Q_{\max}$ maßgebende Winkel des Wasserstrahles β_w vom Schaufelwinkel β_2 abweichen. Das vorliegende Rad hat nur drei Schaufeln (Abb. 136). Dem-
entsprechend schätzen wir $Q_{\max} = \varphi \pi D_2 b_2 \cdot u_2 \operatorname{tg} \beta_w$ auf 3200 cbm/sec.

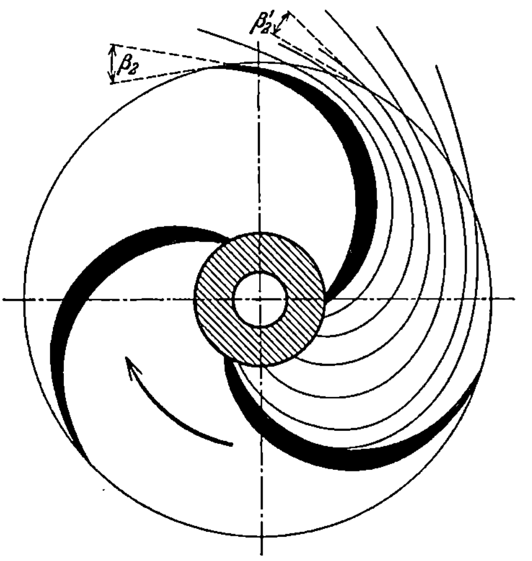

Abb. 136. Bei kleiner Schaufelzahl ist die mittlere Richtung der Stromfäden kleiner als der Schaufelwinkel β_2.

Die Umfangsgeschwindigkeit ist $u_2 = 16$ m/sec, da der Durch-messer des Rades $D = 800$ mm ist. Es ergibt sich $H_{id}' - H_{id} = 4$—5 m! Während die beste Förderhöhe 6—6,5 m beträgt! Es ist ganz undenkbar, daß die Differenz $H_{id}' - H_{id}$ eine Verlusthöhe bedeutet, sonst könnte der Wirkungsgrad un-möglich so hoch sein wie er ist, nämlich 85 %. Also wird diese Höhe durch die Rotationskom-ponente am Eintritt wegge-nommen ohne Arbeitsleistung!

Es muß $\dfrac{u_1 c_{u_1}}{g} = \sim 4 \div 5$ m sein, d. h. $c_{u_1} = 2{,}5$—3,1 m/sec betragen. Nun wäre denkbar, daß wir diesen Wert so groß erhalten, weil wir $Q_{\max}$ zu groß schätzten. Nun, der schon nicht mehr denkbare Kleinstwert von $Q_{\max}$ ergäbe sich, wenn wir die H_{id}'-Gerade

von $H_{id}' = \dfrac{u_2^2}{g} = 26$ m bei $Q = 0$, tangential an die durch Messung ge-wonnene H_{eff}-Kurve ziehen. Das ergäbe ein $Q_{\max}$ von etwa 2800 l/sec,

und ein $H_{id}' = \dfrac{2800 - 1600}{2800} \cdot 26 = 11{,}2$ m bei $Q = 1600$ l/sec, so daß

$H_{id}' - H_{id} = 11{,}2 - 6{,}6 = 4{,}7$ m würde. Also ändert eine Falschschätzung von $Q_{\max}$ das Ergebnis nicht nennenswert.

Die Kurve $\dfrac{H_{eff}}{\eta}$ weicht mehr und mehr von einer anfänglichen Geraden

ab, je weiter man sich von dem besten Wirkungsgrad entfernt. Der

Unterschied zwischen dieser Geraden und der $\dfrac{H_{eff}}{\eta}$-Linie deutet auf den

zunehmenden mechanischen Verlust hin, der im Eintritt des Laufrades entstehen mag. Es ist durchaus denkbar, daß man diesen Kraftbedarf-zusatz durch bessere Schaufelform am Eintritt vermeiden kann, dann würde man den Wirkungsgrad auf noch weiteren Bereich auf die immer-hin schon bedeutende Höhe 85 % hinaufsetzen, wie das angedeutet ist.

Mit dem Eintritt hängt vielleicht noch ein anderes Phänomen zu-sammen. Das Verhalten der Pumpen bei großen Saughöhen. Es wurden des Studiums wegen viele Versuchsreihen durchgeführt. Es wurden bei der einen Reihe die großen Saughöhen eingestellt durch Hochhissen der Pumpe und Absenken des Unterwasserspiegels in einem Brunnen, aus dem die Pumpe saugen sollte, bei der anderen Reihe von Versuchen wurde die Saughöhe durch einen Drosselschieber in der Saugleitung eingestellt. Die Art der Saughöhenentstehung änderte das Verhalten der Pumpen nicht.

Bei allen Versuchen war die Saugleitung unmittelbar vor dem Saugmund aus Glas. Man konnte beobachten, daß das Wasser bei geringer Saughöhe klar einfloß, bei größerer Saughöhe aber plötzlich von Luftblasen durchsetzt wurde, derart, daß man glauben konnte, kochendes Wasser vor sich zu haben. Diese Luftmassen, die im Wasser bei Atmosphärendruck gelöst waren und unter Unterdruck frei wurden, unterbrachen den Betrieb nicht, wenn nicht Luftsäcke, die die Luft aufspeichern konnten, vorhanden waren. Das Luftwassergemisch erschwert die Umsetzung der kinetischen Energie in potentielle, deshalb fällt die effektive Druckhöhe so stark mit der Saughöhe ab; immerhin ist es erstaunlich, daß der Abfall nicht noch größer ist. Außerordentlich wird das Turbulenzgebiet verschärft. Die Abb. 137 zeigt für eine Pumpe mit dem Raddurchmesser $D_2 = 140$ mm das Ergebnis der Saugversuche. Durch die Luftabscheidungen — bei Turbinen heißt man es Kavitation — wird also sowohl die Förderhöhe wie Schluckfähigkeit der Pumpen erheblich verringert, wie die Diagramme zeigen. Der Wirkungsgrad wird verschlechtert, wenngleich nicht

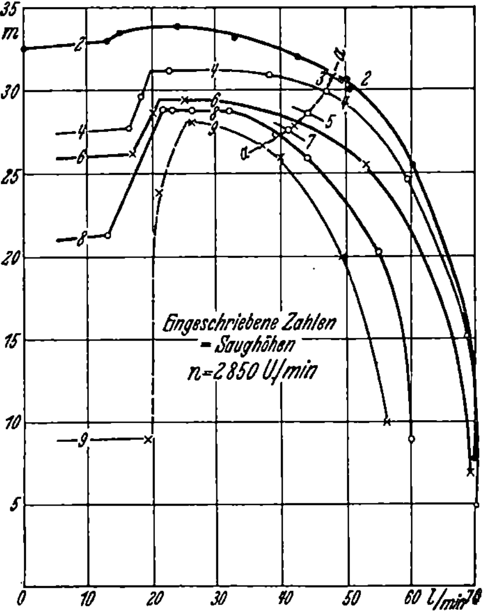

Abb. 137.
Charakteristik $H_{eff} = f(Q)$ bei $n = 2850$ U. p. M. bei verschiedenen Saughöhen. a—a Saughöhen durch Drosselschieber eingestellt.

in dem Maße, den man erwarten sollte. Das verringerte spezifische Gewicht des Luftwassergemisches macht sich in günstigem Sinne bemerkbar, weil durch es der Kraftbedarf verringert wird.

Bei großen Saughöhen darf man die Eintrittsgeschwindigkeit nicht zu klein halten, weil die Luftblasen sonst im Saugmund abzentrifugiert werden und in der Radmitte sich sammeln. Eine gewisse Geschwindigkeit des Wassers ist nötig, diese Luftblasen mit fortzureißen. Die geringe dadurch notwendig werdende Vergrößerung der Geschwindigkeitshöhe macht nichts aus, wenn die Saughöhe an sich schon groß ist. Großer Saugmund ergibt erfahrungsgemäß schlechtere Saugfähigkeit der Pumpen als kleinerer Saugmund mit höherer Geschwindigkeit.

Insofern hängt das geschilderte Phänomen mit dem Laufradeintritt zusammen.

Die Regulierung der Kreiselpumpen ist bei weitem nicht so wichtig wie die Regulierung der Turbinen. Wenn kein Wasser mehr zu pumpen da ist, setzt man die Pumpe halt still. Das ist bei den meist geringen Leistungen kein Nachteil.

Bei Be- und Entwässerungspumpen mit großen Leistungen ist eine Regulierung mit den veränderlichen Förderhöhen jedoch sehr erwünscht. Eine sehr weitgehende Regulierung läßt sich bei Kreiselpumpen niedriger Förderhöhen und großer Leistung durch willkürliche Veränderung der

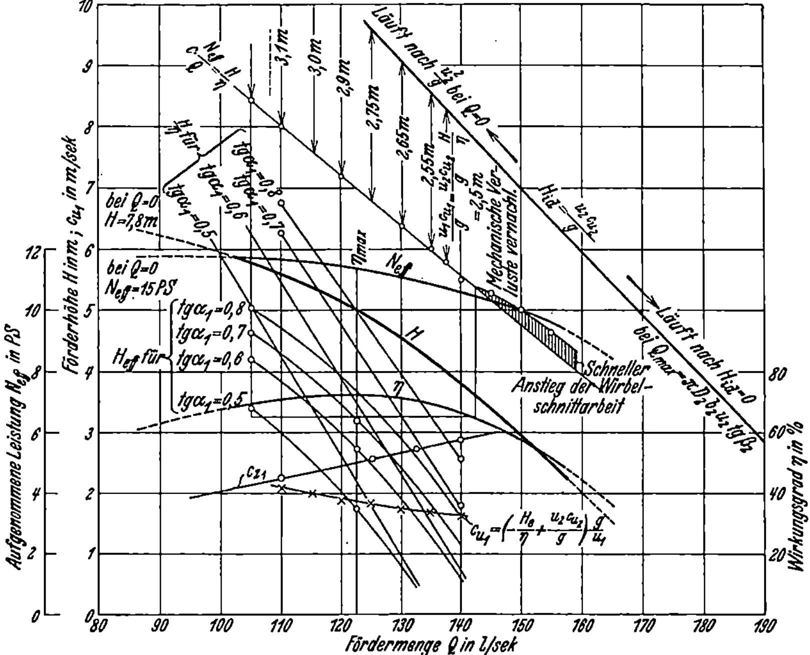

Abb. 138. Niederdruck-Schnelläufer können bei konstanter Tourenzahl in weiten Grenzen durch Leitschaufeln im Eintritt reguliert werden.

Rotationskomponente am Eintritt erzielen. Im vorigen Abschnitt war gezeigt, daß ohne das Zutun des Konstrukteurs eine Rotationskomponente c_{u_1} von selbst sich im Laufrad einstellt, daß diese Eintrittskomponente die Förderhöhe bei Schnelläufern höchst erwünscht herunterdrückt. Nun, so ist der Schritt naheliegend, die Rotationskomponente beliebig stark hervorzurufen und zu ändern, indem man dem Laufrad das Wasser mit einer Strudelbewegung zuführt. Diesen Strudel kann man leicht durch eine einzige Leitschaufel hervorrufen, die man an möglichst großem Durchmesser ansetzt, weil der Wirbel dem Wirbelgesetz zufolge auf seinem Weg nach innen sich verstärkt.

In Abb. 138 ist die Charakteristik eines Schnelläufers gegeben. Es ist wie vorhin $H'_{id} = \sim \dfrac{H_{eff}}{\eta}$ und $H_{id} = \dfrac{u_2 c_{u_2}}{g}$ eingezeichnet. Da der Laufradeintritt 250 mm Durchmesser war, war bei 133,5 l/sec die Eintrittsgeschwindigkeit $c_z = 2{,}5$ m/sec. Da $\dfrac{c_{u_1} u_1}{g} = 2{,}8$ m dabei ist, ist $c_{u_1} = \sim \dfrac{28}{15} = 1{,}86$ m/sec. Der Eintrittswirbel hat folglich einen Winkel α_1, der sich bestimmt aus $\operatorname{tg} \alpha_1 = \dfrac{c_{z_1}}{c_{u_1}} = \dfrac{2{,}5}{1{,}86} = 1{,}35$. Stellt man nun durch Leitschaufeln Wirbel ein, die etwa $\operatorname{tg} \alpha_1 = 0{,}8$, $0{,}7$, $0{,}6$, $0{,}5$ haben, so ergeben sich diesem Winkel entsprechend bei derselben Wassermenge größere c_{u_1}-Geschwindigkeiten, und folglich ist von H_{id} der entsprechend größere Wert für $\dfrac{u_1 c_{u_1}}{g}$ abzuziehen. So ergibt sich eine Schar von Geraden, die die zugehörigen Werte von $\dfrac{H}{\eta}$ darstellen. Daraus ist unter der Annahme, daß der Wirkungsgrad sich nicht nennenswert ändert, die Kurve für $H_{\mathrm{eff}} = H$ abgeleitet. Es wäre dementspre-

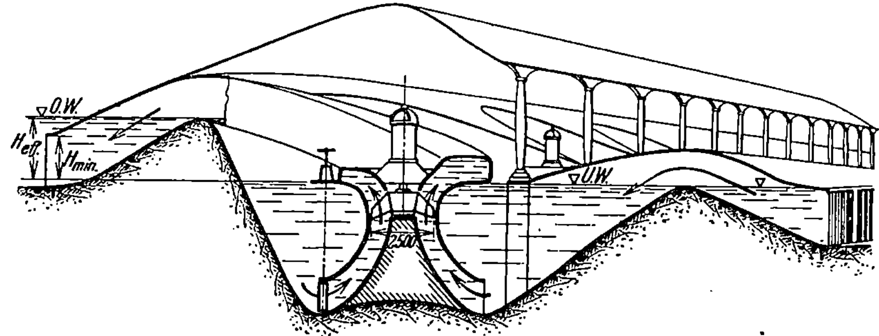

Abb. 139. Bewässerungspumpanlage für den Nil mit Handregulierung der Förderhöhen bei konstanter Umlaufzahl nach Abb. 138. (Projekt.)

chend z. B. bei $Q = 122{,}5$ l/sec die Förderhöhe zwischen $H_{\mathrm{eff}} = 5$ m bis $H_{\mathrm{eff}} = 1{,}75$ m bei festgehaltener Umlaufzahl und bei annähernd gleichem Wirkungsgrad einstellbar, nur dadurch, daß man die Leitschaufeln dreht, bis der Wasserwirbel den Wert $\operatorname{tg} \alpha_1 = 0{,}5$ erhält. Andererseits wäre nur durch Änderung der Leitschaufelstellung bei konstanter Höhe von z. B. $H_{\mathrm{eff}} = 3{,}25$ m die Wassermenge von $Q = 147{,}5$ bis auf 107 l/sec zurückzubringen, wobei sich der Wirkungsgrad dann entsprechend der Wassermenge ändert nach der gegebenen Prüfungskurve für η.

In der Abb. 139 ist gezeigt, daß sich die Regulierschaufeln, die von Hand einstellbar zu machen vollständig genügt, sehr bequem einbauen lassen.

Um die für solch große Wassermengen teuren Schützen zu ersparen, ist in der Saug- und Druckleitung je ein Saugheber eingeschaltet, die durch kleine Luftpumpen an- und abgeschaltet werden können. Das Laufrad liegt immer im Unterwasser, so daß Ansaugvorrichtungen überflüssig sind.

Das Saugbecken ist als nahezu schwimmfähiger Schiffskörper aus dünnwandigem Eisenbeton gedacht, als Rotationskörper um die Pumpenachse, um von der sehr schwankenden und unbekannten Tragfähigkeit des Bodens im Nildelta unabhängig zu sein.

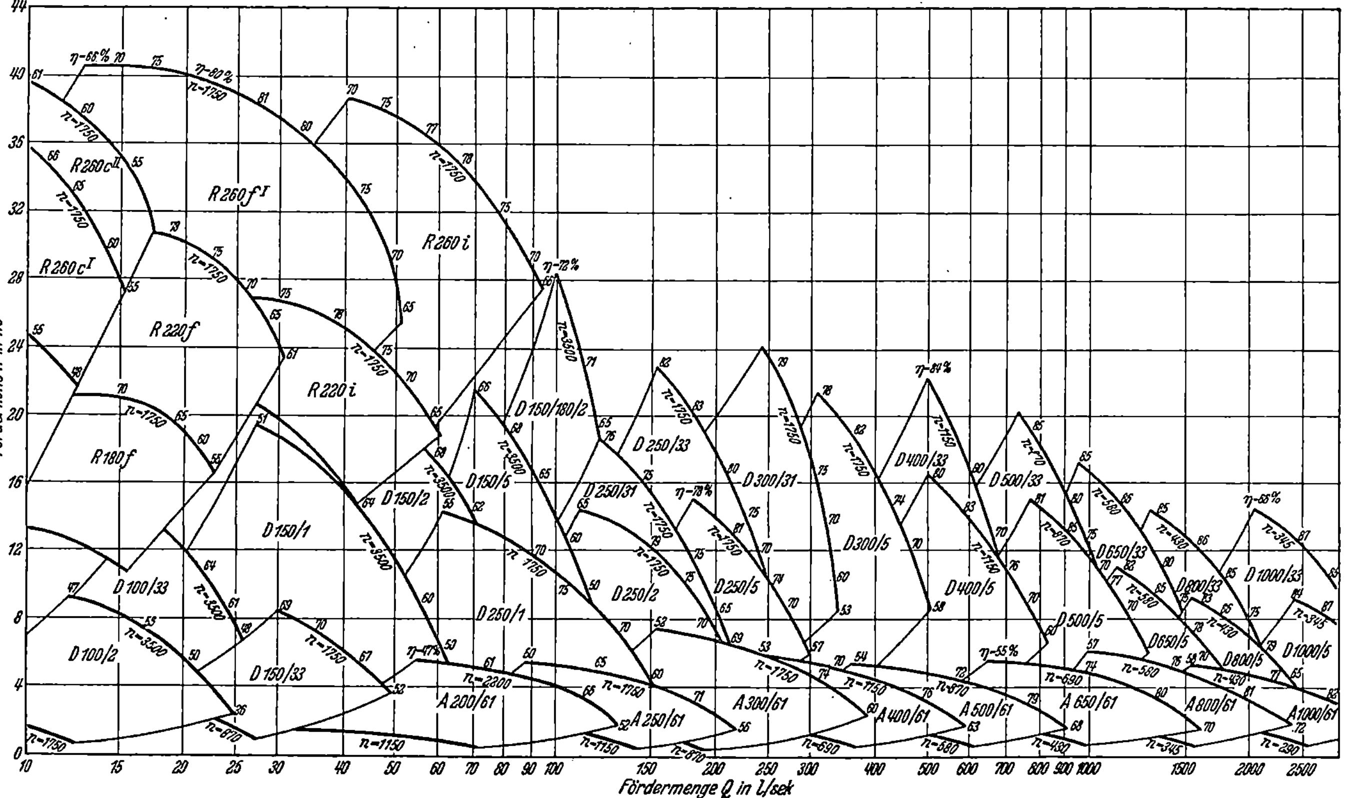

Abb. 140. Kennziffern vorhandener Pumpenmodelle einer Kreiselpumpenfabrik.

17. Praktische Verwertung der theoretischen Erkenntnisse.

Nichts in unserer Wirtschaft sollte Selbstzweck sein, auch nicht die Wissenschaft. Auch sie ist dienendes Glied. So wollen wir sehen, wie wir die Ergebnisse der Theorie verwerten können.

Überall im Lande sitzen zerstreut die Bauern und Gewerbetreibenden und haben entweder Wasser zuviel oder zu wenig. So muß durch Pumpen das Wasser entweder herangeholt oder fortgebracht werden. Von dem Bedarf kommen die Anfragen an die Pumpenfabriken. Der, dessen Amt es ist, die passende Pumpe aus dem Vorrat herauszuwählen, trägt sich zweckmäßig die Anfragen, die durch die sekundlich zu bewältigende Wassermenge und die Druckhöhe charakterisiert sind, in ein Blatt ein, auf dem er auf der Ordinate die Förderhöhe, auf der Abszisse die Wassermenge je Sekunde vermerkt. In dem gleichen Blatt sind bereits die vorrätigen Pumpen und die, deren sofortige Herstellung vorbereitet ist, durch ihre Charakteristiken mit Wirkungsgradvermerk eingetragen. Jede Pumpe hat ihre besondere, die charakteristischen Größen kennzeichnende Benennung. Ein solches Blatt, einen Teil meiner Entwicklungsarbeit darstellend, ist in der Abb. 140 gegeben.

Wie unsere ganze Industrie, ist auch die Pumpenindustrie jung, sie ist aber jetzt ebenso wie ihre Schwestern aus den Lehrjahren heraus; in den Lehrjahren pflegt Lehrgeld bezahlt werden zu müssen, und die teuer bezahlten Erfahrungen werden meist streng geheimgehalten, das ist vom kapitalistischen Standpunkte, der jeden zum Gegner und Feind des anderen notwendigerweise machen muß, verständlich, vom volkswirtschaftlichen Standpunkt aus sehr bedauerlich und verkehrt.

Das Hüten der Geheimnisse hatte für die Pionierfabriken Sinn, solange feindliches Kapital auf der Lauer stand, um in dem neuaufkommenden Geschäftszweig, in dem andere die Kinderkrankheiten durchgemacht hatten, ein gutes Geschäft witternd, durch Neugründung einer Fabrik sein Geld anzulegen. Viel genützt hat die Geheimhaltung nicht, denn heute sind so viele Pumpenfabriken in solcher Größe vorhanden, daß eine einzige durchaus imstande wäre, den Gesamtbedarf Deutschlands an Pumpen zu decken. Wir stehen an der Wende einer neuen Zeit, die dem Ingenieur ganz andere Aufgaben zuweist als sie früher bestanden. Früher galt es, die Maschinen und Werkzeuge neu zu schaffen, zu entwickeln, heute ist die Entwicklungszeit abgeschlossen, die ein Übermaß von Produktionsstätten hat entstehen lassen, weil der dauernde Bedarf während der Einführung der neu geschaffenen Hilfsmittel ungeheuer überschätzt wurde und jede Fabrik darauf hinausging, die Deckung des Gesamtbedarfes möglichst an sich zu reißen.

Heute hat das Geheimhalten von Erfahrungen aus der Entwicklungszeit keinen Sinn, und die Veröffentlichung kann keinem schaden.

Das Übersichtsblatt ist beschränkt auf einstufige Pumpen. Als es gelungen war, die Umlaufzahl der elektrischen Motoren auf 3000 Umdrehungen je Minute oder noch höher zu steigern, bei Dampfantrieb die Turbine mit noch weit höheren Antriebzahlen zur Verfügung stand, wurde die mehrstufige Kreiselpumpe in ihrer Bedeutung mehr und mehr eingeschränkt, wenigstens hätte ihre Verwendung eingeschränkt werden sollen, denn in den meisten Fällen leistet die einstufige Pumpe das Verlangte besser. Einstufige Pumpen sind billiger als mehrstufige, weil sie viel einfacher sind. Einstufige Pumpen können einen höheren Wirkungsgrad erreichen, weil die Wasserführung durch die Pumpe hindurch ungleich einfacher ist.

Früher konnte man bei beschränkten Tourenzahlen nur mäßige Förderhöhen in einer Stufe erreichen, da aber die Förderhöhe mit dem Quadrat der Tourenzahl wächst, kam man bald mit einer Stufe auf jede gewünschte Höhe. Freilich ergab sich auf dem Weg ein Berg trüber Erfahrungen.

Die Grenze der wirtschaftlichen Anwendung einstufiger Pumpen ist durch die Radreibung gegeben. Die Reibungskraft wächst mit dem Quadrat der Geschwindigkeit, mit der die benetzte Fläche im Wasser gleitet — also, für eine sich im Wasser drehende Scheibe mit u_2^2; die Reibungsarbeit wächst also proportional u_2^3. Ferner ist die Radreibungsarbeit der benetzten Fläche proportional. So ergibt sich die Formel für die Radreibungsarbeit zu $A = K D_2^3 u_2^3 = K' D^5 \omega^3$ mkg/sec, worin K und K' ein Proportionalitätsfaktor ist, der die gesetzmäßige Abnahme der Reibungskräfte und -flächen am kleineren Radius berücksichtigt. Dieser Faktor ist in erheblichem Maße von der Rauhigkeit der Wandungen abhängig, und zwar sowohl von der Rauhigkeit des Rades selbst wie der des Deckels.

Der Faktor K schwankt zwischen 0,03 und 0,1. Die Formel gibt damit die Radreibungsarbeit in Meterkilogramm/Sekunden, wenn der Durchmesser in Metern eingesetzt wird.

Die Nutzleistung eines Rades steigt mit der dritten Potenz der Winkelgeschwindigkeit; also ist die Radreibung, an sich mit der fünften Potenz des Durchmessers steigend, an den Verlusten mit der zweiten Potenz des Durchmessers beteiligt, während die Winkelgeschwindigkeit ohne Einfluß auf die Änderung dieses Verlustverhältnisses ist. Mit steigender Winkelgeschwindigkeit aber verringert sich der Durchmesser bei gleicher Förderhöhe. Kann man mit der Tourenzahl unbeschränkt hinaufgehen, so kann man jede Druckhöhe mit der einstufigen Pumpe bewältigen. Ist die Tourenzahl beschränkt, so gibt der Durchmesser die Grenze durch sein Verhältnis zur Fördermenge Q. Denn damit erst wird die Wirkungsgradeinbuße durch die Radreibungsarbeit festgestellt. Bei zu kleiner Wassermenge und beschränkter Tourenzahl ist die mehrstufige Pumpe am Platz.

Der so verbleibende Raum für die mehrstufige Pumpe ist sehr gering. Da bei konstanter Winkelgeschwindigkeit die Förderhöhe mit D^2, die Radreibung mit D^5 wächst, lassen sich die prozentualen Radreibungsverluste für eine gegebene Förderhöhe mit der Stufenanzahl rasch verkleinern.

Eine einstufige Pumpe hat, auf die Förderhöhe bezogen, einen verhältnismäßigen Radreibungsverlust von

$$R_A' \,{}^0/_0 = \frac{K \cdot D_0^5 \,\omega^3}{H}\,.$$

Will man dieselbe Druckhöhe H durch Z-Stufen bei gleicher Tourenzahl erreichen, so wird der verhältnismäßige Radreibungsverlust der Pumpe gleich dem eines einzigen Rades, also

$$R_A'' \, {}^0\!/_0 = \frac{K \cdot D_z^5 \cdot \omega^3}{\dfrac{H}{Z}} \; .$$

Es wird der Durchmesser D_z der Mehrstufenpumpe

$$D_z^2 \cdot Z = D_0^2 \; ; \quad D_z = \frac{D_0}{\sqrt{Z}} \; .$$

Also wird das Verhältnis der Verlustanteile beider Pumpen

$$\frac{R_A''}{R_A'} = \frac{Z \cdot D_z^5}{D_0^5} = \left(\frac{1}{\sqrt{Z}}\right)^3 = \frac{1}{Z^{\frac{3}{2}}} \; .$$

Ist z. B. $Z = 4$, so wird $\dfrac{R_A''}{R_A'} = \dfrac{1}{2^3} = \dfrac{1}{8}$! Die Unterteilung in vier Stufen setzt also bei gleicher Tourenzahl und gleicher Förderhöhe die Radreibungsverluste auf $^1\!/_8$ gegenüber der einstufigen Pumpe herab.

Bei Wasserkraftwerken sind Speicherpumpen modern geworden, ohne daß sie volkswirtschaftlich gerechtfertigt wären. Wenn sie aber schon einmal angewandt werden, sollten sie so billig wie möglich gebaut werden, denn nur dann werden sie unter Umständen wirklich wirtschaftlich. Sie haben sehr große Leistungen, also können sie, da wegen der großen Fördermenge die prozentuale Radreibung keine Rolle spielt, einstufig gebaut werden. Dann sind sie am billigsten und kommen zugleich auf den besten Wirkungsgrad, weil die Radreibungsverluste der einstufigen Pumpe viel kleiner als die Umlenkungsverluste der mehrstufigen Pumpe sind, diese Umlenkungsverluste aber vollständig erspart werden. Ersparnis an Verlustarbeit könnte die mehrstufige Pumpe rechtfertigen, läge der höhere Wirkungsgrad bei ihr.

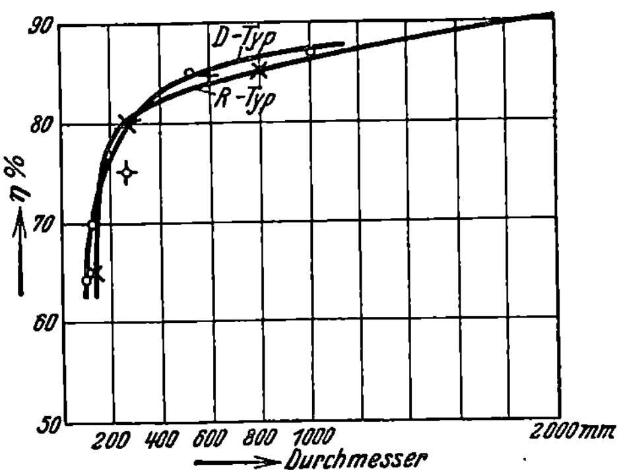

Abb. 141. Der Wirkungsgrad wächst mit dem Laufraddurchmesser.

Früher konnte man die verlangten Druckhöhen mit einem Rade mangels Erfahrung nicht erreichen, deshalb setzte die Entwicklung der Kreiselpumpe erst ein, als man sie mehrstufig zu bauen gelernt hatte, und heute gibt man den gewohnten Umweg nicht auf, obwohl er unnötig geworden ist.

Auch bei Pumpen gilt das gleiche Erfahrungsgesetz wie bei Turbinen, daß der Wirkungsgrad bei modellähnlicher Vergrößerung mit dem Durchmesser steigt (Abb. 141).

Die R-Type des Übersichtsblattes, Abb. 140, erreicht bei einem Durchmesser von 260 mm einen Wirkungsgrad von etwas über 80%, bei 800 mm Durchmesser 85% und bei 2000 mm Durchmesser wahrscheinlich 90%. Die D-Typen zeigen ebenfalls das Anwachsen des Wirkungsgrades mit dem Durchmesser: D 100 mit 64%, D 150 mit 70%, D 250 mit 75%, bei größeren Wassermengen mit 83%, D 500 mit 85%, D 1000 mit 87%. Dieser Möglichkeit, den Wirkungsgrad durch die Radgröße zu steigern, beraubt man sich auch durch die Mehrstufigkeit, da, wo sie nicht am Platze ist.

Hochdruckpumpen.

In dem Übersichtsblatt (Abb. 140) sind die Pumpen für mittlere und große Förderhöhen mit der Kennziffer R versehen. Diese Ziffer bedeutet, daß sie nach Art der Abb. 142 durchgebildet sind. Die Zahl hinter R bedeutet den Laufraddurchmesser, die kleinen Buchstaben a, b, c, d, f, i die Radbreite; wird also z. B. nach einer Pumpe gefragt,

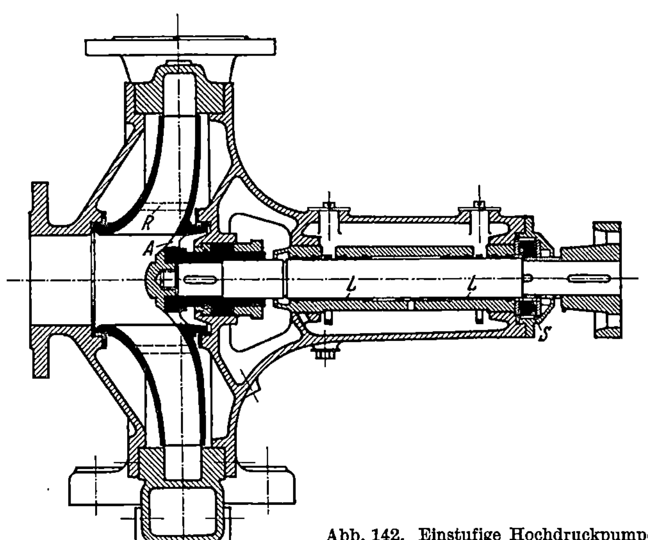

Abb. 142. Einstufige Hochdruckpumpe.

die 20 l/sec auf 28 m heben soll, so kommt dafür R 220 in Frage. Der Durchmesser 220 würde 30 m Höhe ergeben, folglich werden die Schaufelspitzen abgedreht bis auf das Maß $220 \sqrt{\dfrac{28}{30}} = 213$, sofern man die eingezeichnete Tourenzahl 1750 beibehalten will. Der Wirkungsgrad wird, wie aus der eingezeichneten Kurve zu entnehmen ist, 76% werden. Die ausführlichere Leistungskurve einer R-Pumpe ist in Abb. 143 gezeigt.

Die Typen sind so konstruiert, daß sie bei verstärkter Ausführung anstandslos auch mit 3000 Umdrehungen je Minute laufen können. Die R 260 gibt dann einen Druck von 120 m und liefert dabei 33 l/sec.

Manchmal steigt der Wirkungsgrad mit der Tourenzahl, jedoch nicht immer. Der beste Wirkungsgrad überhaupt scheint bei einer bestimmten Tourenzahl zu liegen. Warum und wieso ist mir unbekannt.

Die Förderhöhe der einstufigen Pumpe auf 100 m und darüber zu bringen, war nicht so einfach. Ich sah jedoch keinen stichhaltigen

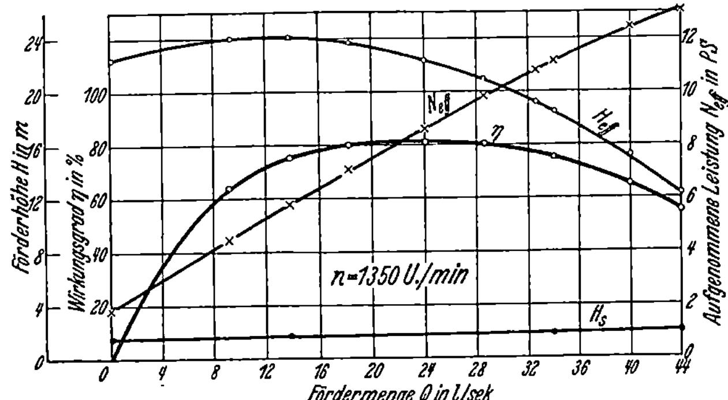

Abb. 143. Kennziffer einer einstufigen Hochdruckpumpe.

Grund, warum die einstufige Pumpe auf eine Förderhöhe von etwa 30—40 m Höhe, wie sie damals üblich war, beschränkt bleiben solle, zumal sie einen sehr guten Wirkungsgrad hatte.

Also entwarf ich unter sorgfältiger Beachtung der damaligen Erfahrungen nach dem besten vorliegenden Modell einer sogenannten Spiralpumpe eine größere Pumpe, die eine Förderhöhe von über 100 m und einen Kraftbedarf von etwa 100 PS haben sollte. Das Laufrad bekam radiale Schaufeln, um desto sicherer auch die Förderhöhe von 100 m womöglich zu überschreiten, und die Spirale wurde sehr sorgfältig dem zu erwartenden Zufluß entsprechend bemessen nach Abb. 144. Die Tourenzahl sollte 1430 Umdrehungen je Minute sein. Die Prüfung übertraf alle Erwartung. Der Kraftbedarf war so hoch, daß auch nicht bei geschlossenem Schieber die Pumpe auf Tourenzahl zu bringen war, der Lärm war ungeheuer und der Druck nicht zu messen. Die Pumpe kam aus dem Turbulenzgebiet überhaupt nicht heraus. Es mußte ein Motor mit halber Tourenzahl angesetzt werden. Mit halber Tourenzahl erhielten wir das als Versuch (1) im Diagrammblatt (Abb. 145) eingetragene Ergebnis. Der Druck stieg nicht über 26 m, würde also bei 1450 Umdrehungen je Minute nur 94 m erreicht haben, anstatt der

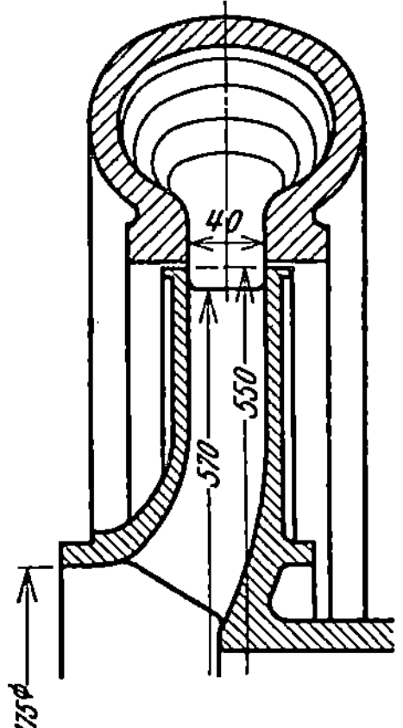

Abb. 144. Versuchspumpe.

erwarteten und später auch erreichten 150 m. Der Kraftbedarf war unerhört hoch. Die Pumpe war eine vorzügliche Wasserwirbelbremse.

Durch Anbohren der Spirale und Messen an verschiedenen Punkten vergewisserten wir uns, daß innerhalb dieser eine heillose Unordnung herrschte, es wurde überhaupt keine Druckumsetzung erzielt.

Es schienen vor allem Wirbel, wie in Abb. 146 angedeutet, vorzuherrschen, und beim Hineinschlagen ins Laufrad die Bremswirkung hervorzurufen.

So wurde das erste Viertel der Spirale mit Holz ausgefüttert (siehe Abb. 147). Ergebnis: bedeutende Abnahme des Kraftbedarfs, geringer

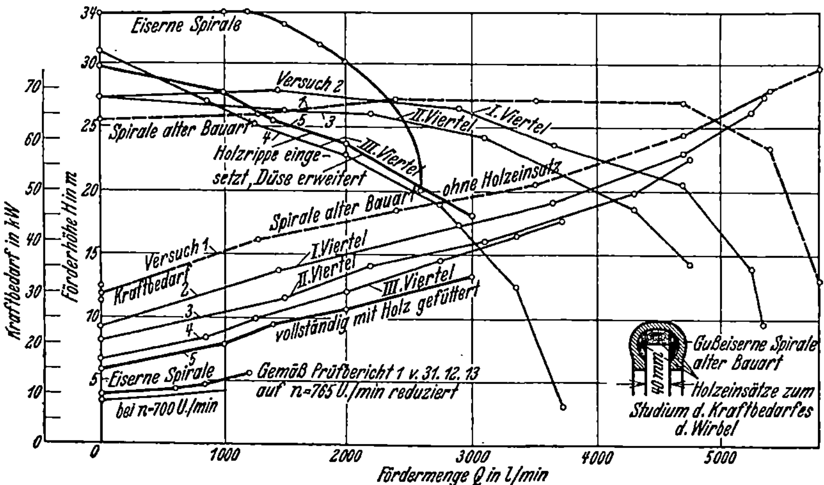

Abb. 145. Ergebnisse der Versuchspumpe nach Abb. 144 mit und ohne Holzausfütterung der Spirale.

Anstieg des Druckes (s. Abb. 145). So wurde ein zweites Viertel und ein drittes Viertel mit Holz ausgefüllt und dem Wasser nur ein schmaler, vierkantiger Kanal gelassen. Schließlich wurde die ganze Spirale mit Holz ausgefüttert und eine unbeholfene Düse vorgesehen. Der Kraftbedarf sank auf Kurve 5 des Diagrammblattes (Abb. 145). Der Anspringpunkt war auf etwa 30 m gestiegen, die Wassermenge war bedeutend zurückgegangen, was ja nicht wundernehmen konnte.

Es wurde nunmehr eine eiserne Spirale gegossen (Abb. 148), bei der der Einlaufbogen

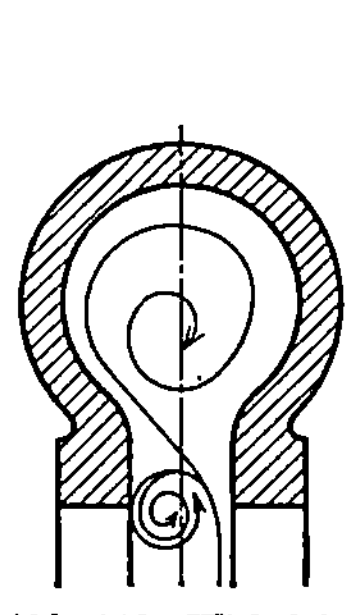
Abb. 146. Wirbel in der Spirale.

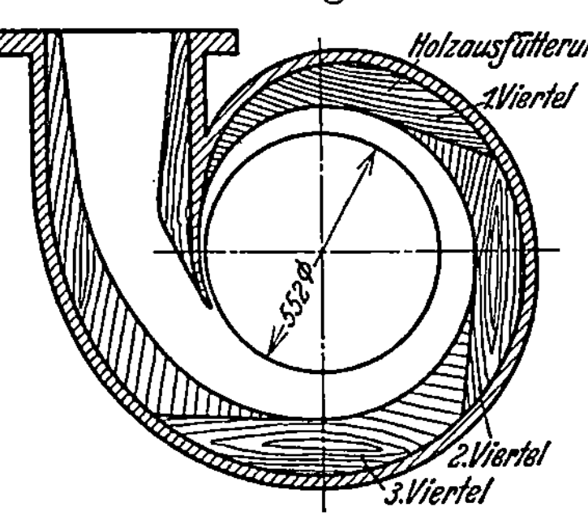

Abb. 147. Holzfütterung der Spirale der Versuchspumpe nach Abb. 144.

bei gleichbleibender Breite von 40 mm allmählich auf den Abstand $R = 336$ von der Mitte sich entfernte, so daß eine lichte Weite von 40×40 mm am Ende des Einlaufbogens sich ergab, woran sich eine schlanke Düse trompetenförmig unmäßig lang anschloß. Der Druck stieg auf 34 m, entsprechend 123 m bei 1450 Umdrehungen je Minute und lief wunderschön parallel der Abszisse, ganz wie die Theorie es verlangt, gänzlich ohne Turbulenz bis der Druck sank, abgedrosselt in dem für größere Wassermenge zu kleinen Düseneintrittsquerschnitt (s. Abb. 145 oberste Kurve). Der Kraftbedarf war ebenfalls noch gesunken. Nunmehr konnte man die Pumpe mit 1450 Umdrehungen je Minute betreiben. Sie lief auch bei dieser höheren Tourenzahl jetzt tadellos. Später wurde die Druckzunahme in dem Einlaufbogen der Spirale und in der Düse gemessen, in dem (s. Abb. 148) vier Manometer angebracht wurden. Ferner wurde der Spaltdruck gemessen. Das Ergebnis bei auf 550 mm abgedrehten Laufradschaufeln ist in Abb. 149 gezeigt.

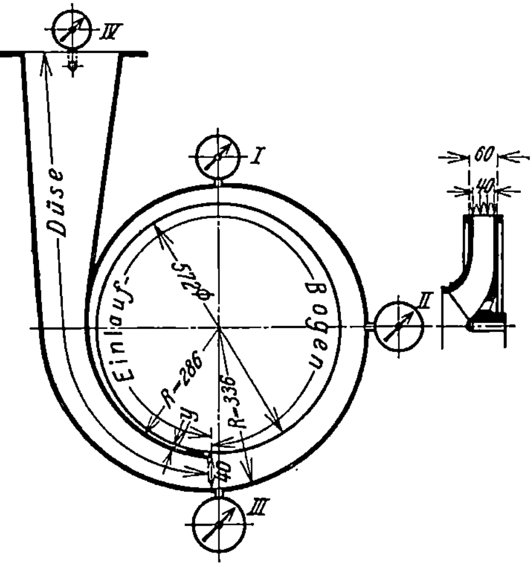

Abb. 148. Eisenspirale der Versuchspumpe.

Bei geschlossenem Schieber liefert der Einlaufbogen fast den gesamten Druckzuwachs, nämlich 59 m, während die Düse nur noch $2^1/_2$ m hinzufügt. Der Spaltdruck ist 61 m gewesen. Es fügt sich das Ergebnis erstaunlich gut der Theorie.

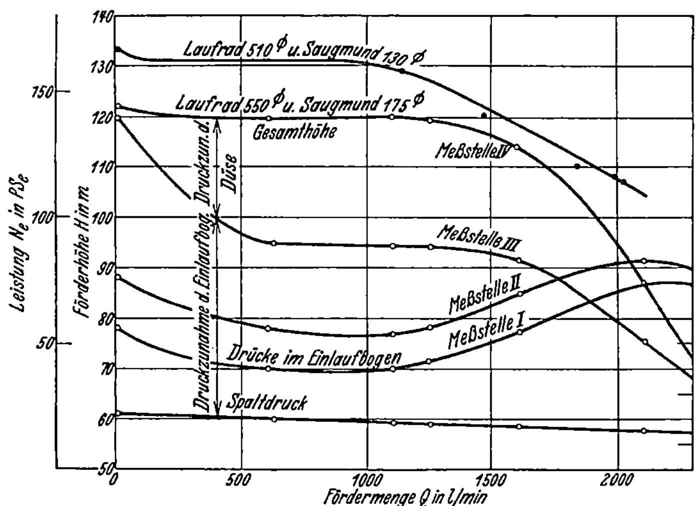

Abb. 149. Druckmessungen an der Eisenspirale der Versuchspumpe nach Abb. 148.

Man muß sich vorstellen, daß am Anfang der Einlaufzunge bei y (s. Abb. 148) ein geringerer Druck als der Spaltdruck herrscht, weil das Wasser aus diesem Engpaß herausgerissen wird. In diesem Unterdruckraum stürzt auch bei geschlossenem Schieber Wasser aus dem

Laufrad, um von dem Einlaufbogen mit der Umfangsgeschwindigkeit in Umfangsrichtung wieder fortgeführt zu werden. Da der Einlaufbogen sich erweitert, verringert sich die Geschwindigkeit des Wassers, den Druck steigernd, der nunmehr größer als der Spaltdruck jeden Wasseraustritt aus dem Rad hindert. Im Gegenteil, der steigende Druck drückt das bei der Zunge ausgeflossene Wasser allmählich wieder in das Laufrad zurück, so wieder das ausgeflossene Wasser ersetzend. So entsteht der hohe Druck an Meßstelle 3 bei $Q = 0$.

Bei größerer Wassermenge sinkt die Druckentwicklung im Einlaufbogen, in der Düse dagegen steigt die Druckzunahme, bis bei $Q = 1100$ in dem Einlaufbogen die Druckzunahme wieder größer wird, aber nur, um im Einlaufquerschnitt zur Düse infolge der dort herrschenden zu großen Geschwindigkeit wieder stark abzunehmen.

Aus diesem Versuch wurde deutlich, daß dieser Düseneinlaufquerschnitt die Fördermenge bestimmt. Sie ist einfach proportional diesem Querschnitt und der Umlaufgeschwindigkeit des Schaufelspitzenkreises u_2.

Ferner wurde sehr deutlich, daß Einlaufbogen und Düseneingangsquerschnitt nicht richtig zueinander abgestimmt waren. Es wurde also eine neue Spirale entworfen, die in die benutzte Spirale eingesetzt wurde. Dabei wurde das Laufrad auf 510 mm abgedreht, und trotzdem blieb der Druck nicht nur auf der früheren Höhe, er stieg sogar erheblich, nämlich auf 134 m bei $n = 1450$ Umdrehungen je Minute (s. Abb. 149).

Der Saugmund wurde auf 130 mm Durchmesser verengt, das kann aber nicht die Druckerhöhung bewirkt haben, vielmehr ist sie nur der besseren Spirale zu danken. Die weitere Austrittsöffnung des Einlaufbogens der zweiten Spirale hatte den erwarteten Erfolg, daß nämlich die beste Wassermenge auf etwa 2400 l/mm verschoben wurde, damit bestätigend, daß der Einlaufquerschnitt der Düse maßgebend die Fördermenge bestimmt.

Der Nutzeffekt blieb schlecht, aber nur deshalb, weil zu Radreibungsversuchen radiale Stege auf dem Rücken des Laufrades beiderseits angeordnet waren, die eine sehr große Radreibung ergaben. Der angestrebte Beweis war gelungen, daß man Förderhöhen weit über 100 m mit einem Rad bekommen konnte. Darüber hinaus war bewiesen, daß man radiale Schaufeln anwenden konnte, ohne irgendwelche Turbulenzerscheinungen befürchten zu müssen.

So konnte man also nach dem anfänglichen, fast entmutigenden Ergebnis sehr zufrieden sein, aber der trüben Erfahrungen Ende war noch nicht gekommen. Es zeigte sich, daß die Lager der Pumpe nach kurzer Zeit heißliefen. Erst schob man das auf die fliegende Anordnung des Rades. Aber diese Vermutung konnte nicht aufrechterhalten werden. Vielmehr war der Grund der, daß die vorzügliche Druckumsetzung in dem Einlaufbogen der Spirale auf den Auslaufquerschnitt des Rades einen einseitigen Schub ausübte, da ja im Grenzfall die Druckzunahme in dem Einlaufbogen 60 m beträgt. Der auf das Laufrad einseitig wirkende Schub (s. Abb. 148) ist also 3 at · 57 cm · (4 + 2) = 1020 kg, also fast 20mal soviel wie das Gewicht des Laufrades!

So mußte denn in die Spirale eine zweite symmetrisch zur ersten liegende Zunge angeordnet werden (Abb. 150). Diese zweite Schaufel brachte keinen Nachteil und der lästige Querschub war beseitigt. Auch diese Doppelspirale schaltet die Turbulenz vollkommen aus. Die Pumpe ist der Berechnung zugänglich; nur der Einlaufquerschnitt der Düse muß festgelegt werden. Dieser Einlaufquerschnitt kann nachträglich von Hand mit der Feile korrigiert und geputzt werden, was eine außerordentlich schätzenswerte Eigenschaft ist. Es wurde zur Regel, die Einlaufdüse weit um den Einlaufbogen herumzulegen. Dann konnte man durch Abschlagen der Zungen den Querschnitt in weiten Grenzen ändern,

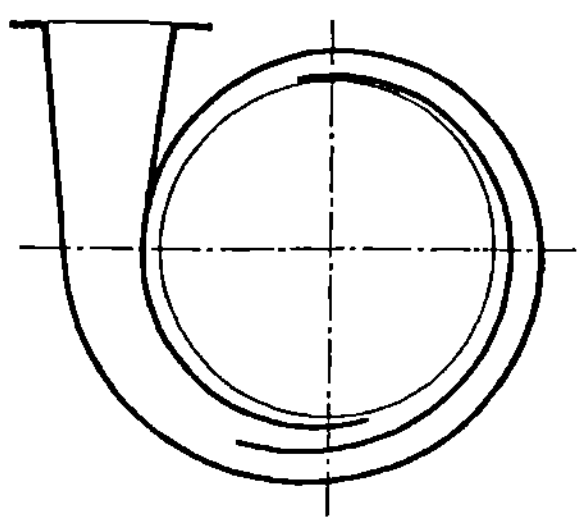

Abb. 150. Die gute Druckumsetzung im Einlaufbogen macht eine zweite Leitschaufel nötig.

und somit auch die Fördermengen. Der dadurch entstehende Spalt hat die nicht ganz verständliche Wirkung, daß der Anspringdruck sinkt. Ganz ohne Spalt tritt der überhaupt höchste Druck bei ge-

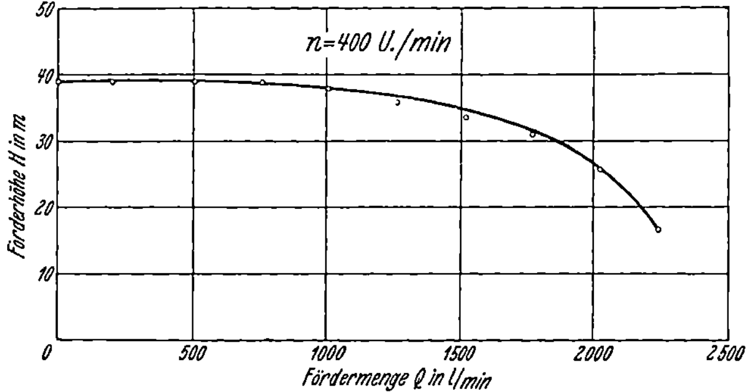

Abb. 151. Druckverlauf im Stutzen einer einstufigen Spirale rechteckigen Querschnitts. Keine Turbulenz trotz radialer Laufschaufeln. Durchmesser 950 mm.

schlossenem Schieber und radial gestellten Schaufeln in einer Höhe von $0{,}95\ \frac{u_2^2}{g}$ auf. Siehe z. B. Abb. 151, das Versuchsdiagramm einer solchen Pumpe enthaltend. Eine Abnahme dieses Druckes schadet aber gar nichts.

Mit der Doppel-Spirale rechteckigen Durchschnittes war also die notwendige Beweglichkeit der R-Type gegeben, sowohl hinsichtlich Förderhöhe wie hinsichtlich Fördermenge.

Hauswasserpumpen.

Auf dem Übersichtsblatt Abb. 140 nicht vermerkt sind die kleinsten in großer Menge gebrauchten Pumpen, die mit einer Leistungsfähigkeit von 1 l/sec bereits zu groß sind — die Hauswasserpumpen. Sie sind ebenfalls Hochdruckpumpen, ja sie sind fast am schwierigsten, weil die Höhe im Verhältnis zur Wassermenge so sehr groß ist. Sie mußten ganz besonders behandelt werden.

Die Druckhöhe sollte wenigstens 35 m sein, damit die gleiche Pumpe möglichst großes Absatzgebiet habe und folglich in großen Serien hergestellt werden könnte. Gerade die kleinsten Pumpen fielen so sehr verschieden aus, daß man es nicht wagen konnte, sie ohne besondere Prüfung aus der Fabrik gehenzulassen. Sie erreichten häufig nicht die verlangten Garantien und mußten dann mehrfach nachgearbeitet, mehrfach geprüft werden. Die dadurch entstehenden Kosten waren unerträglich im Verhältnis zu dem kleinen Objekt. Es war deshalb notwendig, gerade die kleinen Pumpen fabrikationstechnisch so durchzubilden, daß Stück für Stück genau gleich ausfiel. Eine Prüfung mußte zwar auch dann noch vorgenommen werden, aber die wiederholten Prüfungen fielen weg.

Für eine Förderhöhe von 35 m hielt man nach dem Stande von

damals eine Umfangsgeschwindigkeit von $u_2 = \sqrt{\dfrac{gH}{0,6}} = 24,0$ m/sec für

erforderlich. Bei kleinen Drehstrommotoren mußte man mit etwa 2900 Umdrehungen je Minute rechnen. So mußte der Laufraddurchmesser mindestens $D_2 = 160$ mm werden. Die Laufradbreite am Austritt mußte

$$b = \frac{^1/_{1000}\ \text{cbm/sec}}{\pi \cdot 0,16 \cdot 3\ \text{m/sec}} = \frac{0,67}{1000}\ \text{m} = 0,67\ \text{mm} ,$$

also unausführbar klein werden. Machte man diese Austrittsbreite erheblich größer, so mußte man damit rechnen, daß die Wirbelschnittarbeit infolge der viel zu kleinen relativen Austrittsgeschwindigkeit unzulässig groß würde.

Für eine Förderhöhe von 35 m und eine Fördermenge von 1 l/sec

ist bei $\eta = 0,5$ ein Kraftbedarf in Kilowatt von nur $\dfrac{35}{1000}\dfrac{10}{\eta} = 0,7$ kW

erforderlich. Auf einen Wirkungsgrad von 50 % konnte man nicht rechnen. Die Radreibung und Wirbelschnittarbeit, also die mechanischen Verluste wurden wohl schon so groß wie die Nutzarbeit, und der hydraulische Wirkungsgrad war bei so hoher Tourenzahl schon nicht über 60 % anzusetzen. Deshalb war diese hohe Tourenzahl den Fabrikanten sehr unerwünscht, dem Kunden auch, weil er noch nicht an solch „phantastische" Tourenzahl gewöhnt war.

Begnügt man sich indessen mit 1450 Umdrehungen je Minute, so mußte der Durchmesser etwa 320 mm werden und die Austrittsbreite mikroskopisch klein. Dann wurde die Radreibung allein: $\sim 0, D^2 u^3$ $= 0,1 \cdot 14000 \cdot \dfrac{1}{10} = 1,4$ kW. Es gab ein solches Rad auf dem Markt — mit abgedeckten Schaufeln probiert verlangte dieses Rad für die Radreibung allein einen Kraftbedarf von etwa 1,2 kW!

So schien in der Tat nichts übrig zu bleiben, als viele Stufen zu nehmen. Das gab dann wenigstens den großen, verkaufstechnischen Vorteil, daß man mit demselben Modell infolge der Abstufungsmöglichkeit ein größeres Gebiet beherrschte. Baute man ein Laufrad für 5 m Förderhöhe, so konnte man von 5 zu 5 m abstufen.

Diese kleinen Räder hatten einen Durchmesser von 130 mm. Bei 3000 Umdrehungen je Minute und $u_2 = \sim 20$ m/sec hätten sie der Theorie zufolge bei radialem Schaufelantritt wohl 35 m Förderhöhe ergeben müssen, da $\frac{u_2^2}{g} = \sim 41$ m ist. Der Versuch belehrte, daß noch nicht einmal die Hälfte, ja kaum ein Drittel tatsächlich erreicht wurde. Das mußte einen Grund haben. Der Grund konnte nur im Laufradaustritt liegen (s. Abb. 152). Es waren nur sechs Schaufeln vorhanden, die Teilung war also sehr groß. Die Wassermasse, die von der Coriolis-Beschleunigung auf größere Umfangsgeschwindigkeit gebracht werden sollte, und die sich auf die Schaufel senkrecht abstützen mußte, war allzu groß.

Wir wollen nachrechnen, mit welchem Druck die Wassersäule zwischen zwei Schaufeln infolge Coriolis auf der Schaufel ruhte. Die Teilung ist am Umfang bei 130 mm Durchmesser etwa 65 mm. Wirkte die Schwerkraft senkrecht zur Schaufel, so wäre der Druck der Teilung entsprechend 6,5 cm Wassersäule.

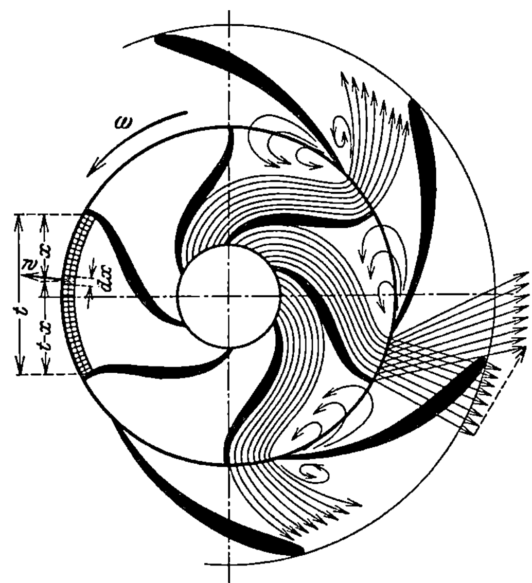

Abb. 152. Störung im Laufradaustritt durch die Coriolis-Kraft.

Die Coriolis-Beschleunigung ist $2w\omega$. Nehmen wir $w = 3$ m/sec, $\omega = \frac{2\pi n}{60} = \sim \frac{n}{10} = 300$, so ist sie $6 \cdot 300 = 1800$ m/sec², also etwa 180 mal so groß als die Erdbeschleunigung!! Das heißt bei einer Umdrehzahl von 3000 Umdrehungen je Minute drückt die Wassersäule in der Teilung von 6,5 cm mit einer Kraft von $\frac{6,5 \text{ cm} \cdot 1800}{g} = \sim 12,7$ m $= 1,27$ at auf die Schaufeln. Dieser gewaltige Druck bewirkt, daß der Schaufelkanal nicht im geringsten ausgefüllt werden kann, weil er das Wasser in der Austrittsöffnung zu einem schmalen Stromband zusammendrücken muß. Nach früherem wird die größte relative Austrittsgeschwindigkeit gleich der Umfangsgeschwindigkeit, hier können also 20 m/sec erreicht werden. Der Leitapparat, der hinter dem Austritt liegt, wird also nur stoßweise mit einem Wasserschuß geladen, der etwa ein Sechstel dieser Teilung füllt, dann folgt ein Wirbelraum von fünf Sechstel der Teilung, dann kommt die Schaufelstärke und dann der Wasserschuß wieder! Es wird also der Leitapparat so ungünstig wie nur irgend möglich beaufschlagt. Ein dünner Wasserpfropfen wird mit großer Geschwindigkeit in den Leitschaufelkanal hineingespritzt, und dann zerren an ihm die unter Umständen Unterdruck erzeugenden Wirbel im vorbeistreichenden Radschaufelkanal, gleich $50 \cdot 6 = 300$ mal in der Sekunde! Da kann von guter Druckumsetzung keine Rede sein. Nun wird der Spaltdruck wohl nicht vollkommen zu Null. Es wird ein höherer Spaltdruck bleiben, und der ermäßigt im Gegendruck die Austrittgeschwindigkeit und verbessert die Geschwindigkeitsverteilung etwas. Aber viel kann der Spaltdruck nicht helfen, weil er gegenüber Coriolis zu klein ist!

Wir können die Geschwindigkeitsverteilung, die beim Austritt eintreten muß, wenn sich die durch die Coriolis-Beschleunigung dem Wasser aufgedrückte Spannung in Geschwindigkeit umsetzt, genauer berechnen.

Der Schaufelkanal der Abbildung 154 sei mit Wasser gefüllt, das sich mit w m/sec nach außen bewegt, während der Kanal sich mit der

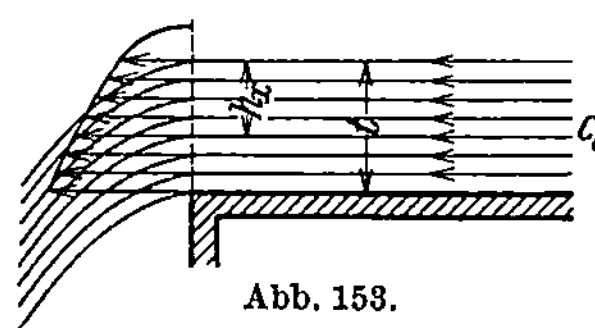
Abb. 153.

Winkelschnelle ω dreht. Ein sich mit dem Kanal drehender Beobachter, der von der Drehung nichts merkt, wird dasselbe Bild vor sich zu haben glauben, das ein wassergefüllter Kanal uns bietet. Das Wasser gleitet in dem Kanal in allen Horizontalschichten mit gleicher Geschwindigkeit, während von Schicht zu Schicht, also senkrecht zur Bewegung, der Druck, also die potentielle Energie der Wasserteilchen wächst. Da gleichschnell sich bewegende Wasserteilchen jedem vorgelagert sind, kann sich diese potentielle Energie nicht in kinetische umsetzen, bis das Wasser etwa an einen Überfall kommt. Dort werden die Wasserteilchen am Boden sowohl wie die der anderen Schichten ihre potentielle Energie in kinetische umsetzen, und deshalb erfahren alle Schichten eine Geschwindigkeitszunahme auf c_x entsprechend $\dfrac{c_x^2 - c_0^2}{2g} = h_x$. Demgemäß wird die Geschwindigkeitsverteilung über dem Ausguß sich gemäß einer Parabel einstellen (Abb. 153).

Ähnlich wird am Laufradaustritt sich die relativ zum Beschauer im Rad als potentielle empfundene, von Coriolis erzeugte Energie in kinetische sich entladen. Aber in anderer Gesetzmäßigkeit, da die Druckzunahme längs der Senkrechten zur Unterstützungsfläche nach anderem Gesetz erfolgt als bei der Schwerkraft, die auf den Boden des stillstehenden Kanals drückt.

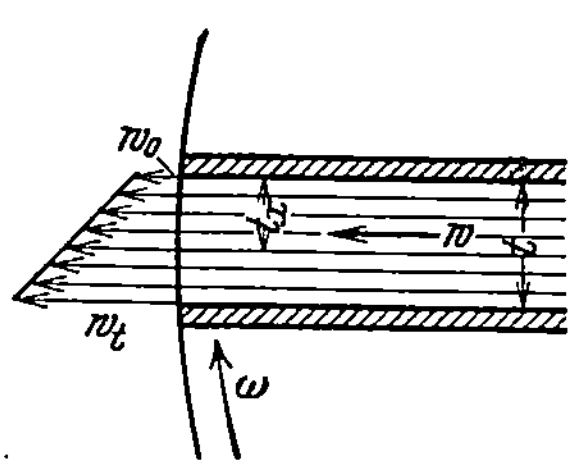

Abb. 154. Geschwindigkeitsverlauf beim Überfall, wenn die Wassersäule an Stelle der Schwerkraft der Coriolis-Kraft unterliegt.

Im Abstand x von der Schaufel unterliegt das Wasserteilchen dx der Coriolis-Beschleunigung $2w\omega$. Die Zunahme an Druck, die das Wasserteilchen m erfährt, ist $2w\omega\,dx$. Die Zunahme an kinetischer

Energie, die dieser Druckzunahme entspricht, ist $d\,\dfrac{m\,w^2}{2} = m \cdot w\,dw$, also

$$m \cdot 2\,w\,\omega\,dx = m\,w\,dw$$

$$2\,w\,\omega\,dx = w\,dw$$

$$2\,\omega\,dx = dw$$

$$2\,\omega\,\Big[x\Big]_{x_2=l}^{x_1=0} = w_l - w_0$$

$$2\,\omega\,t = w_l - w_0 .$$

Es ergibt sich also eine Verteilung der relativen Geschwindigkeit beim Laufradaustritt geradlinig (Abb. 154), nicht nach dem Parabelgesetz abnehmend wie beim Überfall.

Wenn die Teilung t gerade gleich $\dfrac{w_{\max}}{2\,\omega}$ ist, so wird $w_0 = 0$. Wird die Teilung größer, so kann der Kanal nicht mehr vom Wasserstrahl erfüllt werden. Diese Bedingung kann auch ausgedrückt werden: $t \leqq \dfrac{w_{\text{mittel}}}{\omega}$ oder $\omega\,t \leqq w_{\text{mittel}}$. Das heißt, die mittlere relative Wassergeschwindigkeit im rotierenden Kanal muß gleich oder größer sein als die Winkelgeschwindigkeit multipliziert mit der Teilung. Die Teilung muß um so kleiner werden, je größer die Winkelgeschwindigkeit, wenn man mit Vollfüllung des Kanales am Austritt rechnen will.

Wenden wir diese Erkenntnis auf unser Rädchen an, das mit $\omega = \sim 300$ sich drehen soll, so ergibt sich für eine mittlere relative Austrittsgeschwindigkeit von $w_m = 3\ \text{m/sec}$ eine Teilung von $t = \dfrac{3}{300}\,m = 10\ \text{mm}$, d. h. die Tei-

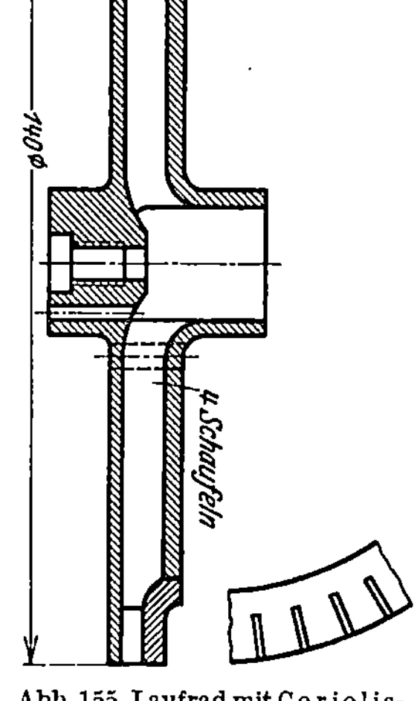

Abb. 155. Laufrad mit C o r i o l i s - Kranz (140 mm) (Hauswasserpumpe Mikra von Weise Söhne, Halle [Saale]).

lung darf nicht größer als 10 mm sein, wenn wir erwarten, daß der Schaufelkanal voll gefüllt werden soll. Und 65 mm war die Teilung! 10 mm Teilung verlangt 40 Schaufeln!

Das war eine unangenehme Überraschung! Wie sollte man die kleine Teilung durchführen und dann noch Platz für die Wandstärken der Schaufeln behalten? Da die kleine Teilung aber nur am Austritt nötig war, auf dem Wege bis dahin aber nur wenige Schaufeln erforderlich waren, wurde auf das gewöhnliche Rad nach Abb. 152 ein Schaufelkranz aufgezogen, der in Abb. 155 auf ein allerdings anderes Rad aufgezogen gezeigt ist. Die Schaufeln wurden als radiale Stege einfach aus dem Vollen herausgefräst durch einen Doppelfräser, der beide Seiten der Schäufelchen gleichzeitig bearbeitete, um sie nicht durch einseitigen Druck abzubrechen.

Bei den ersten Kränzen wurde versäumt, die Schaufelwurzel zu verstärken, sie wurden infolgedessen glatt durch den C o r i o l i s - Druck abrasiert.

In den Kranz wurden zunächst 48 Schaufeln eingefräst. Nach dem durchgeführten Versuch wurde die Hälfte ausgebrochen und wieder

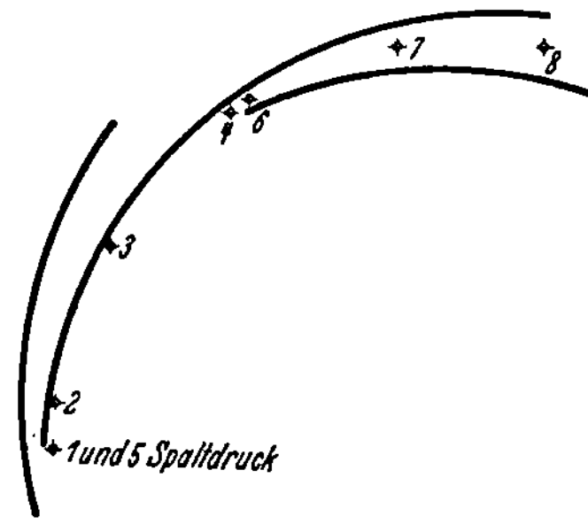

Abb. 156. Lage der Meßbohrungen bei den Coriolis-Versuchen.

versucht usw., so daß man einen sehr guten Überblick über den Einfluß der Schaufelzahl erhielt. Doch bleibt in der Beziehung noch manches zu tun.

Bei den Vergleichsversuchen wurde die Drucksteigerung vom Spalt über den Einlaufbogen und durch die Düse verfolgt. Abb. 156 zeigt die Lage der Meßbohrungen. Sie sind numeriert. Die gefundenen Druckwerte sind entsprechend H_1, H_2 und H_8 bezeichnet.

Die Ergebnisse der Vergleichsversuche sind in den Blättern, Abb. 157 bis 163 dargestellt. Die Laufräder unterscheiden sich nur dadurch, daß

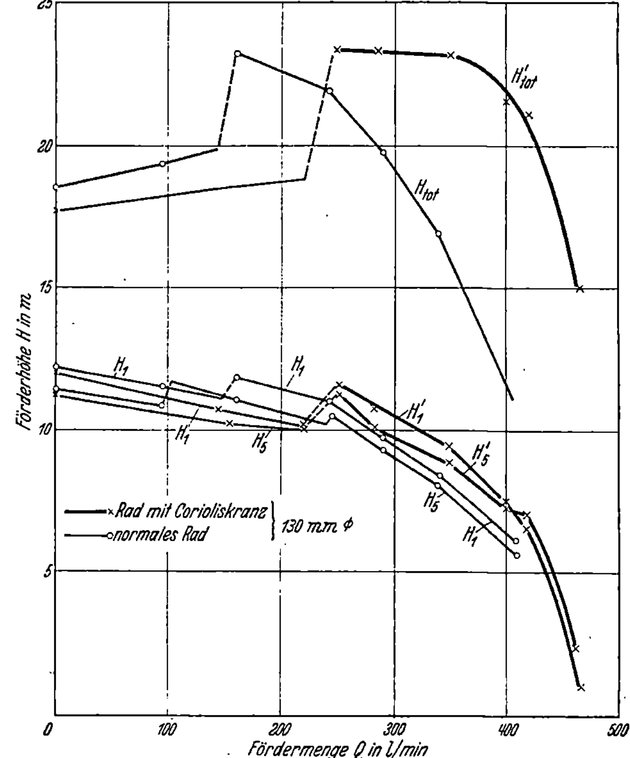

Abb. 157. Coriolis-Versuche $z = 48 = n = 2690$ La $= 130$ mm
H_1, H_5 Spaltdruck bei normalem Rad H_1', H_5' Spaltdruck bei Coriolis-Rad
H_{tot} Gesamtdruck „ „ „ H_{tot}' Gesamtdruck „ „ „

das eine so weit eingedreht war wie nötig, daß es den Coriolis-Kranz aufnehmen konnte. Die Pumpen wurden verglichen, indem nur das

Laufrad ausgewechselt wurde. Der Spaltdruck wurde im Spalt
beiderseits vom Laufradaustritt gemessen. Der tiefere Wert lag auf
der Saugseite. Man erkennt, daß der Spaltdruck durch den Coriolis-
Kranz sich nicht wesentlich geändert hat. Dagegen ist die Druckhöhe bei größerer Wassermenge erheblich gesteigert. Es ist augenscheinlich, daß die durch den Coriolis-Kranz bedingte bessere Beaufschlagung des Leitapparates schuld an der Steigerung ist. Deshalb
wurde diese Steigerung im einzelnen durch weitere Messungen verfolgt.
In dem Leitapparat wurden in der Mitte des Kanals eine Reihe von

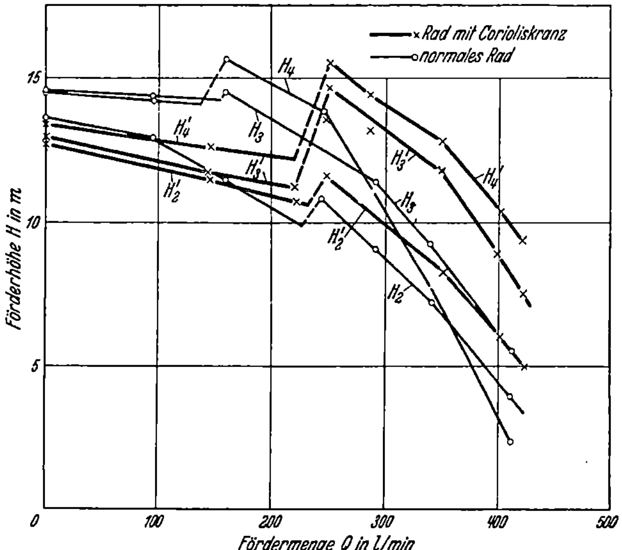

Abb. 158. Coriolis-Versuche La = 130 mm, $z = 48$, $n = 2690$.
H_2, H_3, H_4 Druckverlauf im Einlaufbogen bei normalem Rad
H_2', H_3', H_4' „ „ „ „ Coriolis-Rad
Lage der Bohrungen s. Abb. 156.

Meßbohrungen von $1/_{10}$ mm Durchmesser sorgfältig angebracht, indem
eine größere Öffnung durch Weißmetall wieder verschlossen wurde,
nachdem ein Stahldraht von weniger als $1/_{10}$ mm Durchmesser durch-
gesteckt war. Dieser Draht wurde nachher herausgenommen, wobei
auf sorgfältige Kantenbrechung des übrigbleibenden Loches Bedacht
genommen war (natürlich wurde der Einguß sorgfältig geglättet).
Loch 1 und 5 messen den Spaltdruck, 2, 3 und 4 liegen im Einlaufbogen des Leitapparates, 6, 7 und 8 innerhalb der Leitapparatdüse.
Die Drucksteigerung im Einlaufbogen ist in Abb. 158, die in der Düse
in Abb. 159 gezeigt. Zur Verdeutlichung des Wertes des Coriolis-
Kranzes sind in Abb. 160 die Nutzleistungen in Wasserpferden eingetragen und mit dem Laufrad ohne Kranz in Vergleich gesetzt. Die
Druckzunahmen in der Leitraddüse sind samt dem Leitradnutzeffekt
in Abb. 161 dargestellt. Dort ist die Druckzunahme des Leitapparates im Verhältnis zur Geschwindigkeitshöhe im Eingang des

Leitapparates als Wirkungsgrad des Leitapparates bezeichnet und für drei verschiedene Coriolis-Laufräder ($z = 8, 24, 48$) eingetragen. Das Laufrad mit der höchsten Schaufelzahl erreicht den höchsten Wirkungsgrad mit 55%, auf die effektive Gesamtförderhöhe von 22,5 m bezogen, entspricht der Verlust von $\frac{7}{0,55} - 7 = 5,7$ m einem Teilwirkungsgrad von $1 - \frac{5,7}{22,5} = 1 - 25\% = 75\%$. Das ist für die kleine Pumpe sehr viel. Und dabei wäre dieser Leitapparatwirkungsgrad offenbar noch

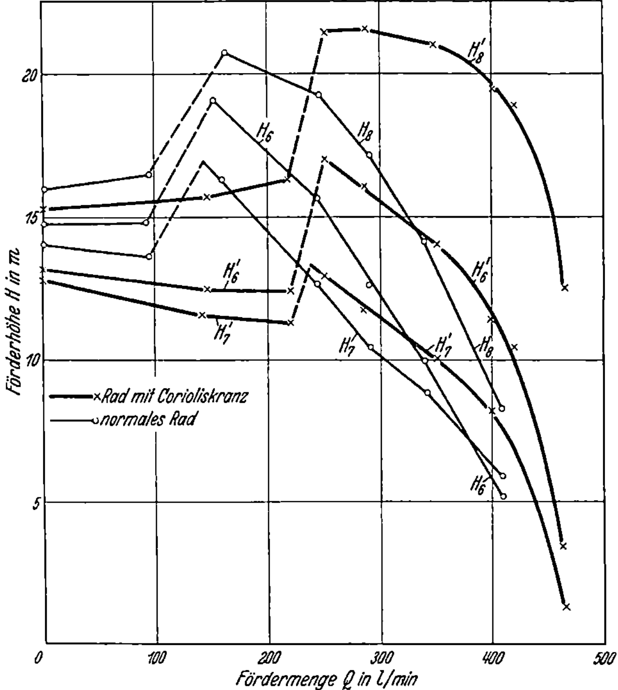

Abb. 159. Coriolis-Versuche La = 130 mm, $n = 2690$ U./min, $z = 48$.
H_6, H_7, H_8 Druckverlauf in der Leitraddüse bei normalem Rad
H_6', H_7', H_8' „   „   „   „   „ Coriolis-Rad

steigerbar, wie aus der ansteigenden Kurve hervorgeht, die im jähen Anstieg unterbrochen wird durch irgendwelchen Fehler, der nicht herausgeschält ist.

Dieses geht aus den Versuchen hervor: der Leitapparat kann nur ordentlich arbeiten, wenn er ordentlich gefüllt wird, und dies ist nur möglich, wenn die Schaufelzahl ungefähr so groß ausgeführt ist, wie die Coriolis-Formel das verlangt. Die Gleichung beschreibt also die Wirklichkeit im ganzen durchaus zutreffend.

Nach diesen Feststellungen konnte man darangehen, den Leitapparat selbst zu verbessern. Denn die durch den Coriolis-Kranz noch verstärkte Turbulenzerscheinung mußte unbedingt beseitigt werden. Diese Erscheinung ist im wesentlichen auf die schlechte und stoßweise

Füllung der Leitapparatdüsen zurückzuführen. Wir sahen früher, daß die Turbulenz vollständig verschwindet, wenn die Länge des Einlauf-

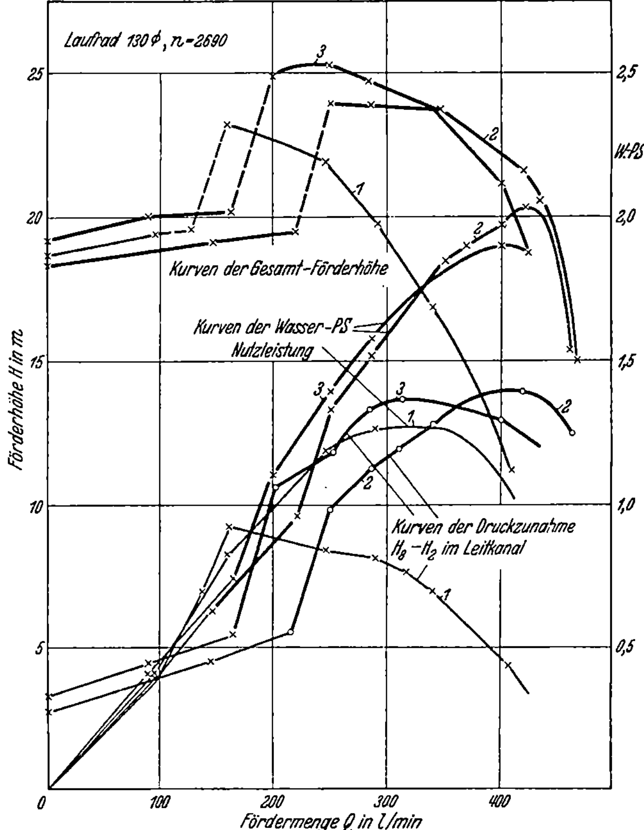

Abb. 160. Coriolis-Versuche La = 130 mm, n = 2690 U./min, z = 48. Gesamtförderhöhen, Wassernutzleistungen und Druckzunahmen in der Leitraddüse. *1* bei normalem Rad, *2* bei Coriolis-Rad z = 48, *3* bei Coriolis-Rad z = 24.

bogens im Verhältnis zur lichten Weite der Düse genügend groß ist.

Für die kleinen Hauswasserpumpen kamen wegen der kleinen Fördermenge nur geringe Laufradaustrittsbreiten in Frage $b = 3$—5 mm! Von dieser Größenordnung konnte auch nur die Breite des Leitapparates sein. Ihn genau genug zu gießen, schien ausgeschlossen.

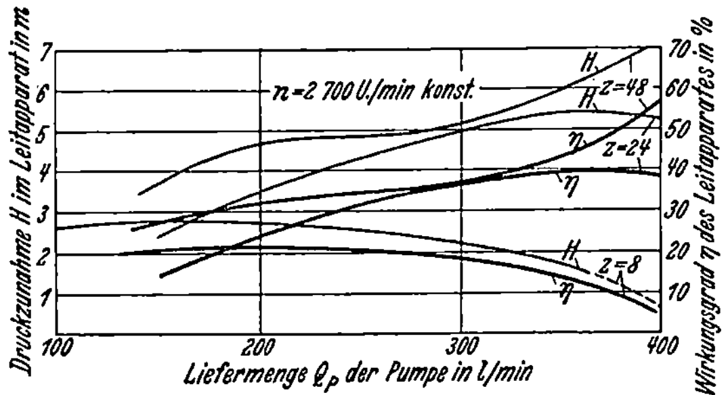

Abb. 161. Coriolis-Versuche La = 130 mm, n = 2700 U./min. Druckzunahmen in der Leitraddüse $H = H_8' - H_6'$ und Leitradwirkungsgrad für Coriolis-Räder bei z = 8, 24, 48.

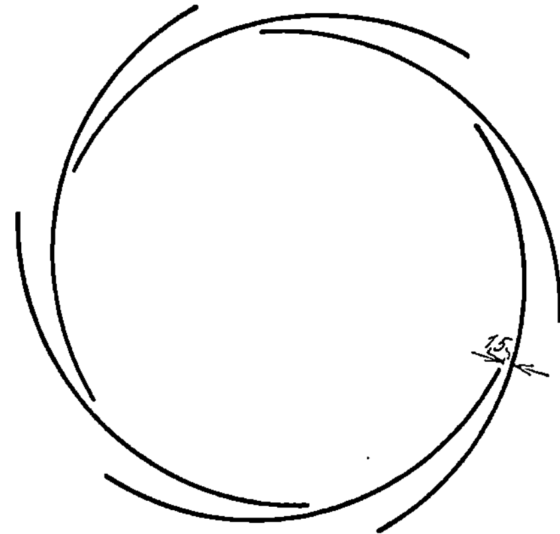

Abb. 162. Vollständig gefräster Leitapparat für den Laufraddurchmesser 140 mm der Hauswasserpumpe Mikra (Weise Söhne, Halle [Saale]).

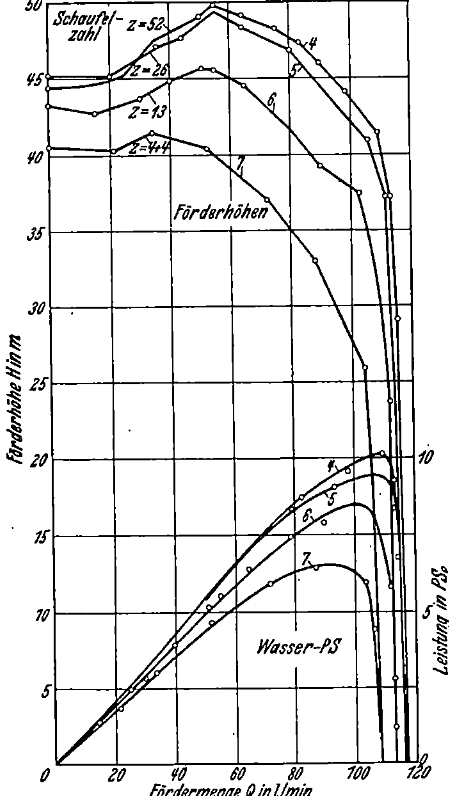

Abb. 163. Coriolis-Versuche. Mikralaufrad mit Coriolis-Kranz für die Schaufelzahlen $z = 8$, 13, 26, 52. $n = 3000$ U./min.

Er wurde deshalb gefräst auf ganz besonderen, eigens dazu hergestellten Fräsmaschinen. Ein Abdruck, der die Lichtweiten im Einlauf mit 1,5 mm ausweist, zeigt Abb. 162.

Ein solcher Leitapparat ergab mit Laufrädern von 140 mm Durchmesser bei $z = 52$, 26, 13 Schaufeln die Charakteristiken, die in Abb. 163 gezeigt sind. Die Turbulenz ist noch nicht genügend verschwunden, aber bedeutend verbessert. Der gute Leitapparat verbessert das Ergebnis eines Laufrades mit Coriolis-Kranz noch erheblich. Wieder aber ist augenscheinlich, daß die gesamte Förderhöhe mit den Schaufelzahlen eindeutig klar steigt. Die Umfangsgeschwindigkeit des Laufrades war 25,6 m/sec. Dies entspricht einer theoretischen Förderhöhe $H_{\mathrm{id}} = \dfrac{u_2^2}{g} = 66$ m. Effektiv erreicht wurden 50 m. Das ist ein erstaunlich gutes Ergebnis für solch kleine Pumpe mit lichten Weiten in den Leitkanälen von $1{,}5 \cdot 3 = 4{,}5$ qmm! Die Turbulenz hätte man wohl vollkommen beseitigen können, wenn man die Leitschaufelzahl bis auf 2 oder 3 verringert hätte. Die Leitradherstellung hätte aber neue erhebliche Schwierigkeiten bereitet. Zudem bestand kein praktisches Bedürfnis, die Verbesserung noch weiter zu treiben.

Abb. 164 zeigt das Ergebnis der Prüfungen einiger solcher Pumpen, die wir wegen der kleinen Fördermengen Mikrapumpen nannten. Die Streuung in den Kurven dieser sechs bzw. zwei Vertreter der beiden

Typen ist bemerkenswert gering. Die Druckhöhe ist im Maximum

$$39 \text{ m bei } u_2 = 22 \text{ m/sec}, \quad H_{\mathrm{id}} = \frac{u_2^2}{g} = 49{,}2 \text{ m}, \quad \eta_h = 79\,\%.$$

Wenn bei solch kleinen Pumpen ein solch hydraulischer Wirkungsgrad erreicht werden konnte, mußte man bei großen Pumpen mit weit über 90 % kommen können. In der Tat ergab sich bei Prüfung eines Laufrades von 950 mm Durchmesser bei 400 Umdrehungen je

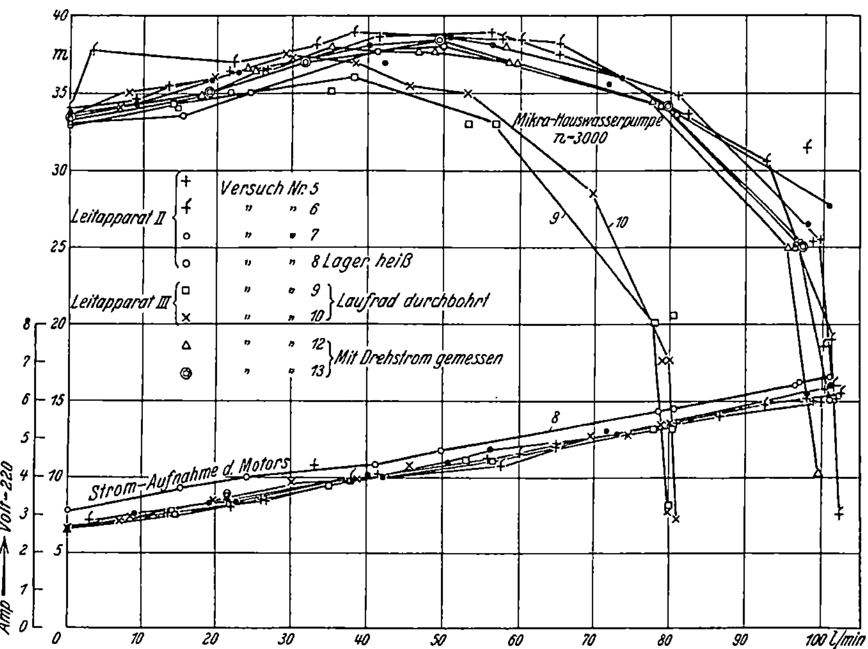

Abb. 164. Prüfergebnis einer Schar an Mikrapumpen (zwei Typen) Laufrad 140 mm Durchmesser, $z = 48$. Leitrad lichte Weiten verschieden.

Minute mit Coriolis-Kranz $z = 32$ eine Druckhöhe von 39 m, bei einer Umfangsgeschwindigkeit von 20 m/sec. Hier war $H_{\mathrm{id}} = 40{,}8$ m,

$$\eta_h = \frac{39}{40{,}8} = 95{,}8\,\% \quad \text{(s. Abb. 151)}.$$

Wird $\beta_2 < 90^\circ$, so werden die durch Coriolis bewirkten Störungen sehr rasch kleiner, da die Zentrifugalbeschleunigung dem Coriolis-Druck entgegenwirkt. Die notwendige Schaufelzahl wird also sehr viel geringer. Es genügt, zwischen je zwei der wenigen vom Eintritt zum Austritt durchgehenden Schaufeln ein oder zwei Zwischenschaufeln einzusetzen, um befriedigend gleichmäßige Verteilung über dem Austritt zu erzielen.

Stopfbüchse und Achsialschubausgleich.

Jedem jungen tatendurstigen Ingenieur, der in das Pumpengebiet geriet, mußte die Stopfbüchse, die mit Hanf und sonstigen alten

Mitteln arbeitet, als verbesserungsbedürftig vorkommen. So auch mir, namentlich nach den Erfahrungen bei den kleinen Hauswasserpumpen, bei denen man die Stopfbüchse ohne viel Mühe so anziehen konnte, daß der Motor überlastet wurde. Ich glaubte sie ganz entbehren zu können, wenn es gelang, den auf ihr lastenden Spaltdruck wegzunehmen. Um den Axialschub nicht einseitig wirken zu lassen, pflegt man die Nabe zu durchbohren und auf beiden Laufradseiten Schleifringe auf gleichem Durchmesser vorzusehen. Die Stopfbüchse ist so von dem Spaltdruck entlastet. Ohne Stopfbüchse aber würde die durch die Laufraddurchbohrungen in den Saugmund eintretende Luft einen geordneten Betrieb, vor allem das Anspringen der Pumpen, unmöglich machen. Also mußte zunächst einmal die Laufradbohrung verschlossen werden, wollte man die Stopfbüchse entfernen. Um den Spaltdruck von der Welle wegzubringen, schien ein einfaches Mittel dieses, die

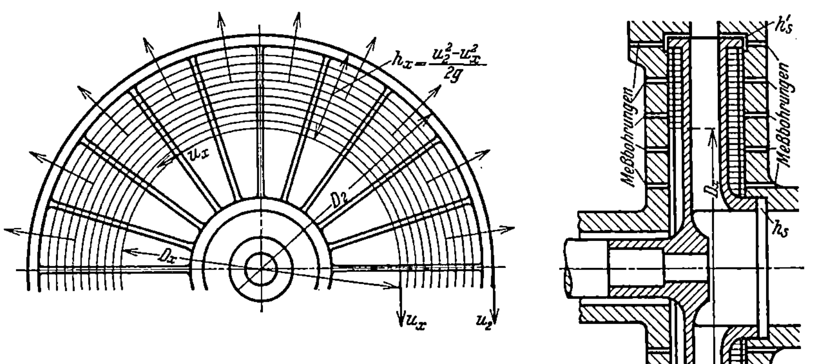

Abb. 165. Rotierender Wasserwulst entlastet die Stopfbüchse und gibt teilweisen Achsialschubausgleich (nicht bewährt).

Rückseite des Laufrades mit radialen Stegen zu versehen und den Spalt zwischen Deckel und diesen Stegen so klein zu machen, daß praktisch der ganze Wasserwulst zwischen Laufrad und Deckel die Winkelgeschwindigkeit des Laufrades bekam. In diesem Fall mußte der Druck auf die Stopfbüchse um die Zentrifugalkraft des rotierenden Wasserwulstes verringert werden, also um $\dfrac{u_2^2 - u_x^2}{2g}$ (Abb. 165).

Wenn die Saugspannung im Laufrad h_s als Unterdruck gemessen betrug, war der Spaltdruck als Überdruck über der Atmosphäre gemessen

$$h_{\mathrm{sp}} = \frac{u_2^2}{2g} - \frac{w_2^2}{2g} - h_s.$$

Bei voller Füllung der Stege auf dem Rücken des Rades wäre der Gegendruck der zentrifugierten Wassermassen $\sim \dfrac{u_2^2}{2g}$ gewesen, also konnte sich diese Füllung nicht halten, da ja Luft von außen eindringen konnte, und der Wasserwulst zog sich auf einen kleineren Ringraum zurück, derart, daß sich

$$\frac{u_2^2}{2g} - \frac{u_x^2}{2g} = \frac{u_2^2}{2g} - \frac{w_2^2}{2g} - h_s$$

einstellte.

Es ergab sich also

$$\frac{u_x^2}{2g} = \frac{w_2^2}{2g} + h_s .$$

Durch Wahl von w_2 hatte man es bei gegebener Saughöhe in der Hand, dafür zu sorgen, daß an der Welle kein Wasser austreten konnte.

Um den Druckverlauf zu messen, wurden längs eines Radius mehrere Bohrungen in verschiedenem Abstand von der Mitte des Laufrades angebracht, wie Abb. 165 zeigt. Der Druckverlauf bestätigte, daß das Wasser zwischen dem Laufrad mit voller Winkelgeschwindigkeit des Laufrades mitgenommen wurde, und daß obige Gleichung der Wirklichkeit entsprach. Damit der der Umfangsgeschwindigkeit u_x entsprechende Durchmesser D_x größer als der Nabendurchmesser wurde, mußte $\frac{w_2^2}{2g} + h_s$ entsprechend groß sein. Das war im Betrieb meist der Fall, bei geschlossenem Schieber jedoch nicht. Dann floß durch den Ringspalt an der Welle Wasser aus.

Außer diesem Mißstand war der Kraftbedarf infolge der Wasserreibung an den feststehenden Wänden unangenehm hoch. Um zu untersuchen, wieviel davon auf die Rückenschaufeln kam, und auf welches Maß sich der Druck einstellte, wenn die Rückenschaufeln weggelassen wurden, wurden die Rückenschaufeln abgedreht. Aus dem nunmehr sich ergebenden Druckverlauf konnte berechnet werden, daß der Wasserring zwischen Laufradscheibe und feststehender Wand etwa mit der Hälfte der Laufradwinkelgeschwindigkeit umlief und sich selbst wie eine feste Scheibe verhielt, auf die die Reibung auf der einen Seite als Antrieb wirkt, auf der anderen als Bremse. Das Reibungsmoment der Reibung der Laufradscheibe muß gleich dem der festen Wand sich ausbilden. Beide wachsen mit der Relativgeschwindigkeit.

Ist ω_L die Winkelgeschwindigkeit der Laufradscheibe, ω_w die des Wassers, die Rauhigkeit usw. der Laufradscheibe k_L, die des Deckels k_d, so ist bei Gleichgewicht

$$k_L (\omega_L - \omega_w)^2 = k_d \, \omega_w^2 ; \qquad \frac{\omega_L - \omega_w}{\omega_w} = \sqrt{\frac{k_d}{k_L}} ,$$

woraus

$$\frac{\omega_L}{\omega_w} = 1 + \sqrt{\frac{k_d}{k_L}} = 2 , \qquad \text{falls} \qquad k_d = k_L .$$

Man sieht, daß das Rauhigkeitsverhältnis zwischen Deckel und Laufradrücken maßgebend ist für die Relativgeschwindigkeit zwischen Laufradrücken und Wasserwulst, und mit der dritten Potenz dieser Relativgeschwindigkeit ändert sich die Radreibungsarbeit. Je rauher der Laufradrücken, je glatter der Deckel, desto geringer wird die Radreibungsarbeit am Laufradrücken. Aber wird der Wasserwulst durch die Stege sozusagen fest an die Laufradschaufel gekuppelt, so tritt die Reibungsarbeit am Deckel in achtfacher Größe derjenigen auf, die vorhanden war, wenn der Wasserwulst nur mit halber Winkelschnelle des Laufrades mitgenommen wurde. Somit wird klar, daß der Faktor k, der die Radreibungsarbeit zahlenmäßig bestimmt, innerhalb sehr weiter Grenzen schwanken muß, je nach der Ausbildung des Raumes zwischen dem Laufrad und den Gehäusewänden; dieser Raum sollte auf keinen Fall größer als nötig gemacht werden. Weiter wurde klar, daß die Steigerung der Radreibungsarbeit auf das achtfache des Notwendigen im allgemeinen unzulässig war. Die Rückenschaufeln waren also aufzugeben.

Die Rückenschaufeln hatten zwar den erwarteten Erfolg gehabt, daß im Betrieb kein Wasser ausfloß. Aber bei geschlossenem Schieber, wenn die Geschwindigkeitshöhe $\dfrac{w^2}{2g}$ wegfiel und außerdem der Druck in dem Einlaufbogen der Spirale stieg, floß doch Wasser aus. Da dieser Zustand nur immer vorübergehend war, glaubte ich mit einem Ring-

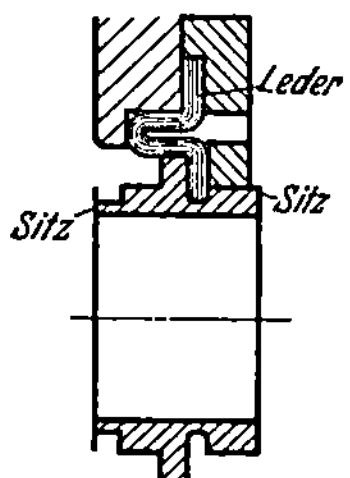

Abb. 166. Ringventil an Stelle der Stopfbüchse.

ventil, das konaxial zur Welle, axial beweglich durch einen Lederring am Gehäuse befestigt war und sich auf einen Bund an der Welle abstützte, das Übel beseitigen zu können (Abb. 166).

Das schien gemäß der ausgezeichneten Versuchsergebnisse auf dem Prüfstand so gut zu gehen, daß man in der Tat auf die Rückenschaufeln verzichten konnte. Um den Axialschub zu verkleinern, wurde das Laufrad wieder durchbohrt. Dann mußte man aber das Ringventil auf der Welle doppelsitzig machen und zwischen zwei Wellenbünden spielen lassen. Das war nicht weiter schwierig, zumal der eine Wellenbund die Laufradnabe sein konnte. Diese Wellendichtung verhielt sich auf dem Prüfstand ebenfalls ausgezeichnet, nachdem man den Sitz, der gegen Eintreten von Luft beim Anlassen der Pumpe sichern sollte, sehr schmal, nämlich $^1/_2$ mm breit gemacht hatte.

Zunächst schien sich auch draußen im Betrieb diese Ventildichtung an Stelle der Stopfbüchse durchaus zu bewähren. Aber etwa nach Jahresfrist kamen die Klagen. Das Leder, das das Ventil führte, ließ Luft durch, wenn es trocken geworden war, und riß gelegentlich. Wollte man alsdann die Pumpe wieder in Betrieb nehmen, so sprang sie nicht an. Wir ersetzten das Leder durch eine Metallmembran. Messing und Bronze versagten bald, weil sie brüchig werden, Stahl rostete. Am längsten hielt dünnes Silberblech. Aber kein Metall war auf die Dauer der Beanspruchung, die durch das ständige axiale Spielen hervorgerufen wurde, gewachsen. Wir gaben uns verzweifelte Mühe, die Beanspruchungen zu mildern durch Abfangen der Belastungen, durch Doppelbleche usw. Wir fanden kein geeignetes Material, vielleicht, weil damals Krieg war. Jedenfalls mußte ich nach jahrelangem Mühen zugeben, daß die alte Stopfbüchse gesiegt hatte. Sie war zuverlässiger, und über ihre kleinen Schwächen war man gewohnt, hinwegzugehen.

Später glaubte ich, einen zweiten Angriff auf die Stopfbüchse machen zu sollen, veranlaßt durch eine überraschende Erfahrung. Wenn man in eine Welle, die mit reichlichem Spiel in einer Lagerhülse läuft, zwei Gewinde einschnitt, die gegenläufig waren, und auf die eine eine Fettpresse setzte (Abb. 167), die dem Gewinde Fett zuführte, so drückte dies Gewinde das Fett in den Spalt zwischen Welle und Lager und in das Gegengewinde hinein. Sofern dieses länger war als das andere Gewinde, kam das Fett innerhalb dieses Gewindes zum Stehen. Je nach der Art des Gewindes stieg der Druck im Fett zwischen den Gewinden

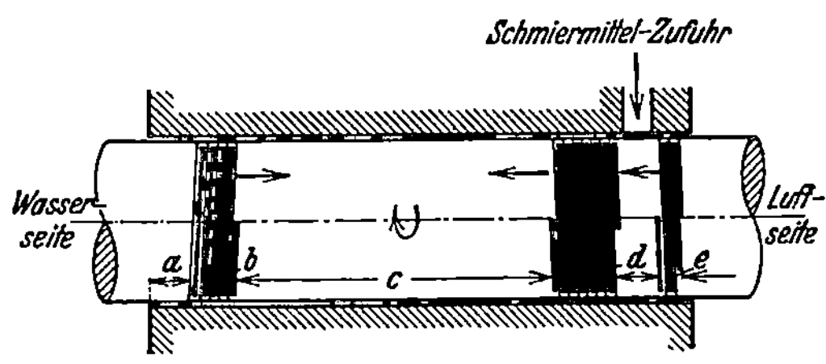

Abb. 167. Viskodichtung. Das Schmierfett wird durch das Gewindepaar mit solchem Druck in den Wellenspalt gedrückt, daß kein Wasser hindurch kann.

dabei verschieden; meist jedoch phantastisch hoch (100 at z. B.) an. Mit nur wenig Gewindegängen konnte bei lagerüblichem Spiel zwischen Welle und Lager bei Wellendurchmesser von 20 mm und 3000 Umdrehungen je Minute ein Druck von 20—50 at im Fett erzielt werden.

Da dieser Druck also außerordentlich viel höher als der Spaltdruck war, glaubte ich den Fettdruck zum Abdichten gegen den Wasserdruck benutzen zu sollen. Das ging sehr gut.

Namentlich die kleinsten Pumpen wurden auf diese Weise bestechend einfach, zumal auch der Fettdruck, der durch das Gewinde entsteht, geeignet war, den Axialschub aufzunehmen. Der durch ein Gewinde erzeugte Druck ist, wie sich durch große Reihen von Versuchen feststellen ließ, für unsere Zwecke genügend gut im Einklang mit der Theorie proportional der Viskosität, umgekehrt proportional dem Quadrat der Gewindetiefe und proportional der Gewindelänge und Umlaufgeschwindigkeit und umgekehrt proportional der Fördermenge. Die Fördermenge ist direkt der Umfangsgeschwindigkeit und dem freien Gewindequerschnitt proportional, dagegen unabhängig von der Viskosität. Die Charakteristik einer solchen Viskopumpe, wie wir diese Gewindeanordnung nannten, verlief geradlinig mit der Fördermenge (Abb. 168). Die maximale Fördermenge bei Gegendruck Null rech-

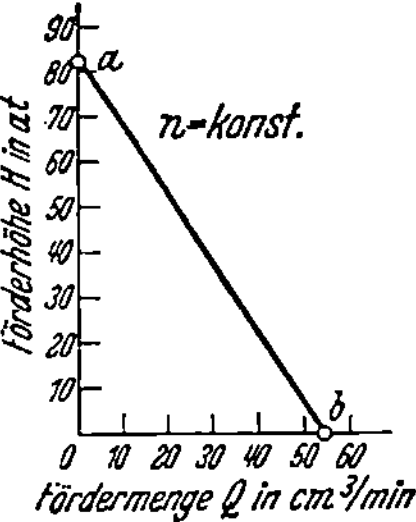

Abb. 168. Charakteristik einer Viskopumpe.

nete bei Öl nach Kubikzentimeter/Minuten, z. B. $Q_{max} = 225$ ccm/min bis 1070 ccm/min bei $u = 3300$, $t = 45°$ C und verschiedenen Gewindequerschnitten. Man hat also eine außerordentliche große Druckänderung innerhalb einer kleinen Fördermengenschwankung.

Legte man den Sitz eines Kammlagers zwischen zwei gegenläufige Gewinde und versah man den Sitz des Kammlagers mit einer Öffnung, wie aus der Abb. 169 ersichtlich, und preßte der Axialschub die Sitzflächen fest aufeinander, so war die Öffnung verschlossen. Der Druck im Gewinde stieg also. Wenn dieser Druck dann auf die Ringfläche wirkend größer als der Axialschub wurde, hob er den Sitz ab und ließ damit Fett durch die Öffnung austreten. Dieser Fördermenge entsprechend sank der Druck dann wieder, wodurch sich die Sitzflächen wieder näherten. So mußte der Fettdruck ständig sich ins Gleichgewicht mit dem Axialschub setzen, sofern nur der größte vom Fett erzeugbare Schub hinreichend größer als der Axialschub war.

So war dann Dichtung und Lager zu eins geworden (Abb. 169). Bei kleinen Pumpen hat sich diese Konstruktion so lange gut bewährt, so lange man im Wasser nicht lösliches Fett verwandte. Die üblichen Schmierfette sind aber alle in Wasser löslich! Mit der Zeit löst das Wasser

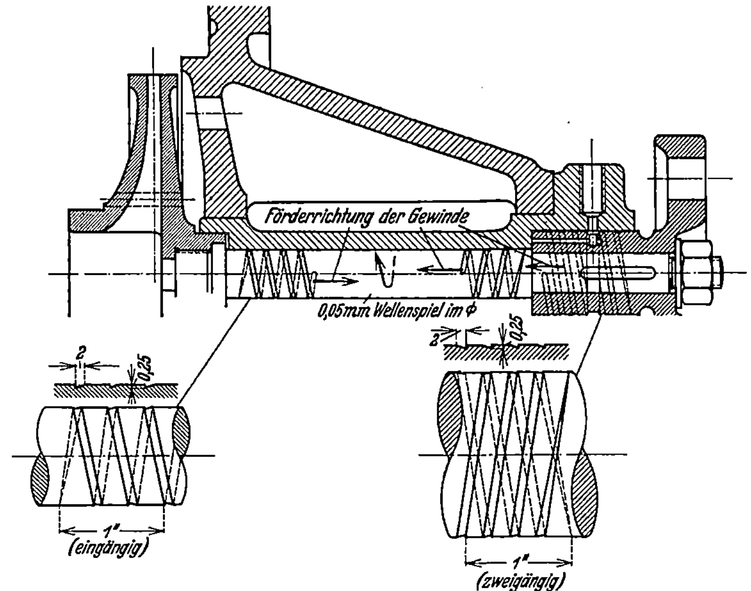

Abb. 169. Visco-Wellendichtung und Visco-Axial-Schubausgleich.

das mit ihm in Berührung kommende Fett und spült es allmählich aus dem Gegengewinde aus. Die sich bildende Emulsion hat außerdem sehr viel geringere Viskosität. Sie wird deshalb vom unversehrten Fett in den Pumpenraum gedrückt. Dann vergeht wieder eine Zeit, bis auch die Neufüllung wieder zur Emulsion geworden ist.

Nun ist in der Tat es gar keine Schwierigkeit, auch Schmierfette herzustellen, die in Wasser nicht löslich sind. Wenn solche Fette auf dem Markt wären, wäre die in den Abb. 169 und 186 gezeigte Konstruktion mit Viskodichtung und Viskolager ganz ohne Tadel.

Man erkennt, daß das Fettlager vom Wasser umgeben ist und also gekühlt wird. Das ist notwendig, damit die Lagertemperatur niedrig und die Viskosität des Fettes genügend hoch bleibt.

Das mit Druckausgleich versehene Stützlager läßt sich natürlich auch für Ölschmierung durchkonstruieren. Ich bin der Meinung, daß es gegenüber dem Mitchel- und Kingsbury-Lager den großen Vorteil hätte, daß man den Ölfilm, der zwischen den Stützflächen liegt, durch die Bemessung der Abflußöffnung innerhalb verständiger Grenzen beliebig dick machen könnte, so daß eine Berührung metallischer Flächen vollständig ausgeschlossen wäre.

Mit den kleinen Pumpen hatte man mit der Konstruktion, Abb. 169, eine befriedigende Lösung der Stopfbüchsen und des Axialschubausgleiches. Für größere Pumpen konnte sie nicht in Frage kommen, weil man die Lager nicht mit Fett, sondern mit Öl geschmiert haben wollte.

Bei größeren Pumpen zeigte sich zudem immer wieder ein rätselhaft hoher Axialschub. Auch wenn man an einem einseitig saugenden Rad auf beiden Seiten Schleifringe anbrachte und die Laufradwand innerhalb der Schleifringfläche mit großen Öffnungen (Abb. 170) versah, die mit Sicherheit ohne merkbare Druckdifferenz das Spaltwasser in den Saugmund befördern konnten, immer blieb ein Axialschub nach der Saugseite von einer erheblichen Größe, die durch keine Rechnung erklärt werden konnte.

Dieser Axialschub verstärkte sich, wenn das Spiel im Schleifring sich vergrößerte.

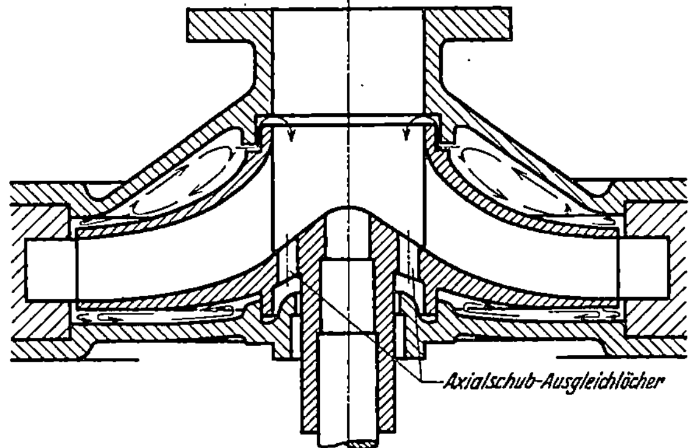

Abb. 170. Axialschub bleibt trotz Ausgleichlöcher.

Das war ebenfalls unverständlich, denn dieser vergrößerte Spalt konnte doch nur die Wirkung haben, daß mehr Wasser durch ihn abströmte, aber vor dem Drosselspalt konnte doch in dem weiten Raum zwischen Gehäusewand und Laufrad der Druck dadurch nicht steigen oder fallen!

Innerhalb der Schleifringe konnte nach den großen Durchbohrungen der Nabe die Ursache des Axialschubes nicht mehr gesucht werden, zumal diese inneren Kreisflächen nur klein waren. Sie mußte außerhalb gesucht werden als Druckunterschied auf die Flächen, die vier- bis sechsmal so groß waren als die von den Schleifringen eingeschlossenen Kreisflächen. Aber wie sollte sich der Druck auf diesen Flächen durch die Beschaffenheit des Schleifringes ändern? Hinter das Geheimnis zu kommen, wurde längs eines Radius auf der Deckel- und Rückenseite Meßbohrungen angebracht, wie sie auch Abb. 165 zeigt, und die Drücke bei verschiedenen Fördermengen gemessen. Es ergab sich, daß der Druck beiderseits mit dem Quadrat des Radius wuchs. Daraus folgte, daß die Wassermasse zwischen dem Laufrad und der festen Begrenzung mit gleichförmiger und für alle Wasserteilchen gleicher Winkelgeschwindigkeit rotierte, als ob die Wassermasse eine feste Scheibe sei. Aus der Druckzunahme längs des Radius ersah man ferner, daß die Winkelgeschwindigkeit der Wasserscheibe etwa die Hälfte der Laufradwinkelschnelle war, daß aber für beide Seiten des Laufrades diese Winkelschnelle der Wasserscheibe verschieden sein konnte. Daraus ergab sich dann ein Axialschub, denn eine geringe Änderung in der Winkelgeschwindigkeit rief bereits einen merkbaren Druckunterschied hervor, denn dieser Druckunterschied wirkte ja auf sehr

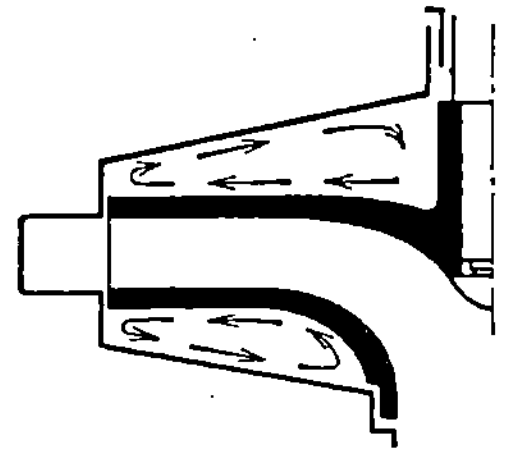

Abb. 171. Radreibung erzeugt Wasserumlauf auf den Außenseiten des Laufrades.

große Flächen. Der Axialschub wirkte aber stets und ständig nach der Saugseite hin. Woher kam es, daß die Winkelgeschwindigkeit des Wassers auf dem Saugseitendeckel stets die kleinere war?

Ich strich die mit dem Wasser in Berührung kommenden Flächen mit Mennig an, also Deckelinnenseite und Laufrad. Nach kurzer Trockenzeit von wenigen Minuten wurde in Betrieb gegangen und nach einigen Minuten Betrieb stillgesetzt und geöffnet. Da zeigten sich die Stromlinien schön abgebildet, am klarsten auf dem Laufrad, aber immer klar genug, um zu erkennen, daß das rotierende Wasser an der Deckelseite nach innen, an der Laufradseite nach außen, floß (s. Abb. 171). Die Laufradscheibe nahm also durch Adhäsion das Wasser mit, genau wie etwa sehr stark zurückgelegte Schaufeln, und wirkte so wie ein Pumpenlaufrad. Das nach oben geförderte Wasser mußte dem Deckel entlang wieder nach unten fließen, das weggepumpte zu ersetzen.

Wenn wir es also mit einer richtigen Adhäsionskreiselpumpe zu tun hatten, die an Stelle der Schaufeln die Adhäsion setzte, so mußte die Charakteristik dieser Reibungspumpe dieselbe sein wie die von Kreiselpumpen. Öffnet man bei diesen den Schieber, so daß der Druck sinkt,

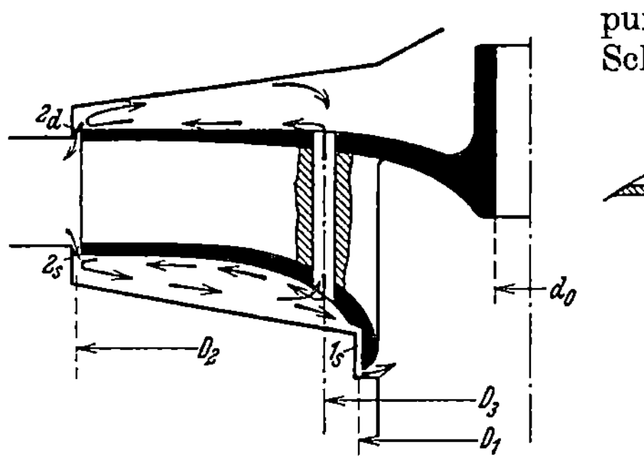

Abb. 172. Zum Ausgleich des Axialschubes werden die Laufschaufeln durchbohrt.

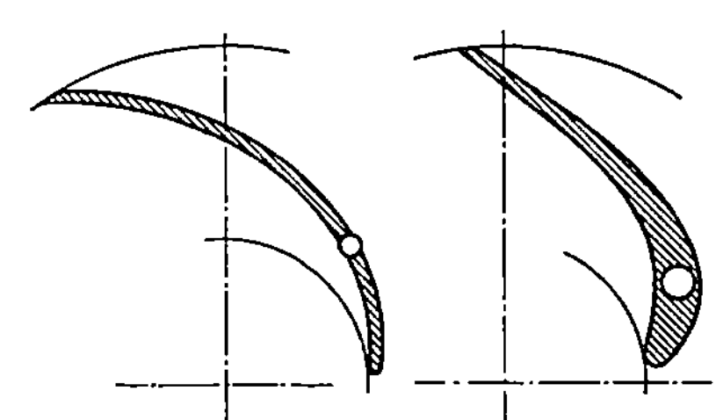

Abb. 173. Schaufeldurchbohrungen.

so fördert die Pumpe mehr Wasser. Der Drosselschieber unserer Reibungspumpe ist der Schleifring. Läßt er mehr Wasser hindurch, so sinkt die effektive Druckhöhe unserer Reibungspumpe, weil sie nunmehr mehr Wasser fördert.

Da aber auf der Saugseite nach dem Saugmund wegen des darin befindlichen Unterdrucks immer mehr Wasser abfließen muß als auf der Rückenseite durch die Bohrungen, auf der Saugseite sozusagen der Drosselschieber also immer weiter geöffnet war als auf der Druckseite, so ergab sich zwanglos damit der Grund, warum der Schub immer nach der Saugseite ging, und häufig in einer Größe, der ein Vielfaches war von dem Axialschub der durch die Saughöhe entstanden wäre, wenn die Laufradbohrungen geschlossen gewesen wären.

Mit dieser Erkenntnis war auch zugleich die Abhilfe des Übels gegeben. Es wurden die Schaufeln selber durchbohrt, so daß die beiden Reibungspumpen aus dem gleichen Raum „saugten" (s. Abb. 172).

Durch diese Schaufelbohrungen konnte der Axialschub so niedrig gehalten werden, daß ein einfaches Kammlager (s. Abb. 142, S. 152) genügte, mit Sicherheit den Axialschub aufzunehmen.

Die Erwärmung und Beharrungstemperatur eines Lagers ist von der Belastung abhängig. Also konnte man an der Erwärmung des Lagers die Größe der Belastung feststellen. Es ließ sich also sehr einfach durch Temperaturmessungen feststellen, ob der Axialschub sich änderte, wenn man die Schaufelbohrungen verschloß oder wieder öffnete. Solche Versuchsergebnisse sind in den Diagrammen Abb. 174—177 graphisch dargestellt.

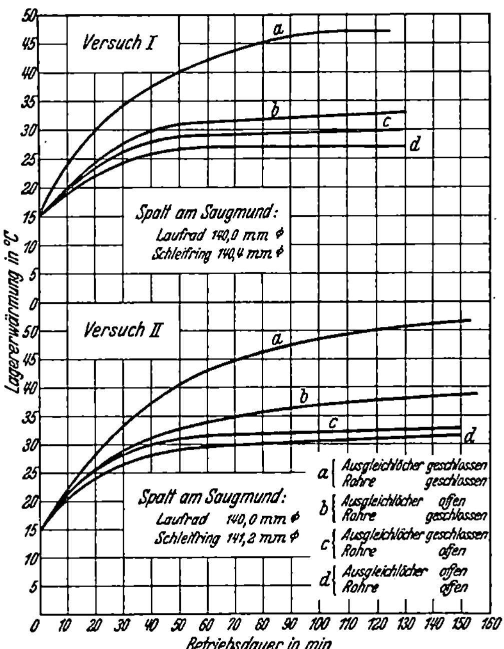

Abb. 174. Messung des Axialschubes durch die Temperaturänderung im Drucklager. Saugmundspalt verändert.

Bei der Versuchspumpe wurden wechselweise die Rohre R und die Ausgleichlöcher A (s. Abb. 174, S. 175) verschlossen. Der Axialschub wurde durch das Scheibendrucklager S aufgenommen. Während der Versuche wurde die Temperatur des aus dem Scheibenlager abfließenden Öles in Zeitabständen von 10 Minuten gemessen. Untersucht sind die vier Betriebsmöglichkeiten, die das Schließen und Öffnen der Rohre und Ausgleichslöcher bieten. Diese vier Betriebsfälle sind durch die Kurven a bis d in den Diagrammen dargestellt (Abb. 174 und 175). Außerdem wurde noch die Wirkung einer Vergrößerung des Spieles zwischen den Saugmundschleifringen von 0,2 auf 2,35 mm im Radius festgestellt (Versuche I bis IV), um ein Bild über das Verhalten bei der betriebsmäßigen Abnützung der Schleifringe zu erhalten. Bei Beurteilung der Kurven ist zu beachten, daß zur Schmierung des Scheibendrucklagers S und des Ringschmierlagers L dasselbe Öl verwendet wurde und daß das Ringschmierlager allein schon eine normale Temperaturerhöhung des Öles auf 30—35⁰ C bedingt.

In den Diagrammen Abb. 174—177 sind die Kurven der Lagererwärmung dargestellt, die sich bei den verschiedenen Betriebszuständen der Maschine ergaben. Bei dem Versuch I stehen die Schleifringe um 0,2 mm voneinander, es ist also nur ein ganz geringer Spalt vorhanden. Aus dem Diagramm geht hervor, daß nun ohne jeglichem Ausgleich des Axialschubes nach 2 Stunden eine Öltemperatur im Scheibendrucklager von 47⁰ C erreicht wird, während sich bei geöffneten Durchbohrungen nur eine Öltemperatur von 27⁰ C einstellt. Bei dem Versuch II mit einem Schleifringspiel von 0,6 mm treten ungefähr die gleichen Unterschiede auf, doch steigt die Lagertemperatur insgesamt schon etwas höher an. Wird der Spalt zwischen den Schleifringen noch mehr vergrößert, wie sich dies im praktischen Betrieb durch die Abnutzung von selbst ergibt, dann steigt die Lagertemperatur bei fehlendem Ausgleich des Axialschubes bereits in 1 Stunde von 15 auf 50⁰ C an und ist nach 90 Minuten schon an die zulässige Grenze von 60⁰ C angekommen. Doch geht die Erwärmungskurve nach 90 Minuten noch steil in die Höhe, ein weiterer Betrieb würde also zur Zerstörung des Lagers führen, weshalb die Versuche nach etwa $1\,^1/_2$ Stunden abgebrochen werden mußten.

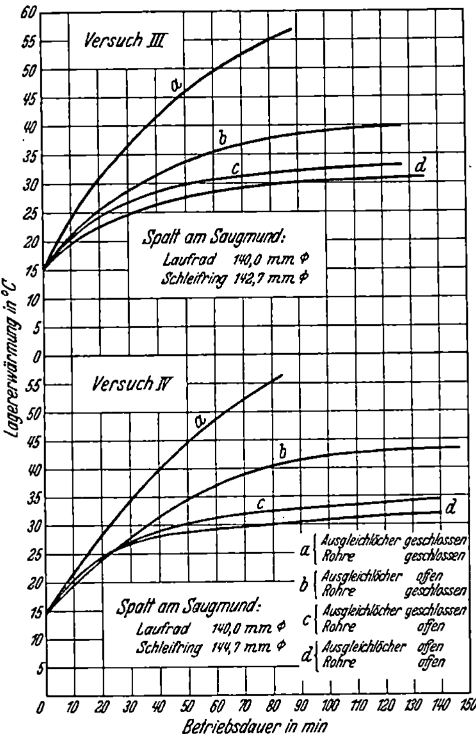

Abb. 175. Messung des Axialschubes durch die Temperaturänderung im Drucklager. Saugmundspalt verändert.

Demgegenüber zeigt sich auch bei den größten Spaltweiten von 1,3 und 2,35 mm in den Versuchen III und IV die ausgezeichnete Wirkung der Schaufeldurchbohrungen und der Ausgleichlöcher, da durch sie die Lagertemperatur zwischen nur 30 bis 35⁰ C maximal gehalten wird.

Für den praktischen Betrieb ist es vor allem wichtig zu wissen, bis zu welcher Höchsttemperatur die Erwärmung des Drucklagers steigen kann. Die Beanspruchung des Lagers wird durch die Spaltweiten der Schleifringe bedingt, wie dies früher ausgeführt ist, und so kann man durch den Vergleich der Erwärmungskurven, die sich bei verschiedenen Spaltweiten einstellen, auf die Belastung des Lagers schließen. Im normalen Betrieb der Pumpe tritt naturgemäß leicht eine größere Abnutzung der Spaltringe ein, und deshalb muß durch den Ausgleich gewährleistet sein, daß der Axialschub auch bei größerem Spiel zwischen den Spaltringen sich nicht wesentlich erhöht. Die Versuche sind in den Diagrammen Abb. 176 und 177 zur Veranschaulichung dieser Verhältnisse nochmals in anderer Gruppierung dargestellt. Auf dem Blatt, Abb. 176 a, sind in dem Diagramm die Erwärmungskurven des Drucklagers bei fehlendem Ausgleich wiedergegeben, wie sie sich bei Spaltweiten zwischen den Schleifringen in der Größe von 0,2—2,35 mm einstellen. Man erkennt, daß schon bei dem kleinsten Spalt von 0,2 mm die verhältnismäßig hohe Temperatur von etwa 47° C erreicht wird, während bei größerem Spalt (also nach einer entsprechenden betriebsmäßigen Abnutzung) sehr bald die Temperaturgrenze von 60° C erreicht und überschritten wird. Demgegenüber stehen die Ergebnisse mit vollkommenem Ausgleich des Axialschubes durch die Bohrungen. Diese Ergebnisse sind in dem Diagramm Abb. 177 d dargestellt und zeigen, daß in allen Fällen, also auch bei dem größten Spalt von 2,35 mm, die Temperatur nicht über 32° C hinaussteigt, da die Erwärmungskurve bei dieser Temperatur parallel zur Abszisse ausläuft.

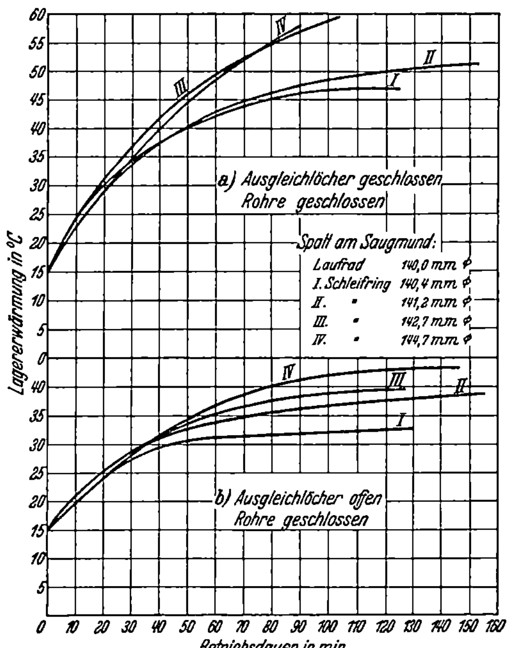

Abb. 176. Messung des Axialschubes durch die Temperaturänderung im Drucklager. Ausgleichlöcher offen oder geschlossen. Schaufeldurchbohrung offen oder geschlossen.

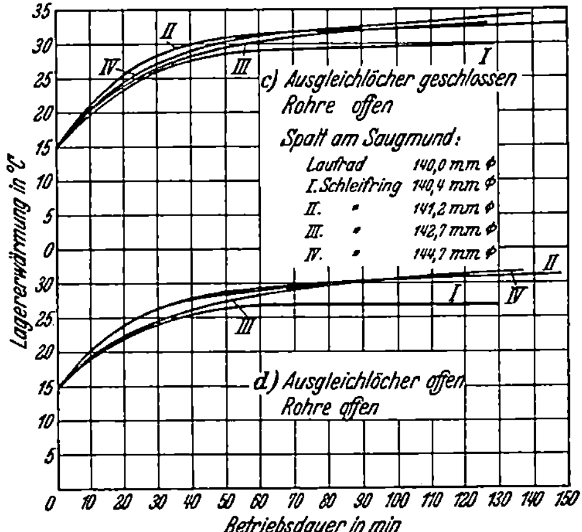

Abb. 177. Messung des Axialschubes durch die Temperaturänderung im Drucklager. Ausgleichlöcher offen oder geschlossen. Schaufelbohrungen offen oder geschlossen.

Wenn die Schaufeln also durchbohrt werden, kann der Axialschub auch bei stärker abgenutzten Schleifringen nicht so stark steigen, daß ein normales Kamm- oder Kugelstützlager gefährdet würde. Damit ist die Frage des Axialschubausgleiches grundsätzlich gelöst.

Niederdruckpumpen.

Im Übersichtsblatt S. 140 schließen sich die Niederdruckpumpen an die R.-Pumpen an. Sie tragen das Kennwort D und A. Von Weise Söhne,

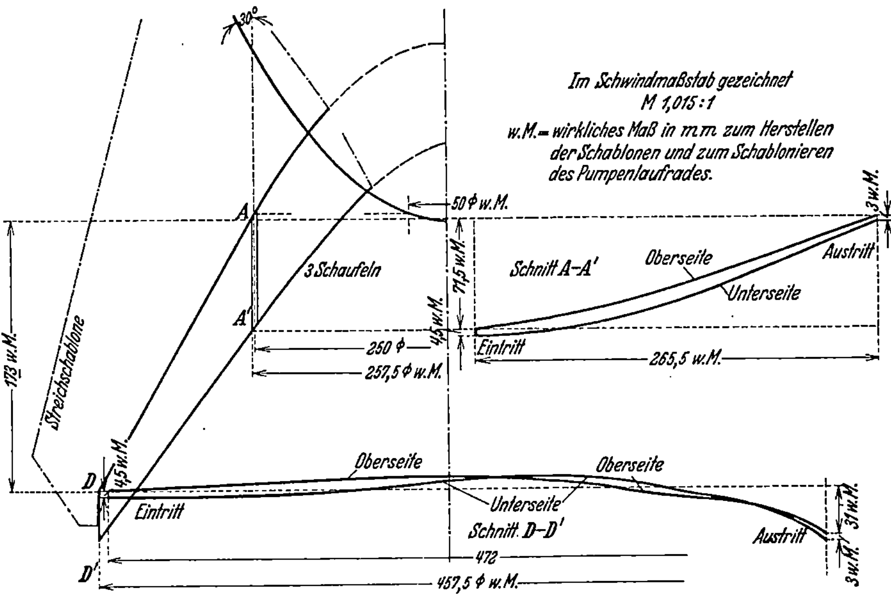

Abb. 178. Werkstattzeichnung einer Laufradschaufel für Pumpe D. 250.

Halle a. d. Saale, einer Pumpenfabrik, der auch dieser Pumpengattung Entwicklung vornehmlich zu danken ist, werden diese Pumpen „Myria"-Pumpen genannt, indem man diesem Wort den Begriff unendlich viel, nämlich Wasser, unterlegt. Den Gegensatz bildet die vorhin beschriebene Pumpe für Kleinwassermengen, die „Mikra"-Pumpe, ebenfalls von Weise Söhne, Halle a. d. Saale.

Die ständig steigende Anwendung des Drehstromantriebes legte die Tourenzahl weitaus der meisten Pumpen, vornehm-

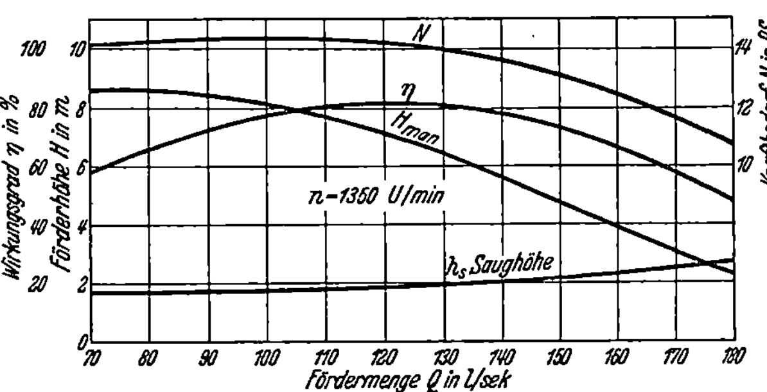

Abb. 179. Charakteristik des D-Pumpenlaufrades Abb. 178.
$z = 3$ Schaufeln, $D = 250$ mm Durchmesser.

lich auf 1450 Umdrehungen je Minute fest. Bei festgehaltener Tourenzahl müssen die Raddurchmesser D_2 möglichst gleich gehalten werden, während der Saugmunddurchmesser D_1 wächst, wenn die Wassermenge, die bewältigt werden soll, wächst. Schließlich wird $D_2 = D_1$. Schon in der Nähe dieser Grenze wird die Schaufelausbildung schwierig. Während sie bei allen Hochdruckpumpen rein zylindrisch sein kann, muß sie nunmehr

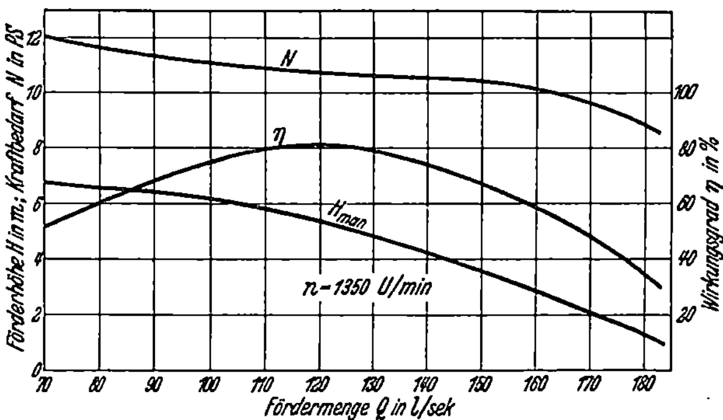

Abb. 180. Charakteristik des D-Pumpenlaufrades Abb. 178 bei $z = 2$, $D = 250$ mm Durchmesser.

räumlich gekrümmt werden. Sie wird identisch mit der im Kapitel 8 eingehend behandelten Turbinenschaufel für Schnelläufer. Abb. 178 zeigt eine solche Pumpenschaufel für ein Laufrad für drei Schaufeln. Von diesem Rad wird die Charakteristik in Abb. 179, für eine Schaufelzahl von $z = 2$ in Abb. 180 gezeigt. Die Wand nach der Saugseite ist unnötig, ja schädlich; da die Absolutgeschwindigkeit des Wassers im Laufrad kleiner ist als die

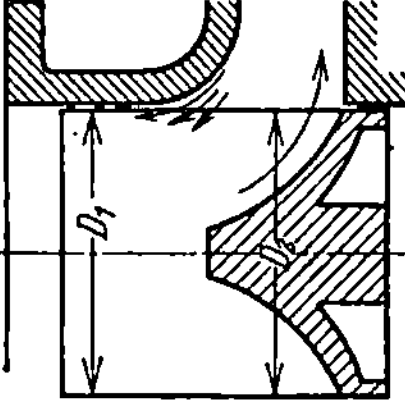

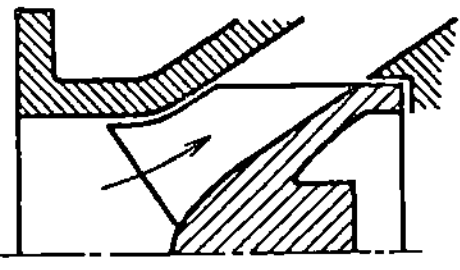

Abb. 181. Bei 90° Umlenkung muß $D_2 > D_1$ gemacht werden.

Abb. 182. Konvexe Nabe vermindert die Kavitationsgefahr und den Kraftbedarf.

Umfangsgeschwindigkeit, wird durch Weglassen der Wand viel Reibungsarbeit erspart. Man soll deshalb die Rückwand so kurz wie möglich machen.

Abb. 183. Niederdruck-Schraubenpumpe „Myria" von Weise Söhne, Halle (Saale).

Aus der Entwicklungsarbeit mag einiges herausgegriffen werden:
Wenn die Umlenkung in der Axialradialebene wie üblich etwa 90° betrug, war es nachteilig, $D_2 = D_1$ zu machen (Abb. 181).

Offenbar lief von dem an der Nabe geförderten Wasser ein Teil wieder am Saugmund unter kraftverzehrender Wirbelbildung zurück. Es wurde deshalb $D_2 < D_1$ gemacht und der größere Durchmesser durch kleineren Winkel β_2 wieder wettgemacht. Dabei war es vorteilhaft, die Schaufelaustritte auf einem konaxialen Zylinder endigen zu lassen (Abb. 182).

Der in dem Geschwindigkeitsparallelepiped S. 75 gegebene Zusammenhang führte darauf, die Umlenkung in der Axialebene der gewünschten

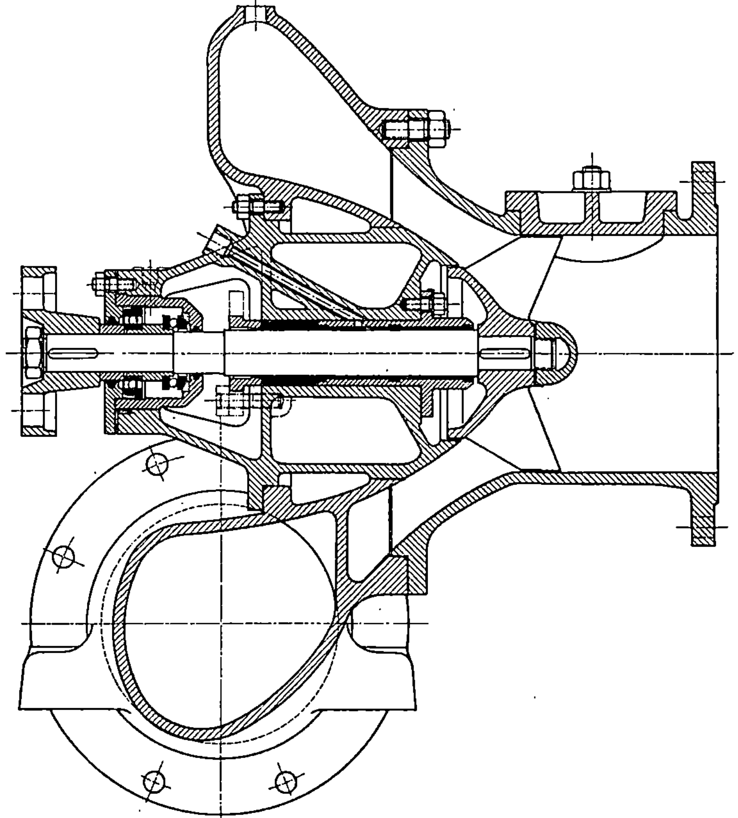

Abb. 184. D-Pumpe für mittlere und große Wassermengen.

Förderhöhe anzupassen, und nun wurde die Begrenzung der Schaufelflächen durch eine Erzeugende vorteilhaft und möglich.

Eine andere Erfahrung von Bedeutung war die, daß die konvexen Nabenformen einen geringeren Kraftbedarf hatten als die üblichen konkaven (Abb. 182). Sie sind auch hinsichtlich der Kavitationsgefahr günstiger.

Eindeutig schlecht erwiesen sich bei diesen Pumpen zu kurze Schaufeln. Sie mußten, um guten Wirkungsgrad zu geben, sich unbedingt überdecken. Erst bei mehr axial verlaufenden Pumpen konnte man die Überdeckung mehr und mehr verkleinern und schließlich weglassen. Bei rein axialen Pumpen ist die Überdeckung nicht nötig.

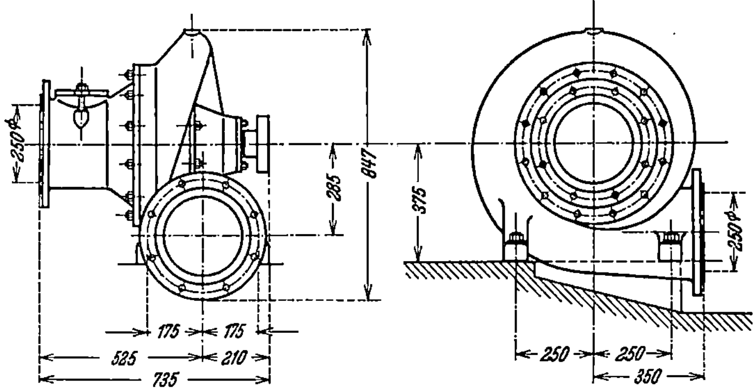

Abb. 185. Ansichten der D-Pumpe Abb. 184.

Große Überdeckung brachte einen überraschenden Vorteil. Pumpen mit Überdeckung der Schaufeln springen von selbst an, wenn nur etwas

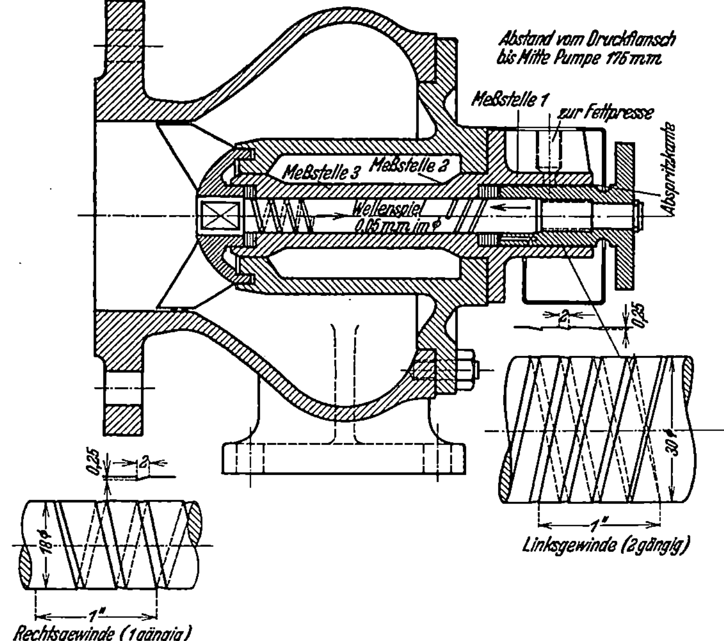

Abb. 186. Kleinste D-Pumpe. Laufraddurchmesser = 100 mm mit Viskolager und Viskodichtung.

Wasser im Laufradraum ist. Das vom Laufrad erfaßte Wasser verliert allmählich die Umlaufgeschwindigkeit und fällt durch den Radraum durch die großen Öffnungen zwischen den Schaufeln zurück, um wieder nach außen geschleudert zu werden. Auf diesem Kreislauf wird die Luft im Saugrohr mitgerissen und nach kurzer Zeit ist die Luft entfernt, das Wasser ist im Saugrohr aus dem Unterwasser nachgefolgt und die Pumpe springt an.

Die einfache, auf Schraubenflächen aufgebaute Schaufelung hat sich auch bei Pumpen durchaus bewährt. Bessere Wirkungsgrade sind durch andere wie immer ausgeklügelte weniger einfache Schaufelkonstruktionen nicht zu erwarten. Was den Konstrukteuren zu tun bleibt, ist das jeweilige Anpassen der Schaufelwinkel an die gewünschten Betriebspunkte.

Bei den Großwasserpumpen wird schließlich die Pumpe zu einem Stück Rohrleitung. Der Aufbau hat darauf Rücksicht zu nehmen, daß nicht etwa die Rohrleitung entfernt werden muß, wenn einmal das Rad ausgewechselt oder das Innere nachgesehen werden soll. Deshalb ist das Lager an dem Deckel befestigt, so daß mit dem Deckel das gesamte Laufzeug entfernt werden kann (s. Abb. 183, eine Myriapumpe von Weise Söhne, Halle a. d. Saale, darstellend).

Abb. 184 zeigt eine D-Pumpe für mittlere und große Ausführungen im Querschnitt. Abb. 185 dieselbe Pumpe in Ansichten. Abb. 186 zeigt die kleinste Pumpe für $D = 100$ mm.

18. Pumpen mit Wasser-Turbinenantrieb.
Hydraulisch betriebene Leck- und Lenzpumpen.

Abb. 187. Tragbare Lenzpumpe hydraulisch zu betreiben.

In der Skagerrakschlacht hatte sich herausgestellt, daß durch die Querschläger der Feinde solche Wassermassen hoch in unsere Schiffe geworfen wurden, daß die Geschützstände, bei denen kein Wasserabfluß wegen der Panzerung vorgesehen werden konnte, unter Wasser gerieten. Um dieses Wasser entfernen zu können, schlugen wir bei Weise Söhne, Halle a. d. Saale, eine durch die Feuerlöschleitung zu betreibende Kreiselpumpe vor, die dann auch in unserer Marine allgemein eingeführt wurde. Solche hydraulisch zu betreibende Lenzpumpen hatten ein weit geringeres Gewicht als elektrisch betriebene und erheblich höhere Betriebssicherheit. In dem Lichtbild Abb. 187 ist sie gezeigt, in Abb. 190 im Schnitt eine andere dargestellt. Sie wog etwas weniger als 50 kg und förderte bei 6—10 at Betriebsdruck 40—50 l/sec. Sie war aufs äußerste unempfindlich gegen unachtsame Behandlung. In wassergefüllte Räume wurde sie einfach an den Druckschläuchen „hinabgelassen" — sprich „hinuntergeworfen". Da sie Luft förderte, sprang sie auch über luftgefüllten Saugröhren an. Sie konnte auf das Peilrohr gesetzt werden und so zum Lenzen der Bilg benutzt werden. Die Fähigkeit, Luft zu fördern, war nicht etwa dadurch nur scheinbar gegeben, daß das Turbinenabwasser etwa das Saugrohr gefüllt hätte. Denn bei der Tourenzahl von 8—10000 Umdrehungen je Minute, die die Lauffräder in Luft erhielten, konnte kein Tropfen des Turbinenabwassers das Pumpenlaufrad passieren.

Im Gegensatz dazu waren die elektrisch betriebenen Pumpen sehr empfindlich, und trotzdem nur 1,5 PS aus der Stromleitung entnommen werden konnte, sie also viel weniger leistungsfähig waren, wogen sie 110 kg. Da dieses Gewicht zum Transport durch einen Mann zu groß war, mußte die Maschine zerlegt werden. Es war natürlich sehr unangenehm, wenn sie dann im feindlichen Feuer wieder zusammengebaut werden mußten. Dann ergab sich auch oft, daß der Elektromotor durch Feuchtigkeit gelitten hatte.

Schwierigkeiten hatte bei der Entwicklung der hydraulisch betriebenen Pumpe der Axialschubausgleich gemacht, der selbsttätig unter Benutzung des Turbinenbetriebsdruckes sein mußte, da ein Kamm- oder Stützkugellager zu verwenden, der Betriebssicherheit wegen ausgeschlossen war. Das Turbinenlaufrad (5) (s. Abb. 188) erhielt ein Schleifringpaar, am größten Durchmesser das eine, das andere am kleinsten;

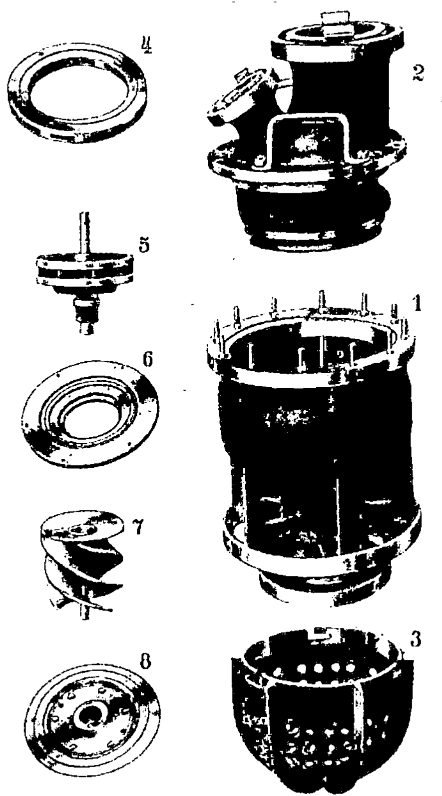

Abb. 188. Die Einzelteile der hydraulisch betriebenen tragbaren Lenzpumpe. 1 = Gehäuse, 2 = Deckel, 3 = Saugkorb, 4 = Turbinenleitrad. 5 = Turbinenlaufrad, 6 = Axialschubausgleichplatte, 7 = Pumpenlaufrad, 8 = obere Stützfläche für den Axialschubausgleich.

zwischen diese wurde der Turbinenbetriebsdruck geleitet. Er hob das Laufzeug an und drückte es gegen eine Stützfläche (8), die auf der Oberseite des Turbinenlaufrades am kleinsten Durchmesser vorgesehen war. Schloß sich der Spalt an dieser Fläche, so staute sich das Spaltwasser und drückte das Laufrad wieder nach unten. So erhielt sich im Betrieb ein Schwebezustand. Das Laufzeug lief auf Wasserkissen. Das hat sich sehr gut bewährt. Auch die Wasserschmierung hat sich gut bewährt. Wegen der geringen Viskosität des Wassers müssen nur relativ hohe Zapfen-Geschwindigkeiten vorgesehen werden.

Das Laufzeug mußte sehr sorgfältig dynamisch ausgewuchtet werden. Denn Schwingungen verhinderten das Erreichen der richtigen Betriebsumlaufzahl, wodurch die Förderleistung hinter der garantierten zurückblieb.

Die Hauptschwierigkeit machte die Wasserführung (s. Abb. 118).

Der große Kreuzer Lützow ging nach der Skagerrakschlacht verloren, weil die Leckpumpen das eindringende Wasser nicht vollständig bewältigen konnten. Ganz nahe dem rettenden Hafen versank das wundervolle Schiff, weil die elektrisch betriebenen Pumpen unter Wasser gerieten und deshalb betriebsunfähig wurden. Deshalb wurden für die künftigen Großkreuzer hydraulisch betriebene Leckpumpen vom Reichsmarineamt vorgesehen. Zu diesem Entschluß hatten die guten Erfahrungen beigetragen, die man mit den in den kleinen Kreuzern Elbing und Pillau eingebauten, von Weise Söhne, Halle a. d. Saale, durchgebildeten und gelieferten hydraulischen Leckpumpen gemacht hatte. Diese Pumpen hatten sich durch ihre Unempfindlichkeit gegen schlechte Behandlung beliebt gemacht, insbesondere auch, weil sie ohne weiteres die Asche, die man zu dem Zweck in die Bilg warf, anstandslos nach außenbords förderten.

Der kleine Kreuzer Elbing war mit 11 Leckpumpen ausgerüstet, in

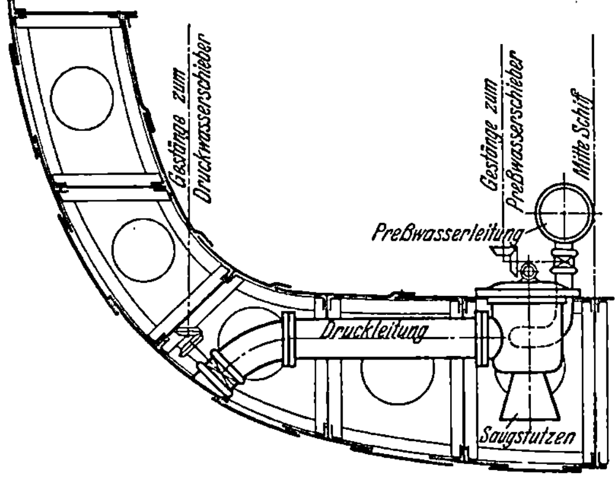

Abb. 189. Ortsfeste Leckpumpe zum Betrieb durch die Feuerlöschleitung im Doppelboden des kleinen Kreuzers Elbing.

jedem Schott eine, so daß die früher übliche, durch alle Schotts durchgehende Leckleitung wegfallen konnte. Die Leckpumpen wurden in den Doppelboden versenkt nach Abb. 189. Das Gewicht einer solchen Pumpturbine betrug 125 kg. Die Leistung war 150 l/sec gegen einen Widerstand von 6 m W. S. bei einem Betriebswasserdruck von 6 kg/qcm in der Feuerlöschleitung.

Die Leistung der hydraulisch betriebenen Pumpe ist ganz erheblich, und wenn der Druck in der Feuerlöschleitung noch gesteigert wird — 25 at ist die vernünftige Grenze —, wächst die Leistungsfähigkeit im Verhältnis zum aufgewandten Gewicht fast ins Phantastische.

Früher war bei den kleinen Kreuzern eine Leckpumpe vorgeschrieben, die mit vertikaler Welle durch einen Elektromotor von 250 Umdrehungen je Minute angetrieben wurde, von solcher Leistung, daß die Pumpe 100 l/sec fördern konnte. Da der Elektromotor möglichst vor Feuchtigkeit geschützt werden sollte, bestand der Wunsch, die Pumpe möglichst tief, den Motor möglichst hoch aufzustellen. Es wäre also eine Wellen-

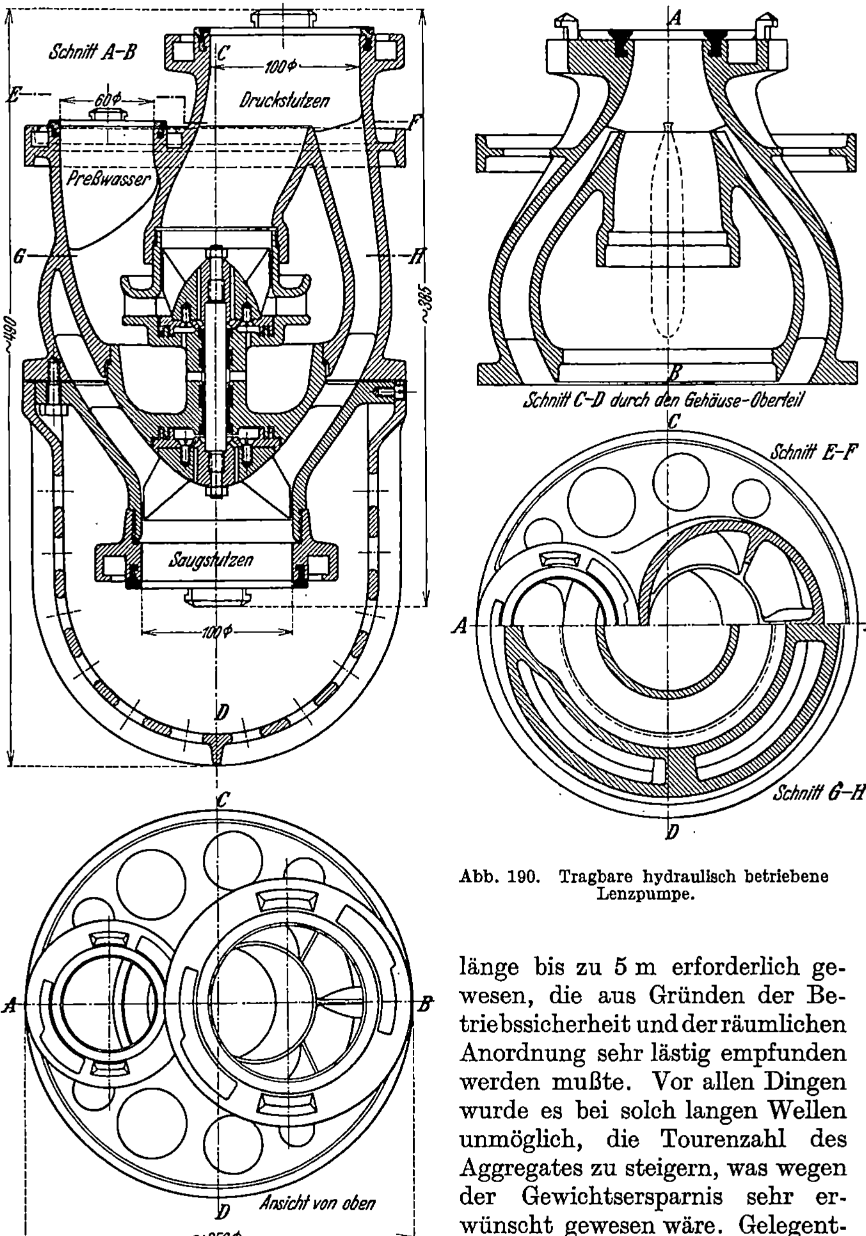

Abb. 190. Tragbare hydraulisch betriebene Lenzpumpe.

länge bis zu 5 m erforderlich gewesen, die aus Gründen der Betriebssicherheit und der räumlichen Anordnung sehr lästig empfunden werden mußte. Vor allen Dingen wurde es bei solch langen Wellen unmöglich, die Tourenzahl des Aggregates zu steigern, was wegen der Gewichtsersparnis sehr erwünscht gewesen wäre. Gelegentlich ging man dennoch mit gekürzter Welle zu hohen Tourenzahlen über, mußte aber einen Teil der Gewichtsersparnis wieder opfern, da die Elektromotore zur Sicherung gegen Wassereinbruch unter Taucherglocken gesetzt wurden, wobei die Wärmeabfuhr Schwierigkeiten machte.

Noch lästiger und weniger betriebssicher als die lange Welle war die große Saugleitung, die durch das ganze Schiff hindurchzuleiten war und die Pumpe befähigen sollte, aus jedem Schott an möglichst tiefer Stelle Wasser anzusaugen. Diese Rohrleitung war wegen der Versteifungsverbände sehr häufig in Bogen zu führen, so daß Luftsäcke entstanden, die das Saugen der Pumpen häufig in Frage stellten. Das Gewicht dieser Saugrohrleitung mit den vielen notwendigen Schiebern und Verteilungsstücken, die auch sehr schwierig ohne Luftsäcke auszuführen sind, war weit größer als das Gewicht der Pumpe samt seinem elektrischen Antrieb.

Auf dem kleinen Kreuzer Elbing wurde ein solch elektrisch betriebenes Pumpaggregat samt der großen Saugrohrleitung von insgesamt rund 5000 kg Gewicht ersetzt durch elf hydraulisch betriebene Lenzpumpen, die einschließlich der kurzen Druckrohrleitungen mit Schiebern etwa 1600 kg wogen. Statt einer Pumpleistung von max. 100 l/sec, wozu der Gewichtsaufwand von 5000 kg notwendig gewesen war, wurde nunmehr eine maximale Leckleistung von rund 1650 l/sec erzielt und dabei noch das Gewicht der Pumpeneinrichtung auf 1600 kg erniedrigt! Also: Gewichtsreduktion auf ein Drittel bei Leistungserhöhung auf das 17fache.

Die im Einbau in Abb. 189 gezeigte Pumpe hat den Nachteil, daß eine Richtungsänderung des Wassers vorliegt. Die axiale Druckführung des Wassers nach Abb. 190 ist erheblich besser. Diese Konstruktion kann ebensogut wie für tragbare, für ortsfeste Pumpen verwandt werden.

Kesselumwälzpumpen.

Die zwangläufige Führung des Wassers im Dampfkessel ist, wenn auch nicht unbedingt notwendig, so doch vorteilhaft. Zur zwangläufigen Umwälzung des Wassers im Kessel dienende Pumpen waren jedoch nicht betriebsicher genug wegen der Stopfbüchse, die unter hoher Temperatur und sehr hohem Druck zu arbeiten hatte.

Bei hydraulischem Antrieb läßt sich die Stopfbüchse vollständig vermeiden. Unter allen Umständen läßt sich die Maschine so klein halten, da ja die Tourenzahl entsprechend hoch getrieben werden kann, daß sie durch ein Mannloch in den Kessel eingebracht werden kann.

In der Wahl der Anordnung hat man freie Hand, da sie ebensogut horizontal wie vertikal oder sonstwie aufgestellt werden können, sie ferner an Orte verlegt werden können, wo wegen der Unzugänglichkeit oder der hohen Temperatur keine andersgeartete Maschine untergebracht werden kann.

Der Betrieb der Pumpen ist entweder mit einer besonderen Hochdruckpumpe durchzuführen oder durch die Kesselspeisepumpe, die mit einem entsprechend über dem Kesseldruck liegenden Druck das Speisewasser durch die Antriebsturbine der Umwälzpumpe hindurch in den Kessel drückt. Abb. 191 zeigt eine solche, Abb. 192 eine, deren Antrieb mit einer eigenen Hochdruckpumpe geschieht, die den Umwälzbetrieb von der Kesselspeisung unabhängig macht.

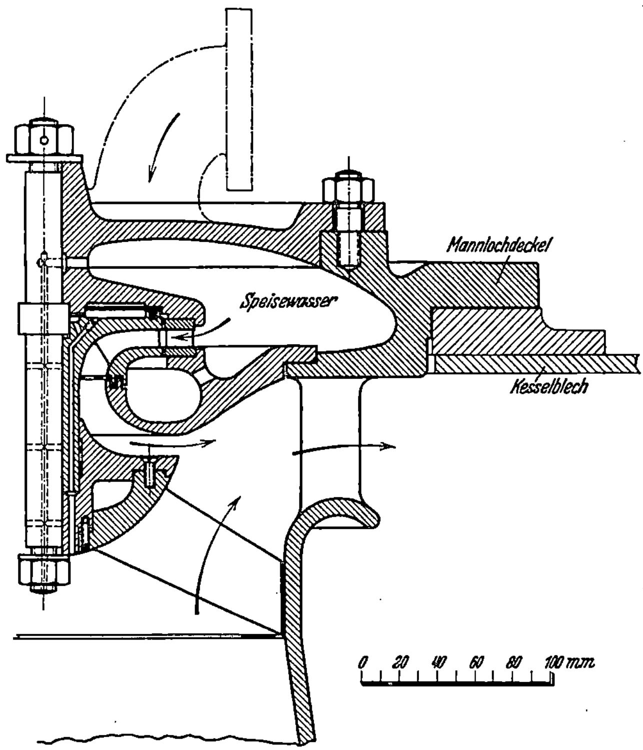

Abb. 191. Kesselumwälzpumpe mit Antrieb durch die Kesselspeisepumpe.

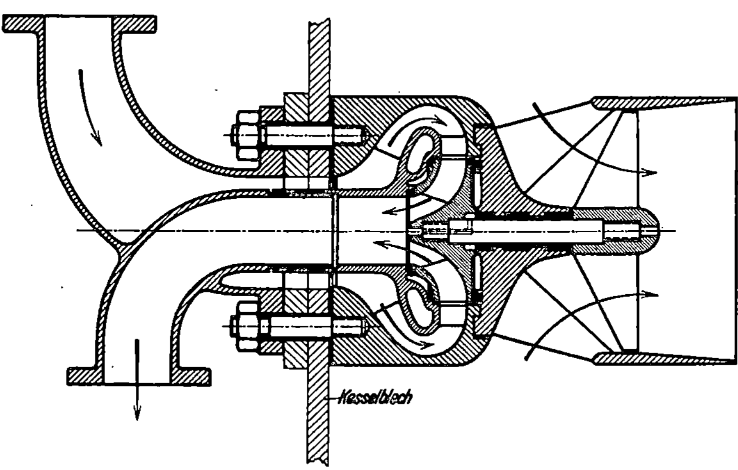

Abb. 192. Kesselumwälzpumpe mit Antrieb durch eigene Hochdruckpumpe.

Tiefbrunnenpumpen.

Der Orient ist deshalb so unfruchtbar, weil es sehr wenig regnet und das Grundwasser erst in einer sehr großen Tiefe sich vorfindet, weit tiefer als 10 m.

Dieses Wasser kann also nicht durch Ansaugen, wohl aber durch Pumpen mit hydraulischem Antrieb, die in das Grundwasser versenkt werden können, aus der Tiefe gehoben werden. Die Durchmesser einer solchen Pumpe können so klein gewählt werden wie immer nötig, sie in dem Bohrloch unterzubringen. Die Pumpe wird an dem Turbinendruckrohr inmitten des Bohrloches angeordnet, so daß das Bohrloch selbst als Steigrohr für das Wasser dient. Das Druckwasser zum Antrieb der Turbine muß durch eine Hochdruckpumpe, die von einem Benzinmotor angetrieben wird, auf Druck gebracht werden. Das Antriebwasser zu schaffen, ist manches Mal lästig, deshalb würde man die Pumpe im Bohrloch häufig besser durch Preßluft antreiben. Die verbrauchte Preßluft mischt sich mit dem Förderwasser, auf diese Weise den Gegendruck der Pumpe verringernd, dem verringerten spezifischen Gewicht der Mischung entsprechend.

In allen Ölfeldern sind viele Bohrlöcher außer Betrieb gekommen, weil das noch in großen Mengen vorhandene Öl nicht mehr unter dem genügenden Druck steht, daß es hoch steigen könnte. Die Ölvorräte

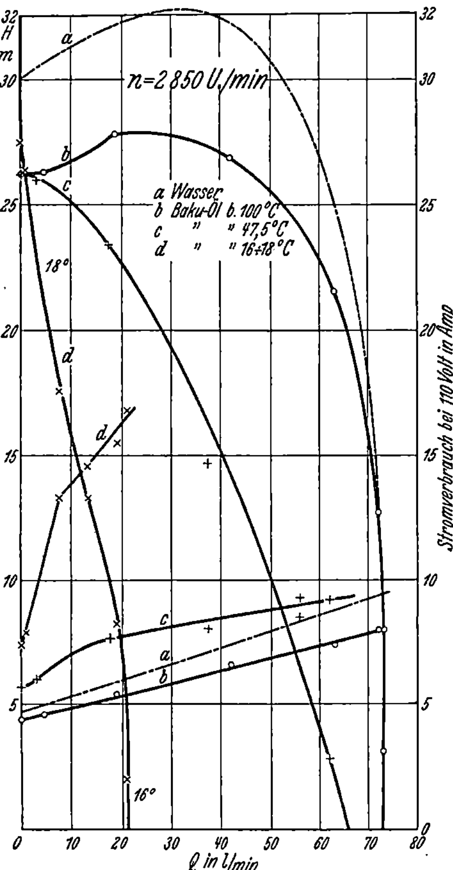

Abb. 193. Charakteristiken derselben Pumpe bei verschiedener Viskosität der Förderflüssigkeit.

liegen häufig in einer Tiefe von 1500 m. Diese Bohrlöcher stellen ein großes, ungenutztes Kapital dar. Sie könnten durch eine geeignete hydraulisch betriebene Pumpe wieder in Gang gebracht werden, da nichts im Wege steht, unten im Bohrloch ein Turbinchen mit 30 000 Umdrehungen je Minute laufen zu lassen. Wenn man diese Turbine mit Drucköl betriebe, so verbrauchte der das Treiböl auf Druck bringende Ölmotor etwa 2—3 % der Fördermenge, die die Bohrlochpumpe fördert, auch wenn sie nur 25% Nutzeffekt hatte, der sicher erreichbar ist. Trotz solch schlechten Maschinennutzeffekts wäre der wirtschaftliche Nutzeffekt 97—98%, weil nur 2—3% des geförderten Öles im Motor verbraucht ausreichen, das Öl zu heben.

Die Schwierigkeiten liegen in der verschiedenen und unbekannten Beschaffenheit des zu fördernden Öles. Die Leistungsfähigkeit einer jeden Pumpe wird ja mit der Viskosität außerordentlich verändert, wie die in Abb. 193 gegebenen Charakteristiken dartun. Diese Charakteristiken sind alle mit der gleichen Pumpe aufgenommen. Geändert war jedesmal nur die Viskosität des Öles, sei es durch Temperatur oder daß es ein anderes Öl war, das gepumpt wurde.

In den aufgegebenen Bohrlöchern liegen noch Millionen und Millionen, ein Schatz, der sicher zu heben ist, nur darf sich an die Aufgabe nicht der Stümper heranwagen oder der Unerfahrene.

Umformer für Be- und Entwässerung, für Landeskulturzwecke.

Pumpen und Turbinen geben im unmittelbaren Zusammenbau äußerst einfache Maschinen, die nur wenig Anspruch an Wartung stellen. Wo Wasser gehoben werden soll, ist häufig genug auch Zufluß vorhanden. Zum Beispiel wird Gelände versumpft, wenn das Grundwasser nicht in den natürlichen Flußlauf gelangen kann, weil dessen Wasserspiegel zeitweise zu hoch steht. Dann läßt sich durch Fassung des Flußlaufes immer mit verhältnismäßig geringen Kosten eine kleine Stauhöhe schaffen, die zum Betrieb einer

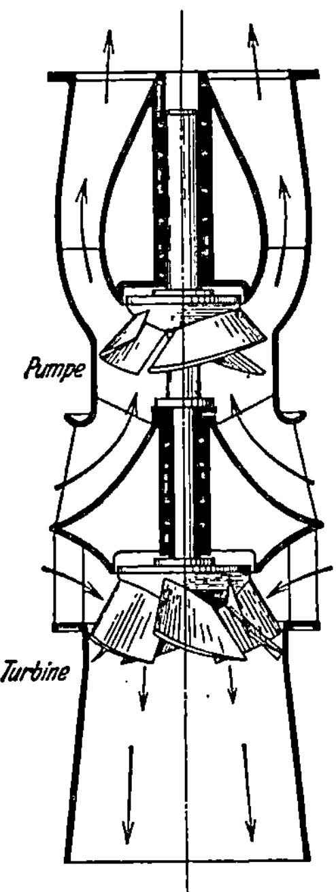

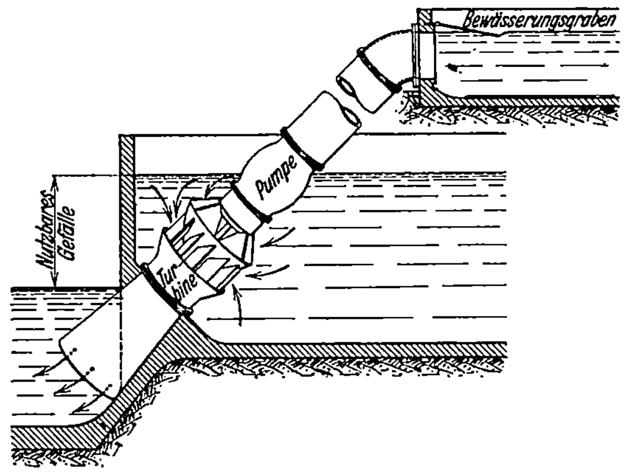

Abb. 194.
Umformer für Bewässerung.

Abb. 195.
Einbau eines Bewässerungsumformers.

Entwässerungspumpe ausreicht, die den Grundwasserspiegel in dauerndem Betrieb, ohne besondere Wartung abgesenkt hält.

Oder aus einem tiefliegenden Wasserlauf sollen höher gelegene Ländereien bewässert werden. Diese Aufgabe wurde früher durch den hydraulischen Widder, dessen Leistungsfähigkeit im allgemeinen zu klein und nur für Trinkwasserversorgung ausreichend ist, und später durch den Hydropulsor zu lösen versucht. Der Hydropulsor von Baurat Abraham konnte sich nicht so durchsetzen wie er es verdient hätte, im wesentlichen, weil Staat und Gemeinden und Landbesitzer noch nicht genügend gegenseitig abgestimmt sind, um die Lösung dieser wichtigen Fragen der Be- und Entwässerung mit dem genügenden verwaltungstechnischen Wirkungsgrad durchzuführen. In solchem Falle hat die Industrie nicht genügend Vertrauen, daß sie die Entwicklungskosten von Neuerungen übernähme und mit genügender Tatkraft den praktischen Schwierigkeiten, die immer bei Anpassung neuer Gedanken an die vielgestaltige Wirklichkeit sich ergeben, aufden Leib rückte.

Rein technisch gesehen haftet dem Hydropulsor der Mangel des intermittierenden Betriebes an. Dasselbe Laufrad dient sozusagen abwechselnd als Turbine und Pumpe oder auch nur als Schaltorgan, das die durch freien Fall gewonnene kinetische Energie umschaltet zur Hubarbeit. Die Durchschnittsleistung wird im Verhältnis zum Aufwand infolge des intermittierenden Betriebes zu gering. Die Arbeitsgeschwindigkeit wird zu klein, jedenfalls kleiner, als wenn Turbinen- und Pumparbeit dauernd je einem und demselben Rad zugewiesen bleibt. Diese haben ununterbrochen die höchste Arbeitsgeschwindigkeit. Die Beanspruchungen durch Stoß entfallen.

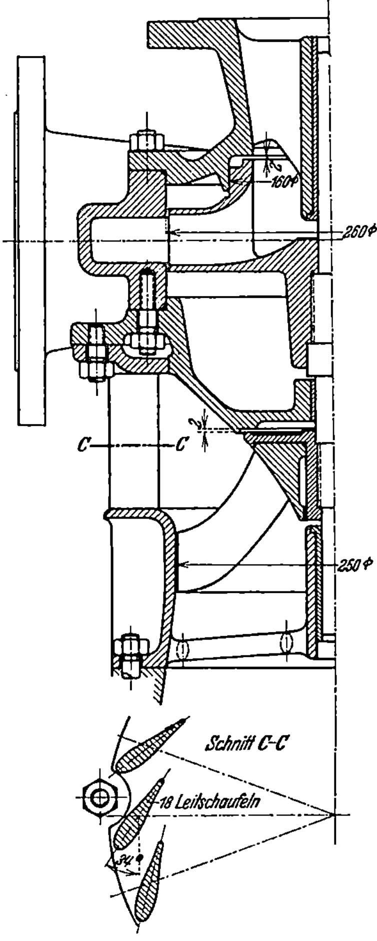

Abb. 196. Schnitt durch einen Bewässerungsumformer.

Abb. 194 zeigt den Aufbau einer solchen Wasserhebemaschine, die wir Umformer genannt haben. Die Laufräder werden zueinander abgestimmt, wie es die Pumpförderhöhe bei dem zur Verfügung stehenden Turbinengefälle verlangt. Die Lager sind der Einfachheit wegen mit Wasser zu schmieren. Das geht immer und ist genügend betriebsicher. Man muß nur Welle und Lager aus geeignetem Material machen, z. B. Welle mit Phosphorbronzeüberzug, Lager mit Weißmetallfutter.

Den Einbau der Maschine zeigt Abb. 195. Da die Drehmomente innerhalb der Maschine geschlossen sind, werden keine Kräfte außer dem sehr geringen Gewicht aufs Fundament übertragen. So wird ein besonderes Fundament gänzlich unnötig. Ebenso ist die „Verschönerung" durch einen Palast durchaus überflüssig. In unserer heutigen Notzeit ist mehr denn je billigste Bauweise dringend nötig.

Den Schnitt durch einen solchen Umformer zeigt die Abb. 196, die Leistung dieses das Diagrammblatt Abb. 197.

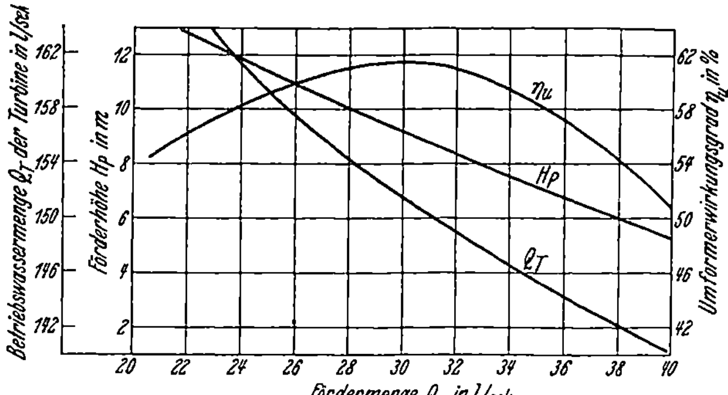

Abb. 197. Förderhöhe, Wasserverbrauch und Gesamtwirkungsgrad eines Umformers bei konstanter Fallhöhe in Abhängigkeit der Fördermenge.

Der Gesamtwirkungsgrad ist nicht schlecht, er spielt zudem im Gegensatz zu elektrisch betriebenen Be- und Entwässerungsanlagen, bei denen der Strom unerschwinglich teuer ist, eine durchaus untergeordnete Rolle.

Umformer zu Kraftanlagen.

Die Schnelläufigkeit bei Turbinen kann nicht so hoch gesteigert werden, daß sie die Wasserkraftanlagen nennenswert verbilligen könnte. Die Turbinen selbst und die Generatoren werden unter Umständen für jedes eingebaute Kilowatt zwar erheblich billiger, aber ihr Kostenbeitrag zu den Gesamtkosten, auf das ausgebaute Kilowatt bezogen, ist zu gering, als daß eine merkbare Verbilligung der Kraftanlage eintreten könnte. Großkraftanlagen für niederes Gefälle, für das Schnellläuferturbinen in Frage kommen, kosten nach den üblichen Bauweisen 800—1200 RM. für jedes Kilowatt. Davon entfallen auf die vollständige Maschinenanlage höchstens bis zu 200 RM. je Kilowatt.

Durch Ersparnis an diesem Bruchteil kann eine Wasserkraftanlage aus dem Unwirtschaftlichen nicht ins Gebiet der Wirtschaftlichkeit übergeführt werden, und die im letzten Jahrzehnt durchgeführte Erhöhung der Schnelläufigkeit hat daher denn auch keinen nennenswerten Einfluß auf die Bautätigkeit ausgeübt.

Freilich können das, nämlich die Bautätigkeit erhöhen, Erfindungen, die auf die Billigkeit hinausgehen, in unserem Wirtschaftssystem überhaupt nicht. Denn, der Endzweck der kapitalistischen Wirtschaftsform ist nicht Verbilligung der Verbrauchsgüter, das ist höchstens Mittel zum Zweck, sondern Rente und Dividende für das Anlagekapital zu schaffen. Bei der Entscheidung, ob eine Großanlage gebaut werden soll oder nicht, werden wir Techniker deshalb nie gefragt und sind nie gefragt worden. Uns überläßt das Kapital lediglich die Aufgabe, den beschlossenen Bau auszuführen, wobei es lieber sieht, daß mehr Anlagekapital verbraucht wird statt weniger, wenn nur die Zinsen gesichert sind: Ehe das aber der Fall, gibt das Kapital überhaupt keinen Befehl zum Bau.

Zweck der Schnelläufigkeitssteigerung war die Verbilligung des Generators. Durch höchste spezifische Umlaufzahl der Turbinen kommt man jedoch bei großen Einheiten und kleinem Gefälle kaum auf 60 Umdrehungen je Minute. Durch den Umformer läßt sich jedoch die Tourenzahl des Generators so hoch treiben, daß die billigsten Generatoren, wie sie für Antrieb durch Dampfturbinen entwickelt sind, auch bei kleinstem Gefälle angewandt werden können.

Der Preis je Kilowatt ist dem für jedes Kilowatt aufzuwendenden Gewicht proportional. Je größer die Einheiten, vor allem aber, je größer die Tourenzahl ist, desto geringer wird der Gewichtsaufwand je Kilowatt und damit der Preis. Siehe die graphische Zusammenstellung der Einheitsgewichte in Abhängigkeit von der Drehzahl bei verschiedenen Leistungsgrößen in Abb. 198.

Wenn man also die auch bei hoher Schnelläufigkeit nur auf kleine Tourenzahl kommenden Turbinen mit Pumpen kuppelt, anstatt mit Generatoren, die Pumpen dieser Umformer aber hintereinanderschaltet, so

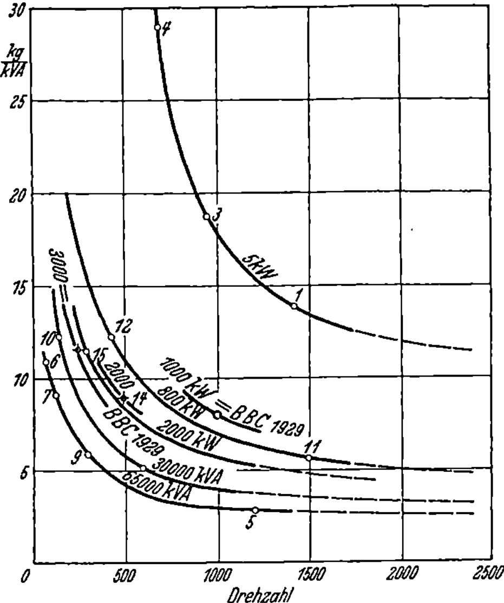

Abb. 198. Gewicht und damit Preis je Kilowatt der Generatoren in Abhängigkeit der Drehzahl.

erhält man einen um so höheren Druck am Ende, je mehr Pumpen man hintereinandergeschaltet hat. Man verwandelt somit die Energie des Flusses, die bei kleinem Gefälle minderwertig ist, weil sie für große Leistungen sehr große Wassermengen verlangt, um in bequemer zu behandelnde und deshalb wertvollere Hochdruckenergie auf Kosten des Nutzeffektes.

Die Pumpen kann man als Langsamläufer bauen, also mit $\beta_2 = 90^{\circ}$, und verhältnismäßig großem Durchmesser, so daß sie bei kleiner Umlaufzahl hohen Druck ergeben, während die Umlaufzahl selber durch hohe Schnelläufigkeit der Turbinen und kleinen Laufraddurchmesser möglichst in die Höhe getrieben wird. Man kommt so dazu, daß die Pumpe einen Druck H_p ergibt, der bis zehnmal so groß ist wie das Turbinengefälle. Durch Hintereinanderschaltung von z-Turbinen getriebenen Pumpen erhält man also diese Übersetzung eines Umformers, 10 : 1, $z$fach vergrößert. Ist der Nutzeffekt eines Umformers $\eta_u = \eta_t \cdot \eta_p$, so ist der Nutzeffekt der gesamten Anlage ebenso groß, da die geringen

Verluste in der Hochdruckleitung vernachlässigt werden können. Ist
die Übersetzung eines Umformers $\dfrac{H_p}{H_t} = \psi_u$, die Anzahl der Umformer z
die Wassermenge der sämtlichen Turbinen Q, die in der gemeinsamen
Hochdruckleitung fließende Wassermenge q, so ist

$$Q \cdot H_t \cdot \eta_u = q \cdot z \cdot H_p = q \cdot z \cdot \psi_u \cdot H_t \quad \text{und} \quad q = Q \, \frac{\eta_u}{z \, \psi_u}\, .$$

Das Hochdruckwasser q, das nur ein kleiner Bruchteil des Flußwassers
ist, läßt sich leicht, bequem und billig an eine für Aufstellung des

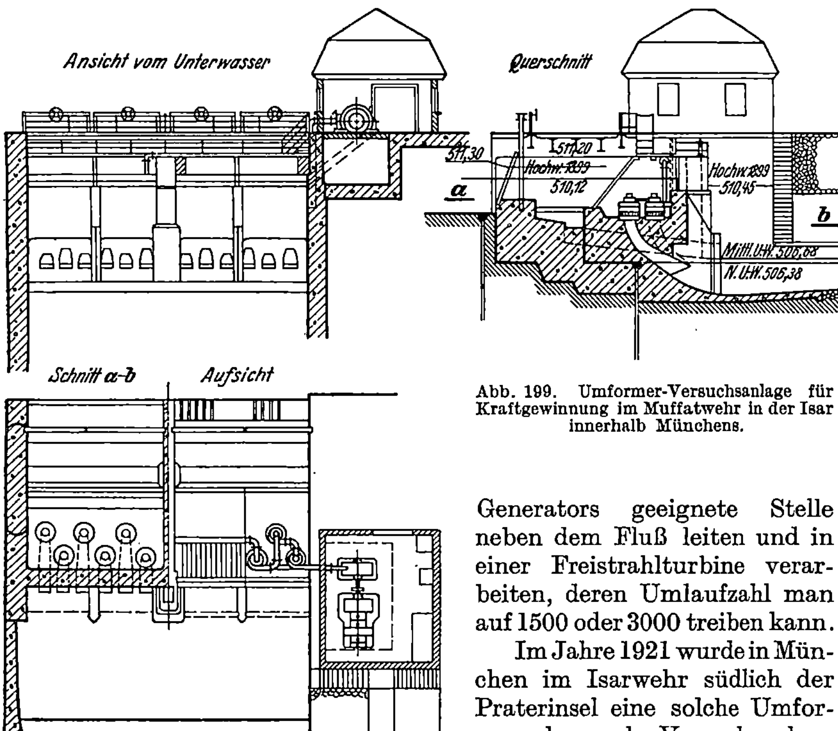

Abb. 199. Umformer-Versuchsanlage für
Kraftgewinnung im Muffatwehr in der Isar
innerhalb Münchens.

Generators geeignete Stelle
neben dem Fluß leiten und in
einer Freistrahlturbine verarbeiten, deren Umlaufzahl man
auf 1500 oder 3000 treiben kann.

Im Jahre 1921 wurde in München im Isarwehr südlich der
Praterinsel eine solche Umfor-
meranlage als Versuchsanlage
gebaut, die allen Erwartungen entsprach, und nachdem sie ihren Zweck
erfüllt hatte, wieder abgebrochen wurde. Die Anlage (s. Abb. 199) bestand
aus zwei Gruppen von je sechs Umformern. Das Gefälle war etwa 4 m.
Damit verarbeiteten die Turbinen zusammen 3—4 cbm/sec bei 550 Umdrehungen je Minute. Sechs Pumpen lieferten hintereinandergeschaltet
einen Druck von etwa 150 m. Die Übersetzung in einer Pumpe war
also $\psi_u = \dfrac{25}{4} = 6{,}25 : 1$.

Das Peltonrad lief mit etwa 1500 Umdrehungen je Minute. Der
Gesamtwirkungsgrad war etwa 55 %. Ein Querschnitt des Umformers
ist in Abb. 200 gegeben. Das Lichtbild der Pumpenkammer zeigt
Abb. 201.

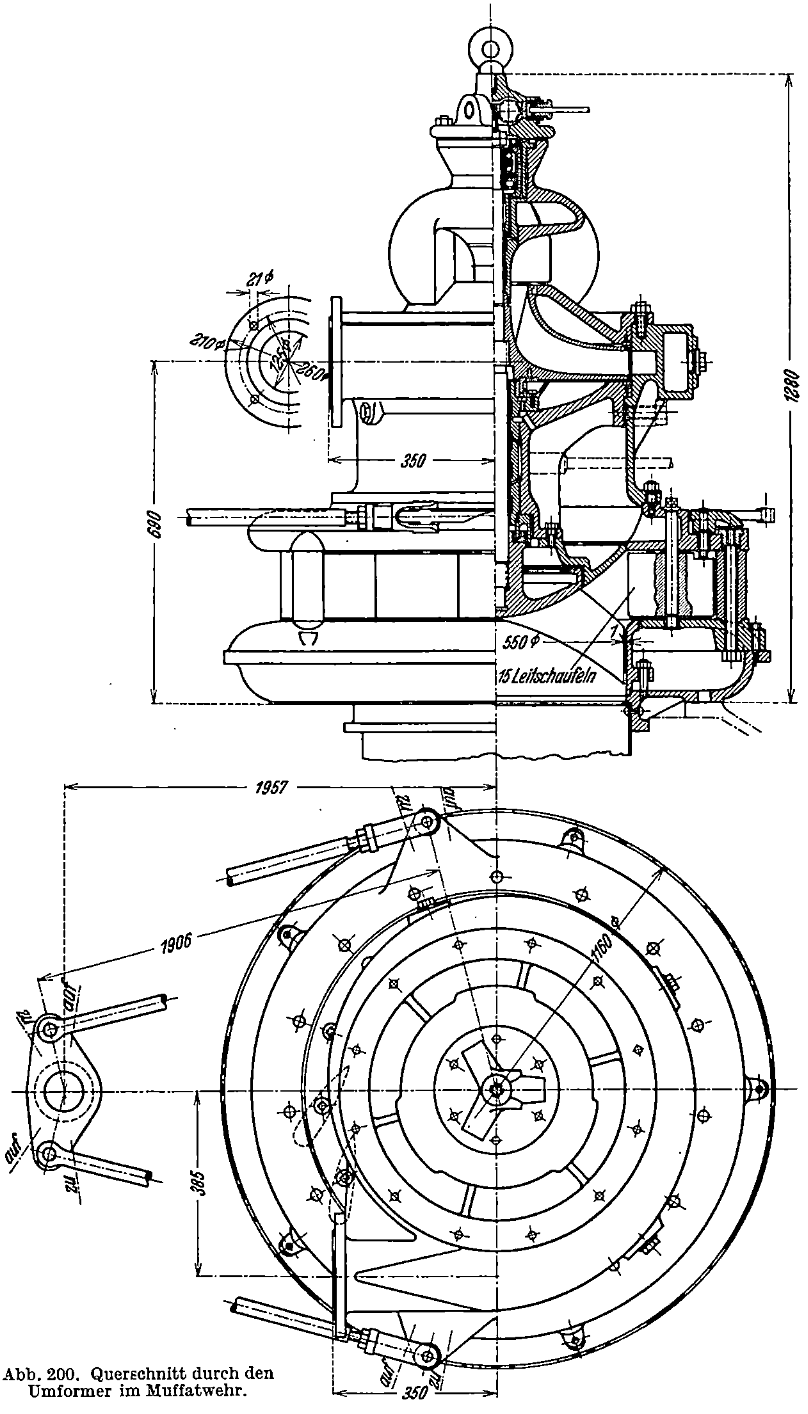

Abb. 200. Querschnitt durch den
Umformer im Muffatwehr.

In Abb. 202 ist die Wasserführung des Rheins bei Basel gezeigt in der Art, daß die jeweilige Wasserführung als Funktion der Häufigkeit aufgetragen ist. Wenn man eine solche Wasserkraft ausbauen will, muß man sich schlüssig werden, welch größte Wassermenge man mit der Anlage verarbeiten will. Maschinen und Generatoren einzubauen, um eine Wassermenge bis zu 2400 cbm/sec zu verarbeiten, läßt sich im vorliegenden Fall nur rechtfertigen, wenn der zusätzliche Preis hierfür so gering ist, daß sich die Maschinen trotz der geringen Benutzungszeit bezahlt machen. Bei normaler Ausbauweise würde sich das als französisches Projekt bezeichnete mit 800 cbm/sec wohl empfehlen. Dann müßte man für das Hochwasser und die Überschußwassermenge Energievernichter einbauen, die das Überschußwasser ihrer Energie berauben,

Abb. 201. Blick in die Umformerkammer im Muffatwehr.

damit es beim Überfall keine Zerstörungen hervorruft. Solche Energievernichter sind nicht billig, jedenfalls teurer als Umformer. Diese hätten den Vorteil, die Überschußenergie in hochwertige Hochdruckenergie umzuwandeln. Diese wiederum würde nur eines oder zweier Turbogeneratoren, die billig würden, bedürfen, um eine bedeutende Kilowattstundenzahl mehr abzuliefern.

Zur Vollausnutzung eines Flusses scheint mir sehr häufig die Anlage, zwei verschiedene Maschinengruppen haben zu sollen:

1. Die Maschinengruppe, die 365 Tage im Jahr voll beaufschlagt werden kann, und die deshalb mit bestmöglichstem Wirkungsgrad arbeiten muß. Die Anlagekosten für die Maschinen können nur in zweiter Linie berücksichtigt werden.

2. Eine zweite Maschinengruppe, die das Überschußwasser zu verarbeiten hat. Deren Kosten müssen so klein wie möglich gehalten werden, weil sie seltener im Betrieb ist, während ihr Wirkungsgrad nur

eine untergeordnete Rolle spielt, da sie ja mit „Überschuß"wasser
arbeitet. Für diese zweite Maschinengruppe ist der Umformer am Platz,
weil nur durch ihn für hinreichende Billigkeit genügend hohe Tourenzahl
des Generators zu erzielen ist.

Ein Beispiel bietet die Nilwasserkraft. Beim Eintritt in Ägypten wird
der Nil durch das Staubecken geleitet, das durch den 2000 m langen
Staudamm von Aswan gebildet wird, der nach seiner zweiten Erhöhung
das Wasser bis zu 35 m aufstaut. Dieses Becken hat den Zweck, den
letzten Rest der alljährlichen Nilflut zurückzuhalten,
die etwa 3 Monate währt. Aus dem Becken wird
dann der Nil in den übrigen 9 Monaten gespeist. Zur
Zeit wird der Staudamm zum zweitenmal erhöht,
und danach wird der Nil so reguliert sein, daß die
Mindestwassermenge 1000 cbm/sec nicht unterschrei-
tet. Am Aswandamm ergibt sich dann ein Gefälle
von maximal 35 m. In den Monaten der Flut werden aber alle Schleusen (es sind deren nicht weniger
als 280) geöffnet, weil das Wasser mit großer Geschwindigkeit fließen muß, damit es nicht den wertvollen Düngeschlamm im Becken absetzt. Dann geht
das Gefälle auf 2,2—4 m zurück. Die Wassermenge
aber steigt unter Umständen auf weit .mehr als
8000 cbm/sec. Hier sind Umformer am Platz, die mit
dem reichlich vorhandenen
Wasser zur Flutzeit einen
Teil des Wassers auf 35 m
heben. Dieses Druckwasser
dient dann während der
3 Monate Hochwasser zum
Betrieb der Generatortur-
binen, die für das Gefälle,
das für die 9 Monate aus
dem vollgefüllten Becken
zur Verfügung steht, pas-
send gebaut werden.

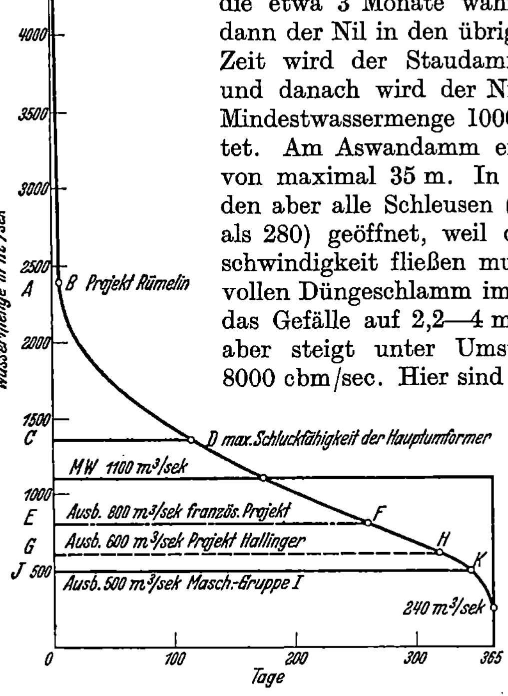

Abb. 202: Wasserführung des Rheins bei Basel.

Die Umformer können für einen Laufraddurchmesser von 12 m gebaut werden. Die geringe Umlaufzahl der Turbine von 28 Umdrehungen
je Minute würde es nicht gestatten, unmittelbar Generatoren mit den
Turbinen zu kuppeln, den Pumpen verschlägt solch geringe Tourenzahl
nichts. Infolge des großen Durchmessers der Pumpe kann mit einem
Wirkungsgrad über 90% gerechnet werden.

16 solcher Umformer sind imstande, bei einem Gefälle von 4 m
7840 cbm/sec zu verarbeiten und 824 cbm/sec um 32 m über das Oberwasser zu heben. Die Leistung an den Generatorenklemmen wird damit
250000 kW$_{\text{eff}}$. Die Nilwasserkraft wird auf diese Weise die billigste
in der Welt, weil die Dammbaukosten ihr nicht zur Last gelegt werden
müssen. Den Dammbau hat ja bereits der Nutzen aus der Bewässerung
bezahlt. Außerdem wird die Kraft noch deshalb so billig, weil die

250000 kW dank den Umformern 8760 Stunden im Jahr zur Verfügung stehen.

Dort oben in Aswan, das 1200 km von der Küste entfernt ist und in den Tropen liegt, hat man keinen Bedarf für Licht, Kraft oder gar Wärme. Aber für Stickstoffdünger hat Ägypten einen sehr großen Bedarf. Deshalb denkt die ägyptische Regierung daran, für Stickstoffdüngerherstellung die Kraft auszubauen, die 0,15 Pf./kWh nur kosten würde.

19. Saugheber und Staffelflußausbau.

Wäre die Reibungsarbeit des fließenden Wassers gleich Null, so wäre das Gefälle des Wasserspiegels eines Flusses das Maß für die Zunahme an kinetischer Energie des Wassers. Da die Reibungsarbeit nicht gleich Null ist, so ist die Zunahme der kinetischen Energie um das Maß der Reibungsarbeit kleiner und die Zunahme ist Null, wenn die Reibungsarbeit gleich dem Oberflächengefälle ist. In diesem Fall spricht man vom Beharrungszustand eines fließenden Gewässers. Die Geschwindigkeit würde in einem Gerinne gleichbleibendem Querschnitts gleichbleiben und die Wassertiefe konstant, so daß die Oberfläche des Wassers im Gerinne oder im Flusse parallel der Sohle verläuft.

Hat die Sohle die Neigung α gegen die Horizontale, so ist die ihr entsprechende Beharrungsgeschwindigkeit durch die Reibungswiderstände gegeben, die in dem Faktor $\frac{1}{k}$ zusammengefaßt werden, und durch den hydraulischen Radius r, der das Verhältnis des Wasserquerschnitts zum benetzten Umfang bedeutet; der hydraulische Radius ist also ein Maß für die die Reibung überschießende Energie, die für die Masseneinheit eine Wassersäulenhöhe bedeutet und also dem Quadrat der daraus entstehenden Geschwindigkeit proportional sein muß. Ebenso bedeutet das Bodengefälle eine Wassersäulenhöhe. Bezeichnet man das Bodengefälle mit dem Winkel α, der dann zugleich den Winkel darstellt, den die Sohle gegen die Horizontale bildet, so muß die Beharrungsgeschwindigkeit v sein

$$v = c \sqrt{\alpha \cdot r}.$$

Die Konstante c muß das Reziproke der Widerstände enthalten, denn je größer diese, desto kleiner kann nur die Beharrungsgeschwindigkeit ausfallen. Es ist also $c = \dfrac{1}{\frac{1}{k}} = k$ zu setzen; so erhalten wir die einfache Formel

$$v = k \sqrt{\alpha \cdot r},$$

die sich, wie Biel, Forschungsheft nachgewiesen hat, für jede Art von Strömung verwenden läßt und sowohl die Bewegung in Rohrleitungen wie in offenen Gerinnen mit der Wirklichkeit übereinstimmend beschreibt. Der Faktor k ist bei Strömen etwa $k = 50$ zu setzen.

Wenn ein Fluß im Beharrungszustand ist, stimmen Oberflächen- und Sohlengefälle überein. Ist der Fluß nicht im Beharrungszustand, so fällt das Oberflächengefälle stärker als die Sohle oder weniger stark, derart, daß das Oberflächengefälle

$$\alpha_0 = \frac{v^2}{k^2} \frac{1}{r}$$

sich einstellt.

Bei allen natürlichen Querschnitten wächst mit der Füllung des Gerinnes der hydraulische Radius r. Deshalb nimmt bei Hochwasser die Beharrungsgeschwindigkeit der Flüsse zu. Ein Fluß, der bei Mittelwasser im Beharrungszustand war, gerät bei Hochwasser also aus dem Beharrungszustand heraus; das Oberflächengefälle wird zunächst größer als das Bodengefälle, bis bei größerer Geschwindigkeit ein neuer Beharrungszustand eintritt und das Oberflächengefälle wieder gleich dem Sohlengefälle geworden ist. Die kinetische Energie je Kubikmeter/ Sekunde ist dementsprechend gewachsen. Diese kinetische Energie ist es, die in ihrem Wachsen den Schaden des Hochwassers anrichtet, die Flußsohle angreift, die Deiche auffrißt. Das Anwachsen der Geschwindigkeit ist meist viel größer, als daß sie durch künstliche Veränderung der Widerstände $\sum \frac{1}{k}$ genügend verkleinert werden könnte. Man müßte ja die gesamte, im Hochwasser steckende Energie durch Reibung am Boden vernichten. Wenn man einen Fluß wirklich in der Gewalt behalten will, so bleibt deshalb gar nichts anderes übrig, als ihm durch Querdämme die Wassertiefe und damit die Geschwindigkeit vorzuschreiben.

Zum Schutz gegen das Hochwasser sind im Unterlauf der Flüsse außerdem Deiche nötig. Zieht man die Querdämme, die zum Zähmen des Hochwassers unbedingt nötig sind, von Deich zu Deich, so könnte man deren Krone auf die Höhe des normalen Hochwassers legen und das Mittelwasser bis auf den Hochwasserspiegel anstauen, wenn das Hochwasser ohne Rückstau über diesen Damm hinweggehoben werden könnte. Der Saugheber, der längs der Krone angeordnet wird, ist eine außerordentlich einfache und äußerst wirkungsvolle Wasserhebevorrichtung, die diese Aufgabe restlos erfüllt.

Die vom Saugheber bewältigte Wassermenge wird nur vom Austrittquerschnitt abhängen, der im Unterwasser liegt. Dieser Austrittsquerschnitt wird viel kleiner als etwa der freie Durchflußquerschnitt über der Krone bei freiem Überfall sein müßte. Denn es ist die Geschwindigkeit im ganzen Saugheberaustrittsquerschnitt konstant und dann entsprechend der Fallhöhe H, nämlich

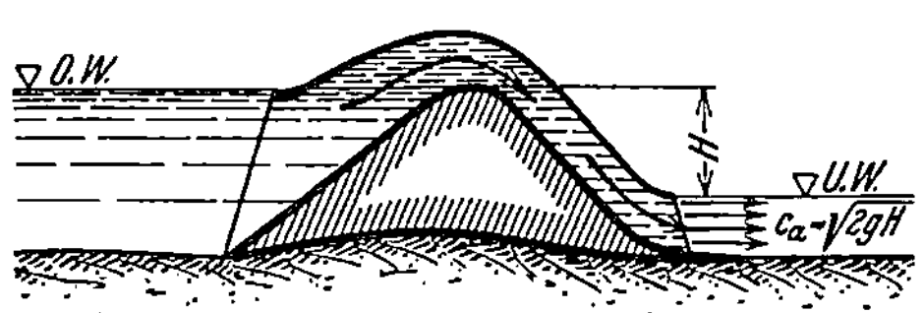

Abb. 203. Der Saugheber ergibt größte Leistungsfähigkeit bei geringstem Konstruktionsaufwand.

$$c_a = \sqrt{2gH} \qquad \text{(s. Abb. 203).}$$

Der Saugheberaustrittquerschnitt ist also geradeso groß wie ein Durchlaßquerschnitt, der im Boden des Wehres unter Unterwasser gelegt wäre. Ein solcher Durchlaß würde aber sehr viel Standgewicht vom Wehr wegnehmen, und dieses Gewicht müßte in den Pfeilern zwischen den Durchlässen angefügt werden, denn der Standsicherheit wegen muß ja das Gewicht des Wehrkörpers ein durch den Wasserschub bedingtes ganz bestimmtes Maß immer überschreiten. Durchlässe verteuern im Gegensatz zum Saugheber den Wehrbau außerordentlich.

Da der Saugheberaustrittsquerschnitt mit großer Geschwindigkeit stets beaufschlagt werden kann, wird der Querschnitt auch für allergrößte Hochwassermengen hinreichend groß bemessen werden können. Deshalb haben wir in dem Saugheber ein Mittel, den Spiegel der Flüsse

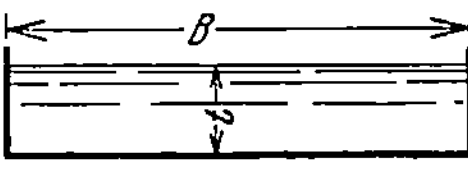

Abb. 204. Gerinne.

auf einem vorher festzulegendem Maß genau einzuhalten, auch bei allergrößten Hochwassermengen.

Der Querdamm zwingt dem Hochwasser die Geschwindigkeit auf, die dem Querschnitt entspricht. Diese Geschwindigkeit wird erheblich kleiner, als wenn man das Wasser ungehemmt dem Gefälle des Bodens überlassen würde. Das Oberflächengefälle wird also nunmehr erheblich kleiner als das Bodengefälle, weil die Reibung infolge der geringen Geschwindigkeit mit deren Quadrat und umgekehrt proportional dem hydraulischen Radius abnimmt. Es ergibt sich das Oberflächengefälle zu

$$\alpha_0 = \frac{v^2}{k^2} \cdot \frac{1}{r} \, .$$

Bezeichnet B die Breite des Gerinnes (Abb. 204), t die Wassertiefe, so ist der hydraulische Radius $r = \dfrac{Bt}{B + 2t} = \dfrac{t}{1 + \dfrac{2t}{B}} = \sim t$, wenn $\dfrac{2t}{B}$ klein ist, was in der Natur meist der Fall. Ferner ist $v = \dfrac{Q}{Bt}$. Demnach wird $\alpha_0 = \dfrac{Q^2}{k^2 \cdot B^2 t^3}$, d. h. das Oberflächengefälle, also die Reibungsverluste im Fluß, sind umgekehrt proportional der dritten Potenz der Wassertiefe. Durch geringe Vergrößerung der Tiefe lassen sich also die Gefällverluste im Fluß außerordentlich stark einschränken.

Während also bei ungezähmtem Hochwasser das ganze Gefälle verbraucht wird zur Geschwindigkeitssteigerung und zu schädlicher Arbeit, wird bei durch Querdämme gezähmtem Fluß nur ein Bruchteil des Bodengefälles verbraucht. Das Bodengefälle des Flusses wird also bis auf den kleinen Verlust, der für den Transport des Wassers verbraucht wurde, am Saugheberwehr konzentriert, so daß $H = \sim \alpha \cdot l$ wird, wenn l die Länge der überstauten Flußstrecke ist.

Wenn man einen Fluß also durch Saugheberwehre in Stufen staffelt, so daß die Stauweite jedes unteren Wehres zurückreicht bis zum nächsten Wehr (s. Abb. 205), so kann der Wasserspiegel des Flusses durch die Saugheber an jeder Stelle auf Zentimeter genau auf bestimmten Höhen auch bei stärkstem Hochwasser eingehalten werden. Weil das Boden-

gefälle wegen der auch bei Hochwasser nur geringen Wassergeschwindigkeit nur zum geringsten Teil zur Fortbewegung des Wassers verbraucht
wird, steht auch bei höchstem Hochwasser an den Querdämmen eine
annähernd so große Fällhöhe zur Verfügung wie bei Mittelwasser.

Durch solchen „Staffelflußausbau" wird also Schaden durch Hochwasser unmöglich gemacht. Wegen der kleinen Wassergeschwindigkeit wird Gerölle nicht bewegt. In den durch Saugheberdämmen gezähmten Flußläufen friert in der ersten Nacht der Fluß zu, Treibeis
mit seinen Unannehmlichkeiten gibt es nicht mehr. Ist Schiffahrt,
wird die allnächtlich nur dünn entstehende Eisdecke leicht durch das
erste Schiff morgens aufgebrochen. Eisgang und Eisaufbrechen durch
Frühjahrshochwässer werden vermieden, da das Hochwasser unter der
Eisdecke durch die Saugheber ohne Rückstau abgeführt werden kann.

Abb. 205. Staffelfluß mit Saugheberwehren.

Durch den Staffelflußausbau wird jeder Fluß zu einer Schiffahrtstraße, die weder durch Eisgang noch durch Hochwasser unbenutzbar wird.

Das durch die Seitendämme durchtretende Sicker- und Drängewasser muß in einem Graben längs der Deiche abgefangen werden.
Dieser Seitengraben wird am leistungsfähigsten, wenn auch er durch
Saugheberquerdämme gestaffelt wird. In einzelnen Grabenstücken wird
der Wasserspiegel künstlich gesenkt und ins Unterwasser gehoben
durch Pumpen, die unmittelbar durch Turbinen im Hauptdamm betrieben werden, also durch „Umformer". Mit ihnen kann das Grundwasser längs des Flusses so reguliert werden wie der Landmann es
braucht, ohne daß ihm deswegen besondere Kosten auferlegt werden
müßten. Für den Betrieb der Pumpen steht genügend Überschußwasser zur Verfügung und die Anlage der Pumpturbinen ist sehr billig.

Der Staffelflußausbau erniedrigt die Kosten einer Wasserkraft ganz
ungemein.

Zunächst fällt der teure Seitenkanal weg, das Hochwasserbett, das
sonst die meiste Zeit unbenützt daliegt, wird zum Kraftkanal, groß
genug, die wirtschaftlich so außerordentlich wertvollen Tagesspeicher
abzugeben. Die Ausbaugröße der im Saugheberdamm unterzubringenden
Kraftwerke wird nun nicht mehr durch die Größe des Mittelwassers
gegeben, sondern durch die Speicherfähigkeit der Haltungen zwischen
zwei Saugheberdämmen und das Niedrigwasser. Man kann soviel
Maschinenkraft einsetzen, wie durch den Zusatz aus dem Tagesspeicher für 3—4 Stunden zur Deckung des Spitzenbedarfs bei
kleinstem Niedrigwasser voll belastet werden kann. Es steigt also

die Ausbaugröße beim Staffelflußausbau auf das Fünf- bis Sechs-
fache der geringsten im Jahr auftretenden Wassermenge. In der
untersten Isar ist z. B. die durchschnittliche Wassermenge 230 cbm/sec,
die geringste Wassermenge 80 cbm/sec. Will man die Spitzen durch
4 Stunden auch bei größter Wasserknappheit durchhalten, so kann

man also mit dem Ausbau der Maschinen auf $\frac{24}{4} \cdot 80 = 480$ cbm/sec

geben anstatt auf 230 cbm/sec. Die Wasserbaukosten je Kilowatt
werden ferner erheblich geringer infolge der niedrigen Staustufen,
die Turbinen und Generatoren bleiben je Kilowatt im Preis unverändert,
weil durch Unterteilung die Drehzahl gesteigert wird (s. Abb. 198, S. 192).
Die Wehrkosten je Kilowatt gehen aber ganz erheblich zurück. Das
wird aus nebenstehender Abbil-
dung klar, das die Verhältnisse
der 64 m hohen Staumauer, die
zur Zeit im Bleiloch in der Saale
gebaut wird, zeigt (Abb. 206).

Es sind in die große Sperre
acht kleine, geometrisch ähnliche
Sperren eingezeichnet, die zusammen denselben Stau ergeben wie
die eine große.

Die kleinen ähnlichen, also
hinsichtlich Festigkeit und Sicherheit der großen gleichen, Tal-
sperren ergeben hintereinander
im Flußtal erbaut bei derselben
Nutzleistung einen Bauaufwand
im Querschnitt von nur $^1/_{64}$ der
einen großen. Für die acht zusammen also ein Achtel der
einen großen. Die kleinen haben dazu eine erheblich kleinere Kronen-

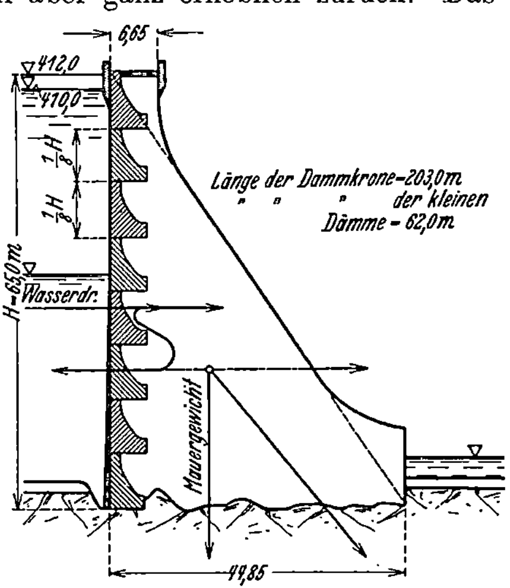

Abb. 206. Saaletalsperre zum Vergleich mit
8 gleichwertigen Staustufen.

länge, so daß insgesamt für acht Sperren der Aufwand weit kleiner als
nur ein Achtel wird — bei gleicher Nutzleistung! Die große Talsperre
vernichtet etwa 10 qkm Land, ersäuft einen Teil des Städtchens Saal-
burg und eine Reihe uralter Siedelungen, die acht kleinen Sperren
würden nicht den geringsten Schaden stiften. Dennoch wird die große
Talsperre gebaut, und nicht ein vernünftiger Gesichtspunkt läßt sich
für sie geltend machen! Und dennoch — das Kapital befiehlt den Bau!
Kosten 234 Millionen RM. einschließlich der Pumpspeicherwerke!

Kleine Dämme, mit einer Stauhöhe von nur 5 m etwa, sind un-
gefährlich, namentlich im Hochwasserbett. Ihre Gründung ist deshalb
viel einfacher als bei großen Dämmen. Sie können nach Professor
Terzaghi flach gegründet werden; es ist nicht nötig, den Schotter bis
zum Fels wegzuräumen. Man kann sie unmittelbar auf die Schotter setzen.

Der Staffelflußausbau drückt die Kosten der Wasserkraft weit
unter das Maß der heute noch immer billigsten Braunkohlenkraft, und
ihm wird die Zukunft gehören.

20. Hydraulisch betriebene Luftpumpe.

Den vorerwähnten Saugheber zu betätigen, ist es notwendig, die Luft zwischen Ober- und Unterwasser zu entfernen. Das geschieht am zweckmäßigsten durch eine Luftpumpe, die man unmittelbar mit dem zur Verfügung stehenden Wasser antreibt.

Alle bisher bekannten Luftpumpen, die mit Wasser als Hilfsflüssigkeit arbeiten, benutzen Diffusoren,- welche die kinetische Energie des Luftwassergemisches in potentielle umsetzen sollen. Es ist schon schwierig, die Geschwindigkeit von Luft oder Wasser allein in Druck umzusetzen, bei einem Gemisch von so verschiedenem Gewicht der Bestandteile wie Luft und Wasser aber nahezu unmöglich. Die große kinetische Energie des Wassers geht zum größten Teil verloren (siehe Forschungsarbeiten des Vereins Deutscher Ingenieure, Heft 76), ein hoher Wirkungsgrad der Energieumsetzung ist schon aus diesem Grunde ausgeschlossen.

Die Luftbläschen können nicht eine größere Geschwindigkeit haben als das Wasser; diese Geschwindigkeit, die etwa 20—25 m/sec beträgt, würde bei vollständiger Umsetzung die Flüssigkeitssäule auf

$$h = \frac{c^2}{2g} = 20 \text{ bis } 31{,}25 \text{ m heben können,}$$

die Luft aber nur auf einen Druck von nur 26—40 mm Wassersäule zu bringen vermögen. Eine Druckerhöhung darüber hinaus erfährt die Luft nur dann, wenn sie vollständig vom Wasser eingehüllt bleibt. Wenn man sich vorstellt, wie leicht eine Luftblase infolge des Auftriebes nach den Zonen geringeren Druckes entweicht, dann ist es schon eine außerordentliche Leistung, wenn auf diese primitive Weise die Luftpumpen mit Hilfsflüssigkeit überhaupt 10 % Wirkungsgrad erreichen. Freilich sind das nur Paradewirkungsgrade, der Durchschnitt liegt bei 5—8 %.

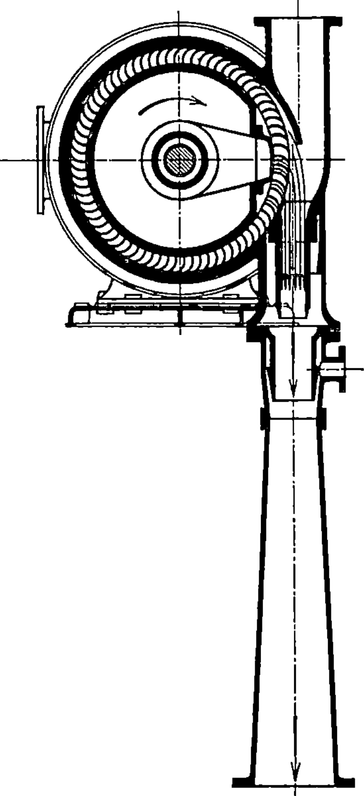

Abb. 207. Westinghouse-Leblanc-Luftpumpe.

Einzig erfolgreich, wenigstens geschäftlich, blieb die Pumpe nach Westinghouse Leblanc, weil sie als erste auf dem Markt dem Bedürfnis entgegenkam (Abb. 207). Die Nachbildner haben nur immer Unwesentliches geändert, das Fehlerhafte aber übernommen.

Wenn man mit besserem Wirkungsgrad Luft komprimieren will, so muß man die Luft durch Verdrängung fassen wie es die Kolbenmaschine tut, wobei alsdann der Ersatz des Kolbens durch das gefügige Wasser nur eine konstruktive Variante bedeutet.

Je größer die Geschwindigkeit des Wassers, desto größer das Beharrungsvermögens des Wasserkolbens und desto größere Druckdifferenz kann die Wassermasse als Scheidewand zwischen verschiedenen Räumen

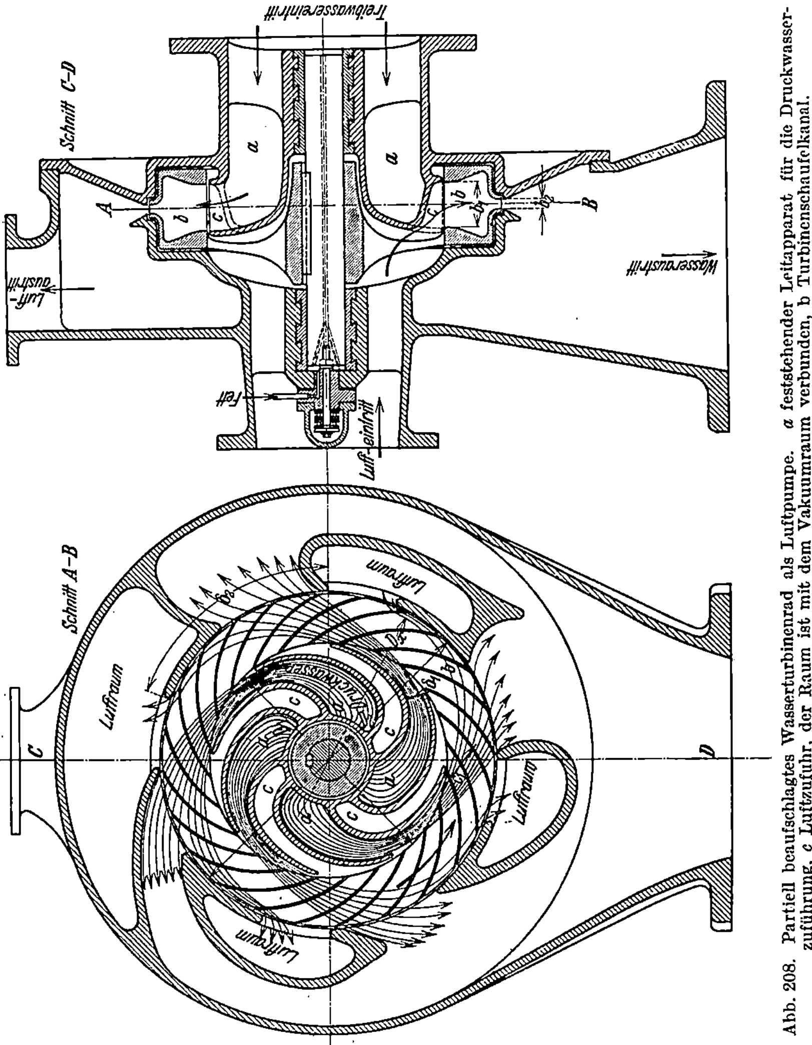

Abb. 208. Partiell beaufschlagtes Wasserturbinenrad als Luftpumpe. a feststehender Leitapparat für die Druckwasserzuführung, c Luftzufuhr, der Raum ist mit dem Vakuumraum verbunden, b Turbinenschaufelkanal.

aufrechterhalten. Diese kinetische Energie kann dem Wasser unter Arbeitsleistung immer wieder entzogen werden, am besten durch ein Turbinenrad.

Eine solche Pumpe, die grundsätzlich wie eine Kolbenpumpe arbeitet, nur daß der Arbeitskolben aus Wasser besteht, ist in der Abb. 208 gezeigt.

Das Druckwasser tritt durch vier Düsen a in einzelnen Strahlen mit hoher Geschwindigkeit auf den Schaufelkranz b, diesen antreibend mit einer nach den allgemeinen Regeln des Turbinenbaus errechenbaren Umlaufzahl. Zwischen den Düsen sind Lufträume c, die mit dem zu evakuierenden Raum in Verbindung stehen.

Durch den umlaufenden Schaufelkanal wird der Strahl abgelenkt, seine absolute Bahn läßt sich festlegen, und sie mag ungefähr sich gestalten wie die Schaufel in der Abb. 208 eingezeichnet ist. Wenn man dem Strahl Energie entziehen will, muß er rückwärts aus dem Laufrad austreten, so daß er am Austritt geringere absolute Geschwindigkeit bekommt. Aus der Abbildung sieht man, wie jeder Schaufelkanal durch den stationären festliegenden Wasserstrahl hindurchgezogen wird, die Luft, mit der der Kanal gefüllt war, gleichsam abstreifend. Auf der inneren Seite des festliegenden Strahles wird der Kanal sich wieder mit Luft aus dem zu evakuierenden Raum füllen.

Wenn keine Druckdifferenz zwischen dem inneren und äußeren Laufradkranz vorhanden ist, tritt das Wasser vollständig aus dem Kanal aus. Ist jedoch innen ein geringerer Druck, so hält der äußere Druck einen Teil des Wassers im Schaufelkanal zurück, und zwar so viel, daß die Zentrifugalkraft der rotierenden Wassermasse gleich der Druckdifferenz zwischen dem Außen- und Innenraum ist.

Es wird sich also ein Wasserring in dem Rad an der äußeren Peripherie einstellen. Zwischen diesem Wasserring und dem Strahl der folgenden Düse wird nunmehr die Luft im Schaufelkanal eingeschlossen, und sobald das Eindringen des Kanals in den festliegenden Düsenstrahl beginnt, komprimiert. Die Kompression steigt gemäß dem weiteren Eindringen in den Wasserkolben und entsprechend der steigenden Kompression wird der Wasserring, der den Kanal am Ende gleich wie ein Ventil verschließt, dünner und schließlich gänzlich hinausgedrängt, wenn der Kompressionsdruck im Kanal den Außendruck erreicht hat. Nunmehr tritt die Luft aus, und zwar wird sie vollständig durch den aus der Düse austretenden Wasserstrahl abgestreift, ohne daß eine Tendenz der Vermischung von Wasser und Luft gegeben wäre. Durch die überschießende Zentrifugalkraft getrieben, folgt das Wasser bis nur noch so viel übrig ist, daß die Zentrifugalkraft der verbleibenden Massen gleich der Druckdifferenz zwischen außen und innen geworden ist. Vom Wasser bleibt also der der Druckdifferenz entsprechende Ring als Druckventil im Laufrad zurück, und das Spiel wiederholt sich von neuem an der nächsten Düse.

Das im Rad zurückbleibende Wasservolumen vermindert den Ansaugraum — den „volumetrischen Wirkungsgrad". Die Einbuße so klein wie möglich zu machen, ist die Austrittsbreite verringert von b_1 auf b_2. Dadurch wird zwar die radiale Komponente der Austrittsgeschwindigkeit und damit auch die kinetische Energie im Austritt vergrößert, aber diese Vergrößerung kann man durch flachen Austrittwinkel in mäßigen Grenzen halten.

Die Berechnung einer solchen Wasserturbinenluftpumpe möge zugefügt werden.

Das Betriebsgefälle für das Zulaufwasser sei H.

1. Eintritt am Laufrad.

Solange keine Luft weggepumpt ist, also bei Beginn des Betriebs, ist $c_1 = \sqrt{2gH}$. Die eintretende Wassermenge:

$$q_{\text{Wasser}} = c_1 \cdot b_1 \cdot \delta_1 \cdot z,$$

wobei $z =$ die Anzahl der Wasserstrahlen, d. i. der Einspritzdüsen, δ die Strahldicke ist. Wenn Reibung und die Bremsleistung des Rades gleich Null angenommen werden, also keinerlei Nutzarbeit verrichtet würde, ergibt sich zu Beginn die Durchgangsdrehzahl. Ohne Störung würde der Strahl, einfach ohne Ablenkung zu erfahren, durch das Rad durchgehen. Das Wasser wird restlos aus dem Rad geschleudert und dieses restlos mit Luft gefüllt. Es ist also bei Beginn die je Sekunde angesaugte

Luftmenge $=$ Volumen des Rades mal $\dfrac{z \cdot u}{60}$ weniger Wasserstrahlvolumen

$$q_{\text{Luft}} = \left(\frac{\pi D_2^2}{4} - \frac{\pi D_1^2}{4} \right) b_{\text{mittel}} - z \cdot \delta_1 \cdot b_{u_1} \cdot \frac{D_2 - D_1}{2} .$$

Die Schaufeln sollten ihrer Form nach für die theoretische Durchgangsdrehzahl als arbeitslose Schaufeln konstruiert werden, auf ihrem ganzen Verlauf! Denn dann würde der Strahl, weil er sich an den Schaufeln nicht platt drückt, auch bei kleinstem δ_1 beim Eintritt vollkommen den Druckraum von dem Saugraum abschließen können, da er keine Arbeit zu leisten braucht.

Je mehr Arbeit dann später gemäß der entstehenden Druckdifferenz verlangt wird, desto mehr muß der Strahl abgelenkt und plattgedrückt werden, wodurch bei zu kleinem δ_1 die Gefahr einer Durchgangsöffnung zwischen Saugraum und Druckraum auftritt. Es muß für den Arbeitsgang also δ_1 groß genug gewählt werden — der Wasserverbrauch wächst dementsprechend. Es ist also zweckmäßig, im Eintritt Zwischenschaufeln vorzusehen, weil die Teilung kleiner als die Strahldicke sein muß.

Die Betriebstourenzahl steigt nun mit wachsender Luftleere h_s, weil diese den Wasserstrahl auf $c_1 = \sqrt{2g(H + h_s)}$ beschleunigt.

Die Betriebstourenzahl wird durch die Arbeitsleistung bestimmt, durch die Bremsleistung, die gleich der Kompressionsarbeit plus Radreibung ist, gemäß

$$c_{u_1} = \frac{g(H + h_s)}{u_1} \quad \text{falls} \quad c_{u_2} = 0 .$$

Es wird zu Beginn $u_1 = \dfrac{g \cdot H}{c_{u_1}}$, wenn $h_s = 0$ und die Radreibung etwa — oder die Bremsleistung von der Größe $q_{\text{Wasser}} \cdot H \cdot \eta$ ist.

Mit wachsendem h_s wird c_1 und also c_{u_1} größer. Die Zunahme des Impulses infolge dieses h_s wird aber nur dazu verbraucht, den Wasserstrahl aus dem Saugraum wieder auf die Atmosphäre zurückzuheben, d. h. es muß sich ein $\dfrac{u_2 \cdot c_{u_2}}{g} = h_s$ einstellen. Es ist also

$$\frac{u_1 \cdot c_{u_1}}{g} - \frac{u_2 c_{u_2}}{g} = H,$$

wobei

$$\frac{u_2 \cdot c_{u_2}}{g} = h_s$$

sein muß.

Die Betriebsumlaufsgeschwindigkeit wird somit

$$u_1 = \frac{H + h_s}{c_{u_1}} \cdot g, \text{ worin}$$

$$c_{u_1} = \frac{H + h_s}{u_1} g = c_1 \cdot \sin\alpha_1 = \sin\alpha_1 \sqrt{2g(H + h_s)} \text{ ist}.$$

Wasserleitapparat.

Eintritt: $\dfrac{d_1^2 \pi}{4} \cdot c_0 = q_{\text{Wasser}} = c_1 \cdot b_1 \cdot \delta_1 \cdot z$, sofern man $c_0 = c_1$ wählt,

was wohl zweckmäßig, wird $\dfrac{d_1^2 \pi}{4} = b_1 \cdot \delta_1 z$.

Vielleicht aber, wenn man Platz hat, wählt man c_0 kleiner als c_1, indessen setzt die Vergrößerung von α_1 die Umlaufzahl stark herab, und damit die Leistung.

Der Austrittsverlust soll natürlich so klein wie möglich werden, also macht man

β_2 so klein als möglich,

c_{r_2} so klein als möglich,

c_{u_2} ist bestimmt, nämlich zu $c_{u_2} = \dfrac{h_s}{u_2} \cdot g$.

Die Austrittsbreite wird $b_2 = \dfrac{c_{r_1} \cdot b_1 \cdot \delta_1}{c_{r_2} \delta_2}$.

δ_1 ist aus Gründen sparsamen Wasserverbrauchs gewählt, δ_2 soll ungefähr $\dfrac{\pi D_2}{z}$ sein, damit das Rad vom Wasser vollständig abgeschlossen wird.

Es sei z. B. $\delta_1 = 5$ mm, $D_2 = 110$ mm, $z = 4$, so wird

$$\frac{\delta_1}{\delta_2} = \frac{5}{\sim \frac{1}{4} D_2 \pi} = \frac{5}{\frac{110 \pi}{4}} = \frac{5}{85} = \frac{1}{17}.$$

Es werde $\dfrac{c_{r_1}}{c_{r_2}} = \sim 3$ gewählt. Bei großem h_s wird man das Verhältnis noch höher wählen. Es würde also die Auslaufweite des Laufrades b_2:

$$b_2 = 3 \cdot \frac{1}{17} \cdot b_1 = \sim 0{,}176 \, b_1.$$

$$\operatorname{tg} \beta_2 = \frac{c_{r_1}}{u_2 - c_{u_2}}.$$

Die Abschlußfüllung: $\dfrac{D_2 - D_x}{2}$ würde bestimmt durch

$$\frac{u_2^2 - u_x^2}{2g} = h_s \quad \text{und} \quad D_x = \frac{60 \, u_x}{n \pi}.$$

Damit kann das vom Wasser freie Radvolumen bestimmt werden, und somit ergibt sich das angesaugte Luftvolumen/Sekunde als

(freies Radvolumen) $z \cdot \dfrac{n}{60}$.

Diese hydraulisch betriebene Luftpumpe ist also zunächst eine Turbine. Die zur Verfügung gestellte Fallhöhe H treibt das Laufrad um, obwohl die Kompressionsarbeit zu leisten ist. Das Laufrad erhält durch das sich beim Umlauf vergrößernde Vakuum ein größeres Gefälle, das es in Stand setzt, den das Vakuum durchschreitenden Wasserstrahl wieder auf Atmosphärendruck in die Höhe zu heben.

Der Energieverlauf ist sehr interessant. Zunächst wird die potentielle Energie des Gesamtgefälles dem Wasserstrahl als kinetische Energie mitgeteilt. Das Wasser kommt im Laufrad relativ fast zur Ruhe, enthält also dann nur noch die kinetische Energie, die der Umlaufgeschwindigkeit des Rades entspricht samt der potentiellen der Zentrifugalkraft. Unter dem Druck der Zentrifugierung fließt das Wasser rückwärts zur Drehrichtung in die Atmosphäre aus und gibt dadurch als Turbine Energie an das Laufrad ab, dieses antreibend. Aber nicht alle Energie kann dem Wasser entzogen werden, es behält mindestens so viel, daß es auf Atmosphärendruck gelangen kann. Damit die Luft in die Atmosphäre gelangen kann, muß der Spaltdruck gleich dem Atmosphärendruck sein, und im Rade also ein solcher Überdruck herrschen, daß von der Druckdifferenz vor und in dem Rad die Austrittsgeschwindigkeit bestritten werden kann.

Die Luftkompression ist die einfache Folge von der partiellen Beaufschlagung. Jede partiell beaufschlagte Turbine wirkt als Luftpumpe, weil die Schaufel einmal mit Wasser, dann wieder mit Luft angefüllt werden muß.

Turbinen und Peltonräder wirken erfahrungsgemäß als Luftpumpe, so daß es ohne besondere Vorsichtsmaßregeln nicht möglich ist, ihren Freihang durch ein Saugrohr auszunutzen. Anstatt daß der Wasserspiegel im Saugrohr auf der dem Freihang entsprechenden Höhe verharrte, steigt er, weil die Luft weggefördert wird, so daß bald das Laufrad unter Wasser gerät.

Die beschriebene Luftpumpe ist partiell von innen beaufschlagt, weil man durch den vom Vakuum im Laufrad festgehaltenen Wasserwulst alsdann eine Art Druckventil besitzt, das das Zurückfluten der geförderten Luft verhindert.

Verzichtet man auf dieses „Ventil", so kann man auch eine außen beaufschlagte Turbine zur Luftpumpe umkonstruieren.

Diese luftpumpenden Turbinen könnten sehr praktisch als Kondensationsluftpumpe verwendet werden. Zur Beaufschlagung solcher Turbinen entnimmt man dann das Druckwasser der Kühlwasserpumpe des Kondensators. Der dort zur Verfügung gestellte Druck ist hinreichend.

Die Kondensationsluftpumpe, die aus einem einzigen Turbinenkranz besteht und keine Stopfbüchsen hat, kann irgendwo im Kondensator unmittelbar eingebaut werden in beliebiger Stellung. Dorthin ist einfach das Druckrohr zur Beaufschlagung zu leiten. Die Pumpe selbst bedarf weder Wartung noch Schmierung.

Große Entwässerungspumpen werden häufig mit Hilfspumpen für Entlüftung des Saugrohres ausgerüstet. Hier ist die eben beschriebene Luftpumpe am Platz. Es kann stets eine solche Luftleistung erzielt werden, daß nur wenige Minuten zur Füllung des Saugrohres mit Wasser nötig werden.

Im Zusammenhang mit Saugheberwehren geben diese Luftpumpen die empfindlichste Oberwasserspiegelregulierung, die denkbar ist. Ein Schwimmer öffnet bei Überschreitung eines gewissen Wasserstandes dem Wasser den Zutritt zur Luftpumpe. Diese pumpt alsdann in wenigen Minuten die Saugheberkappe leer, so daß der Saugheber anspringt. Der Saugheber kann leicht so bemessen werden, daß er mehr Wasser absaugt, als das größte Hochwasser bringt. Dann wird zunächst einmal das Becken so weit entleert, bis der Saugheber wieder außer Betrieb kommt. Ist das Becken wieder gefüllt bis zur zulässigen Höhe, setzt das Spiel von neuem ein.

Die Luftpumpe der Abb. 208 eignet sich auch sehr gut, um Kreiselpumpen selbstansaugend zu machen. Der Turbinenkranz wird auf den Rücken des Pumpenlaufrades gelegt; um das Druckwasser zu erzeugen, das die Wasserkolben bildet, wird ein Kreiselrädchen ebenfalls auf dem Rücken des Laufrades angeordnet mit so kleinem Durchmesser, daß zwischen Turbinenkranz und Laufrad Platz bleibt für die Zuführungsdüsen, denen der Leitapparat des kleinen Kreiselrädchen das auf Druck gebrachte Wasser zubringt. Das Wasser zur Speisung des kleinen Kreiselrädchens wird in einem kleinen Vorratsbehälter aufbewahrt, der nie auslaufen kann, und dahin immer wieder nach Durchlaufen des Turbinenkranzes zurückgeführt.

Der Saugraum c (Abb. 208) war mit dem Saugmund des Pumpenlaufrades verbunden. Wenn also dieses in Gang gesetzt wurde, förderte das kleine, auf seinem Rücken befindliche Kreiselrädchen aus dem Vorratsbehälter Wasser in die stillstehenden Düsen, die auf den mitumlaufenden Turbinenkranz Druckstrahlen richteten. Die Schaufelräume dieses Turbinenkranzes wurden durch diese Strahlen hindurchgezogen, streiften die Luft ab und füllten sich aus dem Saugrohr der Pumpe wieder mit neuer Luft, bevor sie den nächsten Wasserstrahl durchliefen.

Die Luft eines Saugrohres war außerordentlich schnell auf diese Weise weggepumpt. Der Wasserspiegel stieg rasch in dem Saugrohr aufwärts, bis das Wasser von dem Pumpenlaufrad erfaßt und gefördert wurde.

Die Luftpumpe auf dem Rücken förderte nun keine Luft mehr, sondern Wasser. Diese Wasserförderung verbrauchte aber keine große Leistung, weil der Turbinenkranz den Antrieb ja unterstützt.

Wesentlich für das Gelingen war, daß von dem Vorratswasser so viel in das Laufrad gelangte, daß sich dort ein rotierender Wasserring bildete — festgehalten durch das Spiralgehäuse — der verhinderte, daß Luft von außen in das Pumpenlaufrad gelangen konnte, oder daß die in den Pumpenstutzen geförderte Luft wieder in den Saugmund zurückfloß.

Diese selbstansaugenden Pumpen sind als Trimmpumpen für U-Boote ausgeführt worden, und haben sich gut bewährt. Vor allem ist die Anspringzeit bei gänzlich leerem Saugrohr das eben in Wasser eintauchte, so verkürzt worden, daß die Pumpe voll in Betrieb war, wenn der Antriebmotor auf seine Tourenzahl gekommen war. Auch als Feuerlöschpumpe auf Autospritzen sind solche selbstansaugende Pumpen ausgeführt worden.

***Die Theorie der Wasserturbinen.** Ein kurzes Lehrbuch von Professor **Rudolf Escher †**, Zürich. D r i t t e, vermehrte und verbesserte Auflage, herausgegeben von Oberingenieur **Robert Dubs,** Zürich. Mit 364 Textabbildungen und einer Tafel. XIV, 356 Seiten. 1924.
Gebunden RM 13.50

***Dampfturbinenschaufeln.** Profilformen, Werkstoffe, Herstellung und Erfahrungen. Von **Hans Krüger,** Zivilingenieur. Mit 147 Textabbildungen. VI, 132 Seiten. 1930.　　　RM 15.—; gebunden RM 16.50

***Berechnungsgrundlagen und konstruktive Ausbildung von Einlaufspirale und Turbinensaugrohr bei Niederdruckanlagen.** Von Dr.-Ing. **Herbert Rohde.** Mit 41 Abbildungen im Text. IV, 112 Seiten. 1931.　　　RM 11.—

***Bau und Berechnung der Dampfturbinen.** Eine kurze Einführung von Dipl.-Ing. **Franz Seufert,** Oberingenieur für Wärmewirtschaft. D r i t t e, verbesserte Auflage. Mit 77 Abbildungen im Text und auf 2 Tafeln. IV, 100 Seiten. 1929.　　　RM 3.60

Theorie und Bau der Dampfturbinen. Von Ing. Dr. **Herbert Melan,** Privatdozent an der Deutschen Technischen Hochschule in Prag. (Technische Praxis, Band XXIX.)　Mit 3 Tafeln, 163 Abbildungen und mehreren Zahlentafeln. 288 Seiten. 1922.　　Gebunden RM 2.50

Die thermodynamische Berechnung der Dampfturbinen. Von Professor Dr.-Ing. **Georg Forner,** Berlin. Mit 57 Abbildungen im Text und 25 Zahlentafeln. V, 127 Seiten. 1931. RM 7.50; gebunden RM 8.50

***Wasserkraftmaschinen.** Eine Einführung in Wesen, Bau und Berechnung von Wasserkraftmaschinen und Wasserkraftanlagen. Von Dipl.-Ing. **L. Quantz,** Stettin. S i e b e n t e, vollständig umgearbeitete Auflage. Mit 212 Abbildungen im Text. VII, 149 Seiten. 1929.　　　RM 5.25

***Kreiselräder als Pumpen und Turbinen.** Von **Wilhelm Spannhake,** Professor an der Technischen Hochschule Karlsruhe.

E r s t e r B a n d: **Grundlagen und Grundzüge.** Mit 182 Textabbildungen. VIII, 320 Seiten. 1931.　　　Gebunden RM 29.—

***Kreiselpumpen.** Eine Einführung in Wesen, Bau und Berechnung von Kreisel- oder Zentrifugalpumpen. Von Dipl.-Ing. **L. Quantz,** Stettin. D r i t t e, umgeänderte und verbesserte Auflage. Mit 149 Textabbildungen. V, 115 Seiten. 1930.　　　RM 5.50

Die Kreiselpumpen. Von Professor Dr.-Ing. **C. Pfleiderer,** Braunschweig. Z w e i t e, verbesserte Auflage. Mit 338 Textabbildungen. X, 454 Seiten. 1932. Gebunden RM 29.50

Die neue Auflage ist stark umgearbeitet und in ihren wichtigen Teilen wesentlich erweitert worden, was auch schon aus der Vergrößerung des Umfangs um etwa 100 Seiten ersichtlich ist. Das Ziel ist aber geblieben, eine möglichst vollständige Zusammenstellung der für den Konstrukteur oder den Betriebsmann wichtigen Unterlagen in einer solchen Form zu geben, daß der Lernende sich in das umfangreiche Gebiet leicht einarbeiten und der Fachmann alles Wissenswerte möglichst bequem finden kann.
Der erste Teil enthält eine zusammenfassende Darstellung der strömungstechnischen Grundlagen nach der heutigen Auffassung, wobei mit Absicht insoweit etwas über den unbedingt notwendigen Umfang hinausgegangen wird, als zum Verständnis der neueren Forschungsrichtung erforderlich ist. Anschließend sind neben der gewöhnlichen Radialschaufel auch die schnelläufigen Bauformen, nämlich die doppelt gekrümmte Schaufel, das Schraubenrad und der Propeller eingehend behandelt und durch Rechnungsbeispiele in Verbindung mit Konstruktionszeichnungen erläutert. Bei der Berechnung der Spiralgehäuse ist auch die Reibung berücksichtigt. Der Bestimmung der Winkelübertreibung ist sowohl bei Leit- wie Laufschaufeln Beachtung geschenkt. Besondere Berücksichtigung haben die Mittel zur Erlangung bestimmter Kennlinienformen, die Erscheinung der Kavitation, die Modellgesetze, ferner die bei Kesselspeisepumpen wichtigen Fragen gefunden. Da die selbstsaugende Kreiselpumpe heute mehr und mehr Bedeutung gewinnt und ihr Studium auch den Bau der gewöhnlichen Kreiselpumpe zu befruchten geeignet ist, so ist sie in einem besonderen Anhang eingehend behandelt.

***Kreiselmaschinen.** Einführung in Eigenart und Berechnung der rotierenden Kraft- und Arbeitsmaschinen von Dipl.-Ing. **Hermann Schaefer.** Mit 150 Textabbildungen und vielen Beispielen. V, 132 Seiten. 1930. RM 7.50

***Die Kolbenpumpen** einschließlich der Flügel- und Rotationspumpen. Von Professor **H. Berg †,** Stuttgart. D r i t t e, durchgearbeitete und verbesserte Auflage. Mit 556 Textabbildungen und 12 Tafeln. VIII, 442 Seiten. 1926. Gebunden RM 27.90

***Die Zentrifugalpumpen** mit besonderer Berücksichtigung der Schaufelschnitte. Von Dipl.-Ing. **Fritz Neumann.** Z w e i t e, verbesserte und vermehrte Auflage. Mit 221 Textfiguren und 7 lithographischen Tafeln. VIII, 252 Seiten. 1912. Unveränderter Neudruck 1922. Gebunden RM 10.—

Die Pumpen. Ein Leitfaden für höhere technische Lehranstalten und zum Selbstunterricht. Von Professor Dipl.-Ing. **H. Matthiessen,** Kiel, und Dipl.-Ing. **E. Fuchslocher,** Kiel. D r i t t e, vermehrte und verbesserte Auflage. Mit 178 Textabbildungen. V, 106 Seiten. 1932. RM 3.30

***Die selbsttätigen Pumpenventile in den letzten 50 Jahren.** Ihre Bewegung und Berechnung. Von Professor Dipl.-Ing. **R. Stückle,** Oberingenieur, Stuttgart. Mit 183 Textabbildungen und 8 Tafeln. 298 Seiten. 1925. RM 25.80; gebunden RM 27.30

***Kolben- und Turbo-Kompressoren.** Theorie und Konstruktion. Von Professor Dipl.-Ing. **P. Ostertag,** Winterthur. D r i t t e, verbesserte Auflage. Mit 358 Textabbildungen. VI, 302 Seiten. 1923. Gebunden RM 20.—

---

* Auf alle vor dem 1. Juli 1931 erschienenen Bücher wird ein Notnachlaß von 10% gewährt.